高等职业教育系列教材

U0626437

注重原理分析 | 强调理论联系实际 | 突出技术应用

电子测量技术项目式教程 第2版

主　编 | 史　萍

副主编 | 佘　艳　黄交宏

参　编 | 张　瑾　刘汉文

机械工业出版社

CHINA MACHINE PRESS

本书按照基于工作过程的以“项目”为载体的教学模式进行编写，“项目”具有直观性和实用性，并遵循由易至难、由简单到复杂的学习规律。内容包括万用表和示波器的使用、电源产品的测试与检修、信号源产品的测试、单元电路的安装和调试、虚拟仪器的使用、传感器产品的测试、基于 STM32 的智能测试和远程测试。本书内容充实、图文并茂，注重原理分析，强调理论联系实际，突出应用技术和实践，并安排了丰富的教学实验和实际电路训练。

本书可作为高职院校电子信息类专业的教学用书，也可作为从事检测、自动控制等工作的工程技术人员的参考用书。

本书配有微课视频，扫描二维码即可观看。另外，本书配有电子课件，需要的教师可登录机械工业出版社教育服务网（www.cmpedu.com）免费注册，审核通过后下载，或联系编辑索取（微信：13261377872，电话：010-88379739）。

图书在版编目（CIP）数据

电子测量技术项目式教程/史萍主编. —2 版. —北京：机械工业出版社，2024.1（2025.9 重印）
高等职业教育系列教材
ISBN 978-7-111-74497-9

Ⅰ.①电…　Ⅱ.①史…　Ⅲ.①电子测量技术-高等职业教育-教材　Ⅳ.①TM93

中国国家版本馆 CIP 数据核字（2024）第 000169 号

机械工业出版社（北京市百万庄大街 22 号　邮政编码 100037）
策划编辑：和庆娣　　责任编辑：和庆娣
责任校对：张爱妮　李　杉　　责任印制：刘　媛
北京富资园科技发展有限公司印刷
2025 年 9 月第 2 版第 4 次印刷
184mm×260mm · 11 印张 · 296 千字
标准书号：ISBN 978-7-111-74497-9
定价：49.00 元

电话服务
客服电话：010-88361066
010-88379833
010-68326294

网络服务
机　工　官　网：www.cmpbook.com
机　工　官　博：weibo.com/cmp1952
金　　书　　网：www.golden-book.com
机工教育服务网：www.cmpedu.com

前言

党的二十大报告指出，加快建设国家战略人才力量，努力培养造就更多大师、战略科学家、一流科技领军人才和创新团队、青年科技人才、卓越工程师、大国工匠、高技能人才。随着电子技术的迅猛发展，各种新产品层出不穷，因此需要大量的电子产品测量高技能人才。本书以理论知识够用为前提，以操作训练为主导，通过对典型电子产品载体的测试和调试，系统讲述各种测量仪器的原理、性能、结构和使用方法。

本书采用任务驱动，项目导向的教学模式编写。删除了复杂的理论推导，代之以简洁明了的实际操作步骤讲解，让学习者感觉言之有理、有据、实用，操作明确、规范、简捷。本书内容是多家企业的资深工程师集体讨论的结果，由学校一线教师整理并细化得到。通过系统学习本书，有助于提高学习者的自学能力、查阅资料的能力和实践动手能力。

本书共7个项目，采用学做结合的方式编写，项目1介绍万用表和示波器的原理和使用；项目2介绍直流电路和电源电路的原理和使用；项目3介绍低频信号发生器、高频信号发生器和脉冲信号发生器的原理及使用；项目4介绍基于LED显示的优先编码器、脉冲数显指示器单元电路的安装和调试；项目5介绍Multisim 10软件、常用仪器仪表和电路仿真的使用；项目6介绍霍尔传感器、光电传感器和半导体传感器的原理和使用；项目7介绍基于STM32的数字钟、直流电机驱动、计算器、A/D转换、USART串口通信和温湿度测试。各个项目内容丰富，实践操作性强。

本书的项目1由无锡科技职业学院的史萍、佘艳和张瑾编写，项目2和项目3由佘艳编写，项目4和项目5由史萍编写，项目6由史萍、无锡城市职业技术学院的黄交宏编写，项目7由史萍、黄交宏、无锡市源海电子科技有限公司的刘汉文编写。在编写过程中得到了多位专家、教师、企业工程师的指导，在此表示衷心感谢，同时还对参考文献的作者一并感谢，对关心、帮助本书编写、出版、发行的各位同志也表示感谢。

由于编者水平有限，书中难免有疏漏和不足之处，恳请广大读者批评指正。

编　者

二维码资源清单

序号	名称	图形	页码	序号	名称	图形	页码
1	模拟式万用表的使用		1	9	基于 LED 显示的优先编码器		61
2	二极管的检测		4	10	脉冲数显指示器		66
3	用万用表测晶体管		10	11	虚拟仪器万用表的使用		78
4	数字万用表的使用		11	12	虚拟函数信号发生器的使用		79
5	数字示波器的使用		21	13	虚拟示波器的使用		81
6	直流电路测试		31	14	虚拟字信号发生器的使用		82
7	低频信号发生器		42	15	虚拟仪器在交流电路中的应用		87
8	高频信号发生器和脉冲信号发生器		51	16	虚拟仪器在集成运算放大电路中的应用		89

（续）

序号	名称	图形	页码	序号	名称	图形	页码
17	虚拟仪器在组合逻辑电路中的应用		89	24	数字钟的测试		130
18	虚拟仪器在时序逻辑电路中的应用		90	25	直流电机驱动测试		137
19	认识霍尔元件和霍尔传感器		96	26	计算器的测试		143
20	测试电动车调速转把		104	27	A/D 转换的测试		152
21	认识光电元件和光电传感器		107	28	串行通信测试		156
22	测试光电池和光敏电阻		116	29	温湿度系统测试		159
23	半导体传感器		117				

目录

项目1 万用表和示波器的使用

万用表主要用来测量电压、电流、电阻，只做简单测量，可用于判断电容、二极管、晶体管等元器件的好坏，线路是否完整等。示波器用来测量电压信号，分析信号的形态，包括频率、幅度、占空比等。两者同属于物理层测量设备，万用表重在“量测”，示波器重在“分析”。

学习目标

1. 熟悉模拟式和数字式万用表的工作原理
2. 熟悉示波器的工作原理
3. 熟悉幅度、频率、相位测量方法

素养目标

1. 培养学生良好的仪表使用习惯
2. 激发学生的民族自豪感和爱国热情
3. 帮助学生树立正确的价值观和行为准则

前导小知识：万用表的日常使用

当家里出现突然跳闸断电，自己怎么也合不上闸，这时，你该怎么办？家中经常使用成组的电池，比如遥控器、门铃、电子体温计等，当电量不足时，是否要全组更换呢？家中小型电器、电源出现了故障，该怎么处理？我们知道，这些都涉及电的检测。

万用表是电力电子检测工作中不可缺少的测量仪表，是一种多功能、多量程的测量仪表，一般万用表可测量直流电流、直流电压、交流电压、电阻和音频电平等，有的还可以测交流电流、电容、电感及半导体的一些参数（如β）等。本项目将会学习万用表等测量仪器的使用，学会后，日常家电常见问题很多可以迎刃而解。

上面所说的跳闸合不上闸，那就说明，家里的线路或者家用电器出现了短路现象，需要排除故障以后，才能正常送电。日常生活中电器不能正常工作，可以测一测家用电器的电阻，以便判断电器好坏；检查不带电的线路是否有断点等。

日常家电怎么通过万用表来检测呢？对于电热水壶、电暖器和电吹风等家用电器，需要用万用表的欧姆档来判断其好坏。把万用表拨到欧姆档，在不通电的情况下，打开它们的电源开关，测相线和中性线两个插头之间的电阻，测量结果为几十欧姆，可认定是好的。对于油烟机、排风扇、电风扇、电冰箱和小手电钻等，同样，在不通电的情况下打开它们的电源开关，测插头两脚之间的电阻，测量结果一般为几百欧姆，则说明是好的。

在日常生活中，要注意用电安全，不要超负荷用电；不能用铜丝、铝丝、铁丝代替熔丝（俗称保险丝）；用电设备要选用质检合格的产品，发现异常，应立即断电；要养成好习惯，做到“人走断电，停电断开关”，维护检查时要断电，断电要有明显的断开点。

模拟式万用表的使用

1.1　模拟式万用表的原理及使用

模拟式万用表（也叫指针式万用表或指针万用表）的作用是把被测电量（如电流、电压、电阻等）转换为仪表指针的机械偏转角。它的测量机构通常采用磁电式直流微安表；其电流的测量范围为几微安到几百微安；使用的元器件主要包括分流电阻、分压电阻、整流元器件、电容和转换开关等；转换开关采用多层多刀多掷开关。模拟式万用表的工作原理建立在欧姆定律和电阻串并联原理的基础上。

1.1.1　用模拟式万用表测电阻

用模拟式万用表测电阻的示意图如图 1-1 所示。先将两支表笔搭在一起形成短路，使指针向右偏转，随即调整“Ω”调零旋钮，使指针恰好指到 0。然后将两支表笔分别接触被测电阻（或电路）两端，读出指针在欧姆刻度线（上方第一条线）上的读数，与该档倍率所得的乘积，就是所测电阻的阻值。例如用电阻的×1k 档测量电阻，指针指在 20，则所测得的电阻值为 20×1kΩ＝20kΩ。由于欧姆刻度线左部读数较密，很难精确读数，因此测量时应选择适当的欧姆档，使指针指示在刻度线的中部或右部，这样读数才会比较清楚准确。每次换档，都应重新将两支表笔短接并旋转调零旋钮，使指针重新调整到零位。

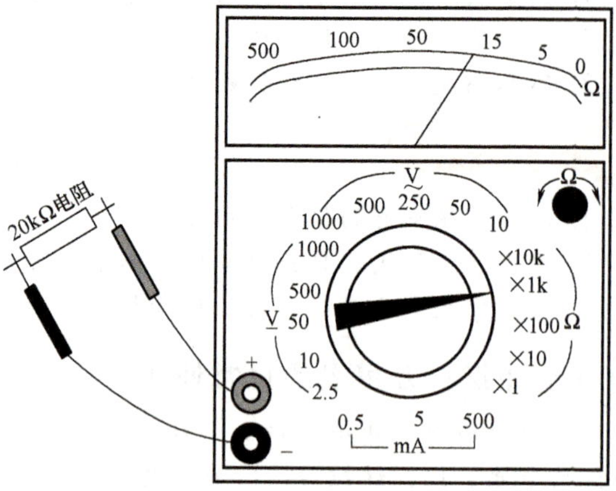

图 1-1　用模拟式万用表测电阻的示意图

1.1.2　用模拟式万用表测直流电压

首先估计一下被测电压的大小，然后将转换开关拨至适当的 V 量程，将红表笔接被测电压“+”端，黑表笔接被测量电压“-”端。然后根据该档量程倍率与交直流刻度线（第二条线）上的指针所指数字，来读出被测电压的大小。如用直流 500V 档测量，可以直接读 0～500 的指示数值。如用直流 5V 档测量，可选择满刻度标为 50 的刻度线来读数，因此倍率为 0.1，40、30、20、10 等刻度分别表示 4V、3V、2V、1V，指针指示数值乘以 0.1 即为所测电压值。图 1-2 所示为用模拟式万用表测干电池电压。众所周知，1 节干电池的电压为 1.5V，选择最接近实测对象的量程进行测量，结果会更准确，所以选用 V 的 2.5V 档测量干电池，同时依据满刻度为 250，因此倍率为 0.01，指针指在 150，即所测电压为 1.5V。

1.1.3　用模拟式万用表测交流电压

测交流电压的方法与测量直流电压相似，所不同的是，因交流电没有正负之分，所以测量交流电压时，表笔也就不需要分正负。测交流电压的读数方法与上述测量直流电压的读法一样，只是要将转换开关拨至交流档。

1.1.4　用模拟式万用表测直流电流

用万用表测直流电流前先估计一下被测电流的大小，然后将转换开关拨至合适的 mA 量程，再把万用表串接在电路中，万用表的红表笔接高电位，黑表笔接低电位，同时观察标有电流符号的刻度线。如电流量程选在 5mA 档，这时选择满刻度 50 的刻度线，因此倍率为 0.1，这样就可以读出被测电流的电流值。例如用直流 5mA 档测量直流电流，如图 1-3 所示，指针指在 7.5，乘以倍率 0.1，即实测电流为 0.75mA。

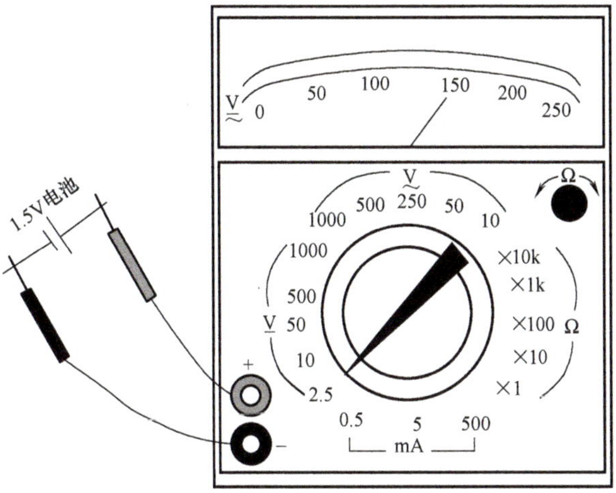

图 1-2 用模拟式万用表测干电池电压

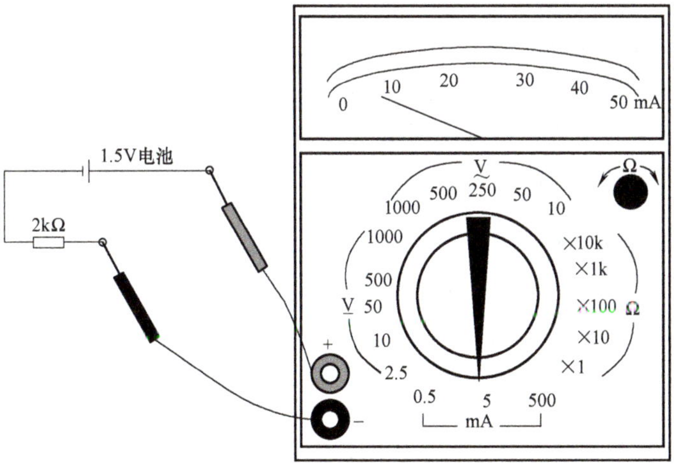

图 1-3 用模拟式万用表测直流电流

1.1.5 模拟式万用表的基本工作原理

模拟式万用表的基本工作原理是利用一只灵敏的磁电系仪表作为表头，当微小电流通过表头时，就会有电流指示。但表头不能通过大电流，所以必须在表头上并联或串联一些电阻进行分流或降压，从而测出电路中的电流、电压和电阻。万用表的基本工作原理如图 1-4 所示，图中，“+”为红表笔插孔，“-”为黑表笔插孔。

1. 测量直流电流原理

如图 1-4a 所示，在表头上并联一个适当的电阻（叫分流电阻）进行分流，就可以扩展电流量程。改变分流电阻的阻值，就能改变电流测量范围。

2. 测量直流电压原理

如图 1-4b 所示，在表头上串联一个适当的电阻（叫降压电阻或分压电阻）进行降压，就可以扩展电压量程。改变降压电阻的阻值，就能改变电压的测量范围。

3. 测量交流电压原理

如图 1-4c 所示，因为表头是直流表，所以测量交流电量时，须加装一个并串式半波整流器，将交流进行整流变成直流后再通过表头，这样就可以根据直流电压的大小来测量交流电压。扩展交流电压量程的方法与扩展直流电压量程相似。

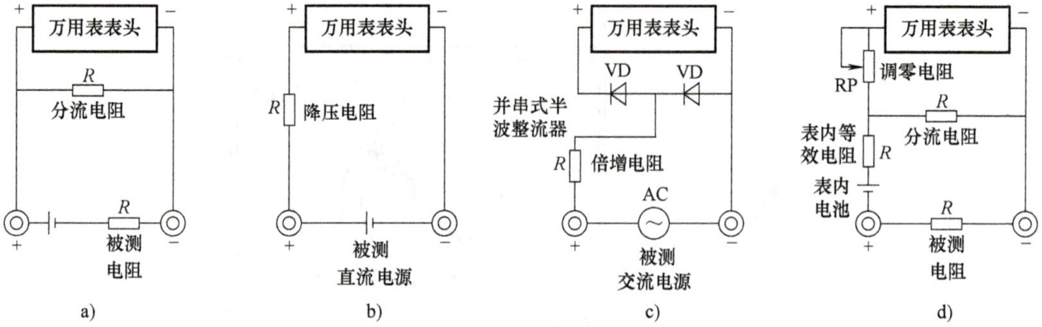

图 1-4　万用表的基本工作原理

a）测量直流电流　b）测量直流电压　c）测量交流电压　d）测量电阻

4. 测量电阻原理

如图 1-4d 所示，在表头上并联和串联适当的电阻，同时串接一节电池，使电流通过被测电阻，根据电流的大小，就可测量出电阻值。改变分流电阻的阻值，就能改变电阻量程。

万用表是比较精密的仪器，如果使用不当，会造成测量不准确且极易损坏。但是，只要我们掌握万用表的使用方法和注意事项，谨慎从事，那么万用表就能经久耐用。使用万用表时应注意如下事项：

- 测量电流与电压不能旋错档位。如果误用电阻档或电流档测电压，就极易烧坏万用表。万用表不用时，最好将转换开关旋至交流电压最高档，避免因使用不当而损坏万用表。
- 测量直流电压和直流电流时，注意“+”“-”极性不要接错。如发现指针开始反转，应立即调换表笔，以免损坏指针及表头。
- 如果不知道被测电压或被测电流的大小，应先用最高档，而后再选用合适的档位来测试，以免表针偏转过度而损坏表头。所选用的档位越靠近被测值，测量的数值就越准确。
- 测量电阻时，不要用手触及待测电阻的两端（或两支表笔的金属部分），以免人体电阻与被测电阻并联，使测量结果不准确。
- 测量电阻时，如将两支表笔短接，欧姆调零旋钮旋至最大，指针仍然达不到 0 点，这种现象通常是由于表内电池电压不足造成的，换上新电池方能准确测量。
- 万用表不用时，不要旋在电阻档，因为万用表内有电池，如不小心使两根表笔相碰短路，不仅耗费电池，严重时甚至会损坏表头。

1.1.6　用模拟式万用表检测二极管

1. 普通二极管的检测

普通二极管包括检波二极管、整流二极管、阻尼二极管、开关二极管、续流二极管等，它是由一个 PN 结构成的半导体器件，具有单向导电特性。通过用万用表检测其正、反向电阻值，可以判别出二极管的电极，还可估测出二极管是否损坏。

二极管的检测

(1) 极性的判别

将万用表置于 $R\times100$ 档或 $R\times1k$ 档，两支表笔分别接二极管的两个电极，测出一个结果后，对调两支表笔，再测出一个结果。两次测量中阻值较小的一次所测为正向电阻，即黑表笔接的是二极管的正极，红表笔接的是二极管的负极。反之，两次测量中阻值较大的一次所测为反向电阻。

(2) 单向导电性能的检测及好坏的判断

通常，锗材料二极管的正向电阻值为 300Ω 左右，反向电阻值为 1kΩ 左右。硅材料二极管的正向电阻值为 5kΩ 左右，反向电阻值为∞。正向电阻越小越好，反向电阻越大越好。正、反向电阻值相差越悬殊，说明二极管的单向导电性能越好。

若测得二极管的正、反向电阻值均接近 0 或阻值较小，则说明该二极管内部已击穿短路或漏电损坏。若测得二极管的正、反向电阻值均为∞，则说明该二极管已开路损坏。

(3) 反向击穿电压的检测

二极管反向击穿电压（耐电压值）可以用晶体管直流参数测试表测量。其方法是：测量二极管时，应将测试表的“NPN/PNP”选择键设置为 NPN 状态，再将被测二极管的正极插入测试表的“c”插孔，负极插入测试表的“e”插孔，然后按下〈V〉键，测试表即可指示出二极管的反向击穿电压值。

也可用绝缘电阻表和万用表来测量二极管的反向击穿电压。测量时，被测二极管的负极与绝缘电阻表的 L 接线柱相接，将二极管的正极与绝缘电阻表的 E 接线柱相连，同时用万用表（置于合适的直流电压档）监测二极管两端的电压。如图 1-5 所示，摇动绝缘电阻表手柄（应由慢速逐渐加快），待二极管两端电压稳定而不再上升时，此电压值即是二极管的反向击穿电压。

2. 稳压二极管的检测

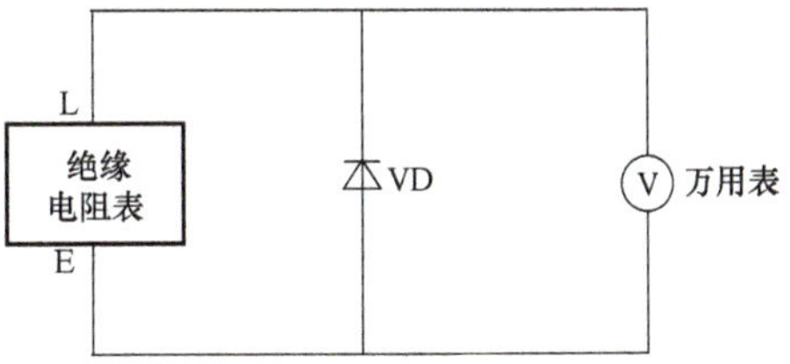

图 1-5　用绝缘电阻表和万用表测二极管的反向击穿电压

(1) 正负电极的判别

从外形上看，金属封装稳压二极管管体的正极一端为平面形，负极一端为半圆面形。塑封稳压二极管管体上印有彩色标记的一端为负极，另一端为正极。对标志不清楚的稳压二极管，也可以用万用表判别其极性。测量的方法与普通二极管的检测方法相同，即用万用表 $R\times1k$ 档，将两支表笔分别接稳压二极管的两个电极，测出一个结果后，再对调两支表笔进行测量。在两次测量结果中，阻值较小的那一次测量中，黑表笔接的是稳压二极管的正极，红表笔接的是稳压二极管的负极。

若测得稳压二极管的正、反向电阻均很小或均为∞，则说明该稳压二极管已被击穿或开路损坏。

(2) 稳压值的测量

图 1-6 是稳压二极管稳定电压值（简称稳压值）的两种测量方法。用 0~30V 连续可调直流电源提供测试电源，如图 1-6a 所示。对于 13V 以下的稳压二极管，可将稳压电源的输出电压调至 15V，将电源正极串接一只 1.5kΩ 限流电阻后与被测稳压二极管的负极相连接，电源负极与稳压二极管的正极相连接，再用万用表测量稳压二极管两端的电压值，所测得的读数即为稳压二极管的稳压值。若稳压二极管的稳压值高于 15V，则应将稳压电源调至 20V 以上。

也可用低于 1000V 的绝缘电阻表为稳压二极管提供测试电源。其方法是：将绝缘电阻表 L 接线柱与稳压二极管的负极相接，绝缘电阻表的 E 接线柱与稳压二极管的正极相接后，按规定匀速摇动绝缘电阻表手柄，同时用万用表监测稳压二极管两端的电压值（万用表的电压档应视稳定电压值的大小而定），待万用表的指示电压指示稳定时，此电压值便是稳压二极管的稳压值，如图 1-6b 所示。

若测量稳压二极管的稳压值忽高忽低，则说明该二极管的性能不稳定。

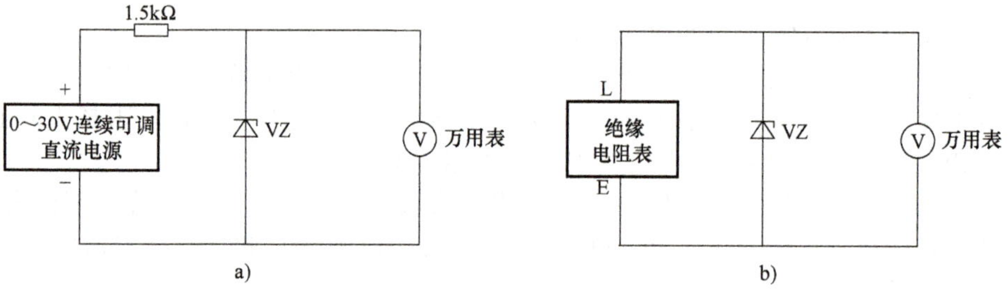

图 1-6　稳压二极管稳压值的两种测量方法

a）直流电源测量法　b）绝缘电阻表测量法

3. 双向二极管的检测

（1）正、反向电阻值的测量

用万用表的 $R\times1\text{k}$ 或 $R\times10\text{k}$ 档测量双向二极管的正、反向电阻值。正常时，其正、反向电阻值均应为∞。若测得正、反向电阻值均很小或为 0，则说明该二极管已击穿损坏。

（2）测量转折电压

测量双向二极管的转折电压有 3 种方法。

第一种方法是绝缘电阻表测量法，即将绝缘电阻表的接线柱 L 和接地柱 E 分别接双向二极管的两端，如图 1-7a 所示，用绝缘电阻表提供击穿电压，同时用万用表的直流电压档测量出电压值，对调表笔后再测量一次。比较两次测量的电压值（一般为 3~6V），两个电压值的偏差越小，说明此二极管的性能越好。

第二种方法是 220V 交流电压测量法，即先用万用表测出市电电压 U，然后将被测双向二极管串入万用表的交流电压测量回路后，接入市电电压，读出电压值 U_1，再对调表笔并读出电压值 U_2，如图 1-7b 所示。

若 U_1 与 U_2 的电压值相同，但与 U 的电压值不同，则说明该双向二极管的导通性能对称性良好。若 U_1 与 U_2 的电压值相差较大，则说明该双向二极管的导通性能不对称。若 U_1、U_2 电压值均与市电 U 相同，则说明该双向二极管内部已短路损坏。若 U_1、U_2 的电压值均为 0V，则说明该双向二极管内部已开路损坏。

第三种方法是直流电源测量法，即用 0~50V 连续可调直流电源提供测试电源，将电源的

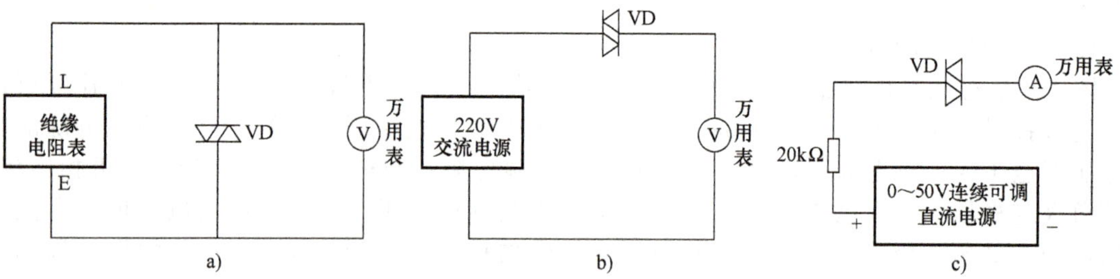

图 1-7　双向二极管转折电压的检测

a）绝缘电阻表测量法　b）220V 交流电压测量法　c）直流电源测量法

正极串接一只 20kΩ 电阻器后与双向二极管的一端相接，将电源的负极串接万用表电流档（将其置于 1mA 档）后与双向二极管的另一端相接，如图 1-7c 所示。逐渐增加电源电压，当电流表指针有较明显摆动时（几十微安以上），说明此双向二极管已导通，此时电源的电压值即为双向二极管的转折电压。

4. 发光二极管的检测

（1）正负极的判别

将发光二极管放在一个光源下，观察两个金属片的大小。通常，金属片大的一端为负极，金属片小的一端为正极。

（2）性能好坏的判断

用万用表 $R\times10k$ 档测量发光二极管的正、反向电阻值。正常时，正向电阻值（黑表笔接正极时）为 10~20kΩ，反向电阻值为 250kΩ~∞。较高灵敏度的发光二极管，在测量正向电阻值时，管内会发微光。若用万用表 $R\times1k$ 档测量发光二极管的正、反向电阻值，则会发现其正、反向电阻值均接近∞，这是因为发光二极管的正向压降大于 1.5V（万用表 $R\times1k$ 档内电池的电压值）。

用万用表的 $R\times10k$ 档对一只 220μF/25V 电解电容器充电（黑表笔接电容器正极，红表笔接电容器负极），再将充电后的电容器正极接发光二极管正极、电容器负极接发光二极管负极，若发光二极管有很亮的闪光，则说明该发光二极管完好。

也可用 3V 直流电源提供测试电源，在电源的正极串接一只 330Ω 电阻后接发光二极管的正极，将电源的负极接发光二极管的负极，如图 1-8 所示，正常的发光二极管应发光。或将 1 节 1.5V 电池串接在万用表的黑表笔（将万用表置于 $R\times10$ 或 $R\times100$ 档，黑表笔接电池负极，相当于与表内的 1.5V 电池串联），将电池的正极接发光二极管的正极，红表笔接发光二极管的负极，正常的发光二极管应发光。

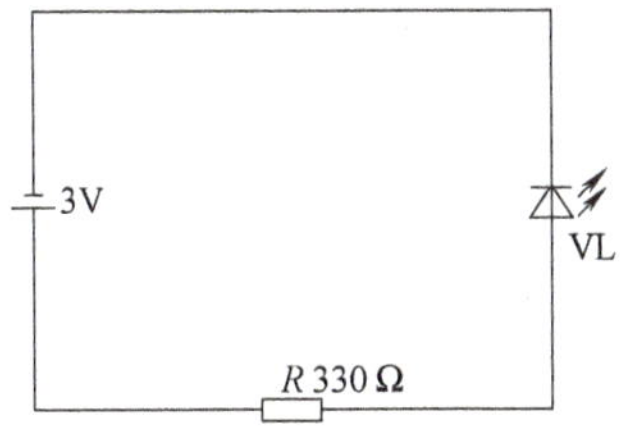

图 1-8　用 3V 直流电源检测发光二极管

5. 红外发光二极管的检测

（1）正负极的判别

红外发光二极管多采用透明树脂封装，管心下部有一个浅盘，管内电极宽大的为负极，而电极窄小的为正极。也可根据引脚的长短来判断：长引脚为正极，短引脚为负极。

（2）性能好坏的判断

用万用表 $R\times10k$ 档测量红外发光二极管的正、反向电阻。正常时，正向电阻值为 15~40kΩ（此值越小越好）；反向电阻大于 500kΩ（用 $R\times10k$ 档测量，反向电阻大于 200kΩ）。若测得正、反向电阻值均接近 0，则说明该红外发光二极管内部已击穿损坏。若测得正、反向电阻值均为∞，则说明该二极管已开路损坏。若测得反向电阻值远远小于 500kΩ，则说明该二极管已漏电损坏。

6. 红外光电二极管的检测

将万用表置于 $R\times1k$ 档，测量红外光电二极管的正、反向电阻值。正常时，正向电阻值（黑表笔所接引脚为正极）为 3~10kΩ，反向电阻值为 500kΩ 以上。若测得其正、反向电阻值均为 0 或均为∞，则说明该光敏二极管已击穿或开路损坏。

在测量红外光电二极管反向电阻值的同时，用电视机遥控器对着被测红外光电二极管的光信号接收窗口，如图 1-9 所示。正常的红外光电二极管，在按动遥控器上的按键时，其反向电阻值会由 500kΩ 以上减小至 50~100kΩ 之间。阻值下降越多，说明红外光电二极管的灵敏度越高。

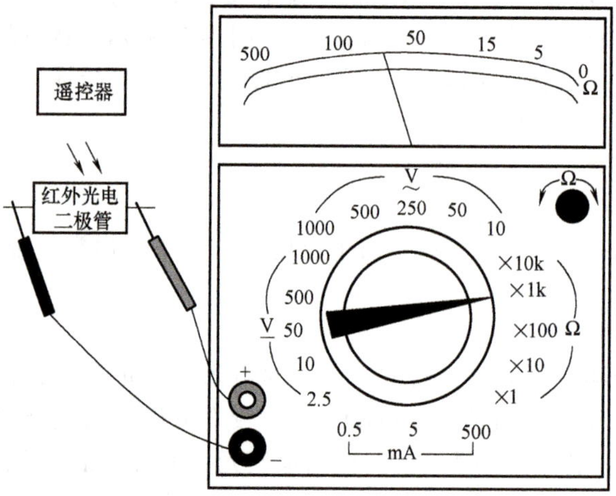

图 1-9　红外光电二极管的检测

7. 其他光电二极管的检测

（1）电阻测量法

用黑纸或黑布遮住光敏二极管的光信号接收窗口，然后用万用表 $R\times1$k 档测量光电二极管的正、反向电阻值。正常时，正向电阻值在 10~20kΩ 之间，反向电阻值为∞。若测得正、反向电阻值均很小或均为∞，则说明该光电二极管漏电或开路损坏。

再去掉黑纸或黑布，使光电二极管的光信号接收窗口对准光源，然后观察其正、反向电阻值的变化。正常时，正、反向电阻值均应变小，阻值变化越大，说明该光电二极管的灵敏度越高。

（2）电压测量法

将万用表置于 1V 直流电压档，黑表笔接光电二极管的负极，红表笔接光电二极管的正极，将光电二极管的光信号接收窗口对准光源。正常时应有 0.2~0.4V 电压（电压值与光照强度成正比）。

（3）电流测量法

将万用表置于 50μA 或 500μA 电流档，红表笔接正极，黑表笔接负极，正常的光电二极管在白炽灯光下，随着光照强度的增加，其电流从几微安增大至几百微安。

8. 激光二极管的检测

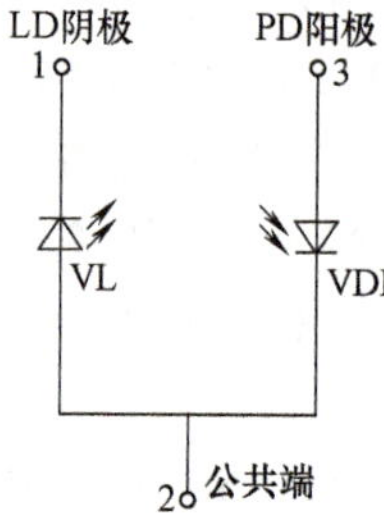

图 1-10　激光二极管的引脚

激光二极管的引脚如图 1-10 所示。从图 1-10 可知，二极管内的结构分为两部分，一部分为激光发射部分 VL，另一部分为激光接收部分 VDL，两部分有公共端 2 引脚，一般接管子金属外壳，接 VL 的为 1 引脚，即 LD 阴极，接 VDL 的为 3 引脚，即 PD 阳极，所以激光二极管实际有 3 个引脚。工作时发出的红光波长为 600 多纳米（nm），用于激光教鞭、条形码阅读器、激光打印机、CD 机、视盘机等。

激光二极管的检测方法如下：

1）用万用表 $R\times1$k 档分别测 3 个引脚间电阻，直到有两个引脚间电阻值为几千欧为止。这时，黑表笔接触的引脚为 3 引脚，红表笔接触的引脚为 2 引脚，剩下的就是 1 引脚。这样就先区分出 PD 和 LD 两部分。

2）测 PD 部分。这部分为光电二极管，也称光检测管，其检测方法与光电二极管的检测方法相同。

3）测 LD 部分。用万用表 $R\times1k$ 档，红表笔接触 1 引脚，黑表笔接触 2 引脚，其正向电阻应为 10~30kΩ（这是由于 LD 由铟镓铝磷材料构成，万用表 $R\times1k$ 档的电池电压为 1.5V，不能使其导通）。反向电阻值为∞，若测得阻值为 0，则激光二极管已损坏。若正向电阻值在 60kΩ 以上或反向电阻值在 1MΩ 以下，则激光二极管已严重老化，一般已不能使用。

为进一步校验检测结果，可用两节 1.5V 电池串接 1 只金属绕线小阻值电位器，一端接 1 引脚，另一端接 2 引脚，让 LD 发出红外激光。再用万用表测量 PD 的反向电阻值，若 PD 的反向电阻值明显减小，则说明 LD、PD 均完好；若无变化，则 LD、PD 中至少有 1 处损坏。

9. 变容二极管的检测

（1）正负极的判别

有的变容二极管的一端涂有黑色标记，则这一端即是负极，而另一端为正极。还有的变容二极管的管壳两端分别涂有黄色环和红色环，红色环的一端为正极，黄色环的一端为负极。

也可以用数字万用表的二极管档，通过测量变容二极管的正、反向电压降来判断出其正负极性。正常的变容二极管，在测量其正向电压降时，表的读数为 0.58~0.65V；测量其反向电压降时，表的读数显示为溢出符号“1”。在测量正向电压降时，红表笔接的是变容二极管的正极，黑表笔接的是变容二极管的负极。

（2）性能好坏的判断

用指针式万用表的 $R\times10k$ 档测量变容二极管的正、反向电阻值。正常的变容二极管，其正、反向电阻值均为∞。若被测变容二极管的正、反向电阻值均有一定阻值或均为 0，则说明该二极管漏电或击穿损坏。

10. 双基极二极管的检测

（1）电极的判别

将万用表置于 $R\times1k$ 档，用两支表笔测量双基极二极管 3 个电极中任意两个电极间的正、反向电阻值，会测出有两个电极之间的正、反向电阻值均为 2~10kΩ，这两个电极即为基极 B_1 和基极 B_2，另一个电极即为发射极 E。再将黑表笔接发射极 E，用红表笔依次去接触另外两个电极，一般会测出两个不同的电阻值。阻值较小的一次测量中，红表笔接的是基极 B_2，另一个电极即为基极 B_1。

（2）性能好坏的判断

双基极二极管性能的好坏可以通过测量其发射极和基极之间的电阻值是否正常来判断。用万用表 $R\times1k$ 档，将黑表笔接触发射极 E，红表笔依次接触两个基极（B_1 和 B_2），正常时均应有几千欧至十几千欧的电阻值。再将红表笔接触发射极 E，黑表笔依次接触两个基极，正常时阻值为∞。

双基极二极管两个基极（B_1 和 B_2）之间的正、反向电阻值均在 2~10kΩ 范围内，若测得两基极之间的电阻值与上述正常值相差较大，则说明该二极管已损坏。

11. 桥堆的检测

（1）全桥的检测

大多数的整流全桥上，均标注有“+”“-”“~”符号（其中“+”为整流后输出电压的正极，“-”为输出电压的负极，“~”为交流电压输入端），通过上述符号很容易确定出各电极。

检测时，可通过分别测量“+”电极与两个“~”电极、“-”电极与两个“~”电极之间各整流二极管的正、反向电阻值（与普通二极管的测量方法相同）是否正常，即可判断该全桥是否已损坏。若测得全桥内部两只二极管的正、反向电阻值均为 0 或均为∞，则可判断该二极管已击穿或开路损坏。

（2）半桥的检测

半桥电路是由两只整流二极管组成，通过用万用表分别测量半桥电路内部的两只二极管的正、反电阻值是否正常，即可判断出该半桥电路是否正常。

12. 高压硅堆的检测

高压硅堆内部由多只高压整流二极管（硅粒）串联组成，检测时，可用万用表的 $R\times10k$ 档测量其正、反向电阻值。正常的高压硅堆，其正向电阻值大于 200kΩ，反向电阻值为∞。若测得其正、反向均有一定电阻值，则说明该高压硅堆已软击穿损坏。

13. 变阻二极管的检测

用万用表 $R\times10k$ 档测量变阻二极管的正、反向电阻值，正常的高频变阻二极管的正向电阻值（黑表笔接正极时）为 4.5~6kΩ，反向电阻值为∞。若测得其正、反向电阻值均很小或均为∞，则说明被测变阻二极管已损坏。

14. 肖特基二极管的检测

两引脚肖特基二极管可以用万用表 $R\times1$ 档测量。正常时，其正向电阻值（黑表笔接正极）为 2.5~3.5Ω，反向电阻值为∞。若测得正、反电阻值均为∞或均接近 0，则说明该二极管已开路或击穿损坏。

三引脚肖特基二极管应先测出其公共端，判别出该二极管是共阴极对管还是共阳极对管，然后分别测量两个二极管的正、反向电阻值。

1.1.7 用模拟式万用表检测晶体管

用万用表测晶体管

在线测试可以分通电状态测试和不通电状态测试。通电状态测试可以测一下基极电压。一般，硅管基极电压为 0.7V，锗管基极电压为 0.2~0.3V，说明工作正常，否则为截止状态。不通电状态测试可测一下晶体管的 PN 结的正、反向电阻值是否正常。有的晶体管由于并联小电阻或电感，而不能正常检测，可以拆下来测量。

晶体管的引脚必须正确辨认，否则，接入电路不但不能正常工作，还可能烧坏晶体管。已知晶体管类型及电极，用模拟式万用表判别晶体管好坏的方法如下。

1. 测 NPN 晶体管

将万用表置 $R\times100$ 档或 $R\times1k$ 档，把黑表笔接在基极上，将红表笔先后接在其余两个极上，如果两次测得的电阻值都较小，再将红表笔接在基极上，将黑表笔先后接在其余两个极上，如果两次测得的电阻值都很大，则说明晶体管是好的。

2. 测 PNP 晶体管

将万用表置 $R\times100$ 档或 $R\times1k$ 档，把红表笔接在基极上，将黑表笔先后接在其余两个极上，如果两次测得的电阻值都较小，再将黑表笔接在基极上，将红表笔先后接在其余两个极上，如果两次测得的电阻值都很大，则说明晶体管是好的。

当晶体管上的标记不清楚时，可以用万用表来初步确定晶体管的好坏及类型（NPN 型还是 PNP 型），并辨别出 E、B、C 三个电极。测试方法如下：

（1）用模拟式万用表判断基极 B 和晶体管的类型

将万用表置 $R\times100$ 档或 $R\times1k$ 档，先假设晶体管的某极为“基极”，并把黑表笔接在假设的基极上，将红表笔先后接在其余两个极上，如果两次测得的电阻值都很小（或为几百欧至几千欧），则假设的基极是正确的，且被测晶体管为 NPN 型管；同上，如果两次测得的电阻值都很大（约为几千欧至几十千欧），则假设的基极是正确的，且被测晶体管为 PNP 型管。如果两次测得的电阻值是一大一小，则原来假设的基极是错误的，这时必须重新假设另一电极为“基极”，再重复上述测试。

（2）判断集电极 C 和发射极 E

仍将模拟式万用表置 $R\times100$ 档或 $R\times1\text{k}$ 档，以 NPN 管为例，把黑表笔接在假设的集电极 C 上，红表笔接到假设的发射极 E 上，并用手捏住 B 和 C 极（不能使 B、C 直接接触），通过人体，相当于在 B、C 之间接入偏置电阻，读出表头所示的阻值，然后将两支表笔对调重测。若第一次测得的阻值比第二次小，说明原假设成立，因为 C、E 间电阻值小说明通过万用表的电流大，偏置正常。现在的指针万用表都有测量晶体管放大倍数（hFE）的接口，用以估测晶体管的放大倍数。

1.2　数字式万用表的原理及使用

数字万用表的使用

数字式万用表（Digital MultiMeter，DMM）采用大规模集成电路和液晶数字显示技术，是将被测量的数值直接以数字形式显示出来的一种电子测量仪表。数字式万用表具有结构简单、测量精度高、输入阻抗高、显示直观、过载能力强、功能多、耗电少、自动量程转换等优点，许多数字式万用表还带有测电容、频率、温度等功能。

1.2.1　用数字式万用表测量电流、电压和电阻

1. 打开开关

将电源开关置于 ON 位置。

2. 交直流电压的测量

1）将红表笔插入 V/Ω 孔，黑表笔插入 COM 孔。

2）根据被测量的电压种类（交流或直流电压）将转换开关置于 ACV 或 DCV 档位，选择合适量程，并将表笔与被测电路并联，读数即显示。测量直流量时，数字式万用表能自动显示红表笔端的极性。

3. 交直流电流的测量

1）将黑表笔插入 COM 孔，红表笔插入 mA 孔（电流不大于 20A 时）或 20A 孔（电流大于 20A 时）。

2）根据被测量的电流种类（交流或直流）将档位/量程选择开关置于 ACA 或 DCA 档位，选择合适量程，并将万用表笔串联在被测电路中即可显示读数。测量直流量时，数字万用表能自动显示红表笔端的极性。

4. 电阻的测量

1）将红表笔插入 V/Ω 孔，黑表笔插入 COM 孔，在电阻量程档位时，红表笔为内部电池的正极，黑表笔为负极，这与模拟式万用表正好相反。

2）将转换开关拨至欧姆档的合适量程，被测电阻的值应仅低于该选择量程，表笔连接到被测电阻上，显示电阻值读数（包括其单位）。

1.2.2　数字式万用表的组成、种类和原理

1. 数字式万用表的组成

数字式万用表（也称数字万用表）是在直流数字电压表的基础上扩展而成的。为了能测量交流电压、电流、电阻、电容、二极管正向压降、晶体管放大系数等，必须增加相应的转换器，将被测电量转换成直流电压信号，再由 A/D 转换器转换成数字量，并以数字形式显示出来。它由功能转换器、A/D 转换器、液晶显示屏（LCD）、电源和转换开关等构成。常用的数字万用表显示数字位数有三位半、四位半和五位半之分。对应的数字显示最大值分别为

1999、19999 和 199999，并由此构成不同型号的数字万用表。

2. 数字万用表的种类

数字万用表的类型多达上百种，按量程转换方式分类，可分为手动量程数字万用表、自动量程数字万用表和自动/手动量程数字万用表；按用途和功能分类，可分为低档普及型（如 DT830 型数字万用表）数字万用表、中档数字万用表、智能数字万用表、多重显示数字万用表和专用数字仪表等；按形状大小分，可分为袖珍式数字万用表和台式数字万用表两种。数字万用表的类型虽多，但测量原理基本相同。

3. 数字万用表的原理

下面以袖珍式数字万用表 DT830 为例，介绍数字万用表的测量原理。DT830 型数字万用表采用 9V 叠层电池供电，整机功耗约 20mW；采用 LCD 显示数字，最大显示数字为±1999，因而属于三位半万用表。

同其他数字万用表一样，DT830 型数字万用表的核心也是直流数字电压表 DVM（基本表）。它主要由外围电路、双积分 A-D 转换器及显示器组成。其中，A-D 转换、计数、译码等电路都是由大规模集成电路芯片 ICL7106 构成的。DT830 型数字万用表测量电路原理如下。

（1）直流电压（DCV）测量电路

图 1-11 为数字万用表直流电压测量电路原理图。该电路由 R_{29} 等分压电阻万用表转换开关和 ICL7106 芯片构成。把基本量程为 200mV 的量程扩展为五量程（200mV、2V、20V、200V、600V）的直流电压档。图中，“V/R”插孔接被测量值 U_X，“COM”插孔接地，ICL7106 芯片完成 A-D 转换和显示。

以 20V 档（U_{IN}）为例，被测电压为 U_X，基准电压为 U_{REF}，ICL7106 的内阻在 10MΩ 以上，$0<U_X<19.99V$，$U_{REF}=V_{R+}-V_{R-}=100mV$，$U_{IN}$ 和 U_X 的关系如下：

当 $U_X=15V$ 时，$U_{IN}=\dfrac{U_X(R_{20}+R_{21}+R_{29})}{R_{23}+R_{27}+R_{22}+R_{21}+R_{20}+R_{29}}=0.01U_X=0.15V$

显示值为 $1000\times\dfrac{U_{IN}}{U_{REF}}=\dfrac{1000\times0.15V}{100mV}=\dfrac{150V}{0.1V}=1500$

因此当 $U_X=15V$ 时，显示 1500，20V 档的小数点设置在百位与十位之间。

（2）直流电流（DCA）测量电路

数字万用表直流电流测量电路如图 1-12 所示。其中，R_{17}、R_{28}、R_8、R_{10}、R_{34} 分别为各档的取样电阻，它们共同组成了电流-电压（I-U）转换器，即测量时被测电流 I 在取样电阻上产生电压，该电压输入至 IN HI、IN LO 两端，从而得到了被测电流的值。若合理地选配各电流量程的取样电阻，就能使基本表直接显示被测电流量的大小。把基本量程为 200μA 的量程扩展为四量程（200μA、2mA、20mA、200mA）的直流电流档。

图中，“mA”插孔为电流插孔，测量时万用表串联在电路中。ICL7106 完成 A-D 转换并显示结果。

以 2mA 档为例，$0<I_X<1.999mA$

$U_{IN}=(R_{28}+R_8+R_{10})I_X=100I_X$（V）

显示值为 $1000\times\dfrac{U_{IN}}{U_{REF}}=1000\times\dfrac{100I_X}{100}=1000I_X$

当 $I_X=1.5mA$ 时，显示 1500，把小数点设置在千位与百位之间。

（3）交流电压（ACV）测量电路

数字万用表交流电压测量电路如图 1-13 所示。该电路由分压电阻、万用表转换开关和 ICL7106 组成。图中，“V/R”插孔接被测量值 U_X，“COM”插孔接地。被测电压 U_X（频率在

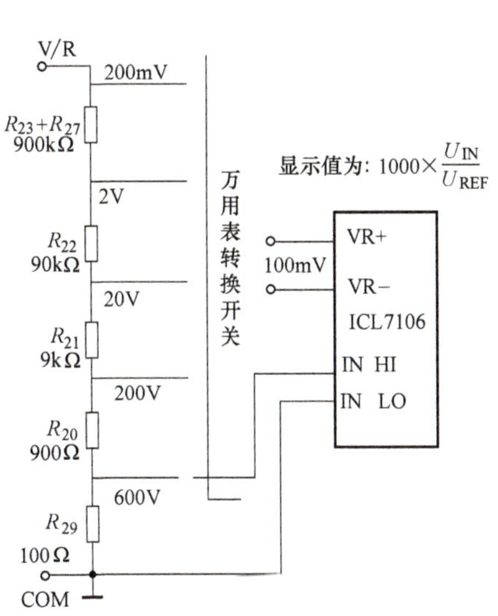

图 1-11　数字万用表直流电压测量电路原理图

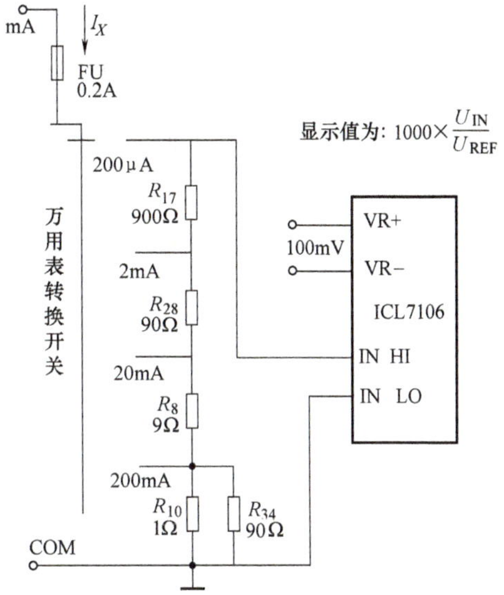

图 1-12　数字万用表直流电流测量电路

45～500Hz 范围内的正弦电压有效值），经 D_1 半波整流和分压电阻分压后成为 U_{IN}，U_{IN}（平均值）= 0.45U_X（有效值），由 ICL7106 完成 A-D 转换并显示结果。

以 200V 档为例，$0<U_{IN}<199.9V$，$U_{REF}=100mV$，U_X 和 U_{IN} 的关系如下：

$$U_{IN}=\frac{0.45U_X(R_{20}+R_{29})}{R_{21}+R_{22}+R_{23}+R_{20}+R_{29}}=9.96\times10^{-4}U_X$$

$$显示值为\ 1000\times\frac{U_{IN}}{U_{REF}}=1000\times\frac{9.96\times10^{-4}U_X}{100mV}$$

当 $U_X=150V$ 时，显示 1494，把小数点设置在十位与个位之间。

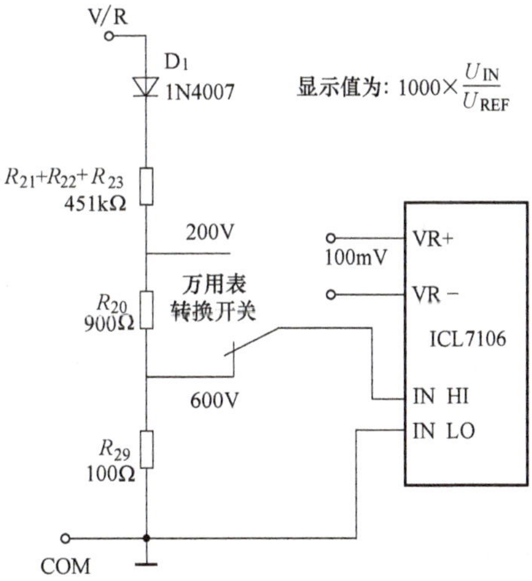

图 1-13　数字万用表交流电压测量电路

（4）电阻测量电路

数字万用表电阻测量电路如图 1-14 所示。该电路由分压电阻、万用表转换开关和 ICL7106 组成。“V/R”插孔和“COM”插孔之间接被测电阻 R_X，由 ICL7106 完成 A-D 转换并显示结果。为防止用电阻档误测电压造成电表损坏，增加了热敏电阻（PTC）以保护元件。热敏电阻的阻值随电流的增大而增大，用于限流，电压作用于 PTC 使其发热后阻值增大，起到一定的保护作用。

电阻测量采用“比例测量法”：

$$\frac{U_{IN}}{U_{REF}}=\frac{IR_X}{IR_{REF}}=\frac{R_X}{R_{REF}}$$

以 20kΩ 为例，$0<R_X<19.99k\Omega$，显示值为

$$1000\times\frac{U_{IN}}{U_{REF}}=1000\times\frac{R_X}{R_{REF}}$$

$$R_{REF}=R_{21}+R_{20}+R_{29}=10\text{k}\Omega$$

当 $R_X=12.5\text{k}\Omega$ 时，显示值为 $1000\times\frac{12.5}{10}=1250$，把小数点设置在百位与十位之间。

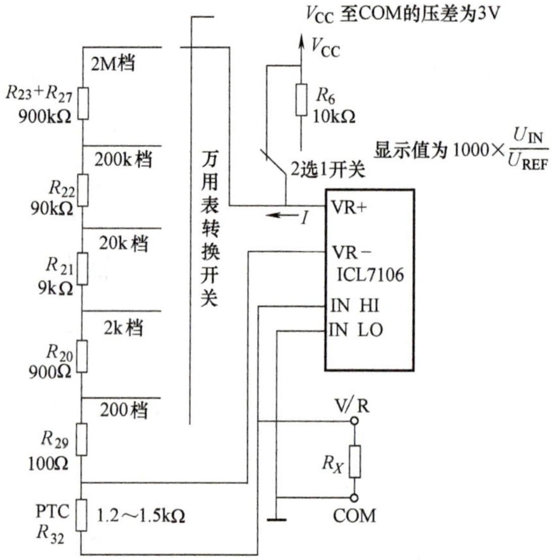

图 1-14　数字万用表电阻测量电路

(5) 二极管测量电路

数字万用表二极管测量电路如图 1-15 所示。该电路由电阻、蜂鸣器电路（用于判断是否短路）和 ICL7106 组成。“V/R”插孔接二极管正极，二极管负极接“COM”插孔，R_{32} 为热敏电阻 PTC，电阻 R_{20} 和 R_{29} 两者的电阻之和为 1kΩ，ICL7106 的 IN HI 端接蜂鸣器电路和“V/R”插孔，ICL7106 的 IN LO 接“COM”插孔，ICL7106 的 VR+接 VCC，U_{REF} 近似 1V，ICL7106 完成 A/D 转换并显示结果。

V_{CC} 至 COM 的电压差为 3V，显示值为 $1000\times\frac{U_{IN}}{U_{REF}}$。

V_{CC} 到 COM 之间电压差 $U=3\text{V}$，$U_{REF}=1\text{k}\Omega\times1\text{mA}=1\text{V}$，$U_{IN}=U_D$（$U_D$ 为被测二极管两端电压）。

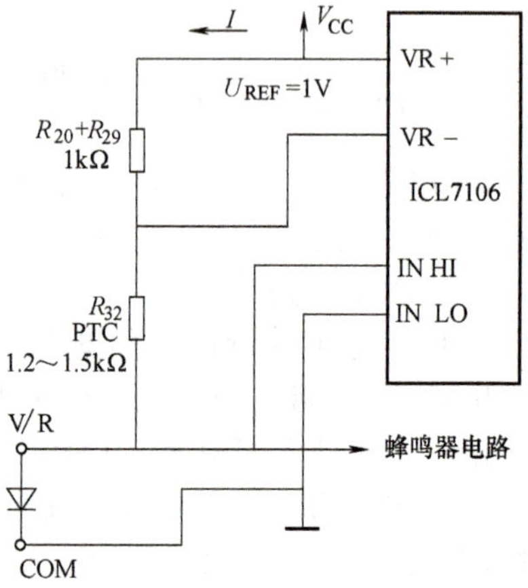

图 1-15　数字万用表二极管测量电路

$$I=\frac{U-U_D}{R_{20}+R_{29}+R_{32}}\approx\frac{3-0.5}{2.5}\text{mA}=1\text{mA}$$

当 $U_D=0.65\text{V}$ 时，显示值为 $1000\times\frac{U_{IN}}{U_{REF}}=1000\times\frac{0.65}{1}=650$。

不设置小数点，显示单位为 mV。当 U_D<0.07V 时，蜂鸣器鸣叫，视为短路。二极管反接时，显示“1”，表示超出量程。

4. VC9801A+面板介绍

VC9801A+型数字万用表面板如图 1-16 所示。对其中各部分分别介绍如下：按下电源开关为开启状态；液晶显示屏显示仪表测量的数值；量程选择开关可选择的量程有 6 个，直流电压量程范围为 200mV~1000V，交流电压量程范围为 200mV~700V，直流电流量程范围为 200μA~20A，交流电流量程范围为 200μA~20A，电阻量程范围为 200Ω~200MΩ，电容量程范围为 200μF；电压/电阻插孔（V/Ω）用于电压或电阻测试时接红表笔；公共地插孔（COM）用于接黑表笔；电流插孔（mA）用于测试电流时接红表笔；20A 电流插孔（20A）用于测试大于 20A 电流时接红表笔；按下保持开关（HOLD），仪表当前所测数值被保持，显示屏上出现“H”符号，若再次按下保持开关，“H”符号消失，退出保持状态；按下背景光按钮（H/L），背景灯亮。

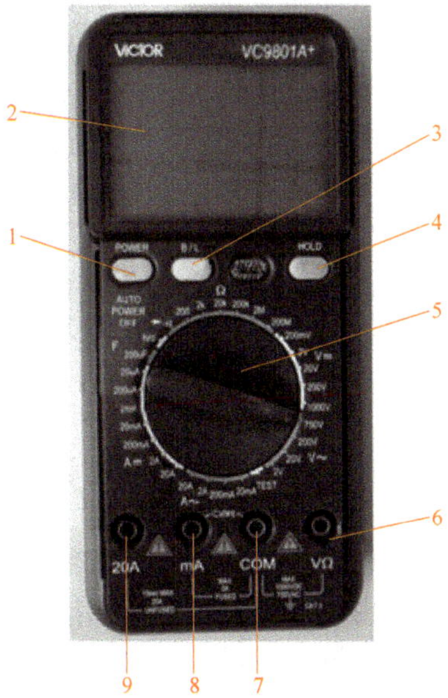

图 1-16　VC9801A+型数字万用表面板

1—电源开关（POWER）　2—液晶显示屏　3—背景光按钮（H/L）　4—保持开关（HOLD）　5—量程选择开关　6—电压/电阻插孔（V/Ω）　7—公共地插孔（COM）　8—电流插孔（mA）　9—20A 电流插孔（20A）

5. 数字万用表的使用注意事项

1）使用前，应根据待测电量及其大小选择合适的量程，连接测试表笔。

2）若显示始终为最高位显示数字“1”，则说明该量程不满足被测量的量程，此时应选择更高的量程。如果用小量程去测量大电压，则会有烧坏万用表的危险。如果无法预先估计被测电量的大小，原则上应先用最高量程档测量一次，再视情况逐渐减小量程，尽量使被测值接近于量程。

3）禁止在测量高电压（220V 以上）或大电流（0.5A 以上）时换量程，以防产生电弧，烧毁开关触点。

4）在测电流、电压时，不能带电换量程。

5）测电阻时，不能带电测量。因为测量电阻时，万用表由内部电池供电，带电测量相当于接入一个额外的电源，可能会损坏仪表。

6）使用完毕，应将转换开关放置在交流电压最大档位上，然后关闭背景灯开关、电源开关。

1.2.3　用数字式万用表测试常用电子元器件

1. 打开电源

将电源开关置于“ON”位置。

2. 二极管的测试及带蜂鸣器的连续性测试

1）测量二极管时表笔接法与电压测量时表笔的接法一样，将转换开关旋到 ─▶├─ 档。

2）用红表笔接二极管的正极，黑表笔接负极，这时会显示二极管的正向压降。肖特基二极管的压降是 0.2V 左右，普通硅整流管（1N4000、1N5400 系列等）的压降约为 0.7V，发光二极管的压降为 1.8~2.3V。调换表笔，若显示屏显示“1”则为正常，因为二极管的反向电阻很大，否则此管已被击穿。

3）将表笔连接到待测线路的两点，如果两点之间电阻低于 70Ω，内置蜂鸣器发声。

3. 晶体管的测量

1）测量晶体管时表笔连接方法同上，其原理同二极管测量。先假定 A 引脚为基极，用黑表笔与该引脚相接，红表笔与其他两引脚分别接触。若两次读数均为 0.7V 左右，然后再用红表笔接触 A 引脚，黑表笔接触其他两引脚，若均显示“1”，则 A 引脚为基极，且此管为 PNP 管，否则需要重新测量。那么集电极和发射极如何判断呢？数字万用表不能像指针万用表那样利用指针摆幅来判断，那怎么办呢？

2）可以利用 hFE 档来判断：先将转换开关旋到 hFE 档，可以看到档位旁有一排小插孔，分别用于 PNP 和 NPN 管的测量。前面已经判断出管型，将基极插入对应管型“b”孔，其余两引脚分别插入“c”和“e”孔，此时读取的数值即 β 值；再固定基极，其余两引脚对调；比较两次读数，读数较大的引脚位置与表面“c”“e”相对应。

小技巧：上法只能用于对 9000 系列小型管的测量，若要测量大管，可以采用接线法，即用小导线将 3 个引脚引出。

4. MOS 场效应管的测量

N 沟道的 MOS 场效应管有国产的 3D01、4D01，日产的 3SK 系列。

1）G 极（栅极）的确定：利用万用表的二极管档测量，若某引脚与其他两引脚间的正反压降均大于 2V，即均显示“1”，此引脚即为栅极 G。

2）交换表笔测量其余两引脚，压降小的那次测量中，黑表笔接的是 D 极（漏极），红表笔接的是 S 极（源极）。

1.3　示波器的原理及使用

1.3.1　用模拟示波器测试运放电路的输入/输出电压的相关参数

用模拟示波器测试运放电路的输入/输出电压的相关参数，其运放电路如图 1-17 所示，测试完填写表 1-1。TLC2272 为双运放芯片，采用双电源供电，图 1-17 用了其中一路运放，输入电压 U_i 经隔离直流量后送运放的正向输入端，芯片的 7 引脚为输出端 U_o。

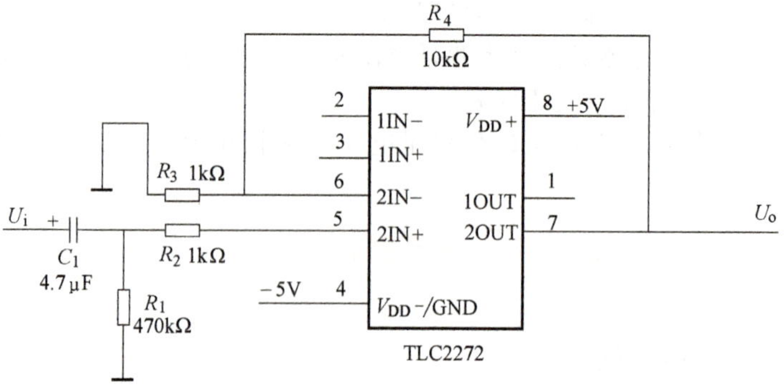

图 1-17　测试输入/输出电压的运放电路

用模拟示波器测试运放电路的输入/输出电压的相关参数，要求如下。

1）运放连接：将运放电路连接好，调整直流稳压电源输出+5V 和−5V 电压作为 TLC2272 的工作电压，分别送芯片的 8 引脚和 4 引脚。

2）调整函数信号发生器：使其输出频率为1kHz、有效值为10mV的正弦交流信号，作为输入信号。

3）连接函数信号发生器和示波器：电路的输入端 U_i 接模拟示波器的通道1（CH1），电路的输出端 U_o 接通道2(CH2)。

4）示波器的设置：CH1、CH2的耦合开关都置于AC，CH2的电压置于10mV/div档位，CH1的电压置于0.2V/div档位。垂直工作开关置于交替位，水平工作置于自动档位，扫描速率开关置于0.5ms/div档位。

5）测量数据并记录：测量输入/输出电压的幅值、周期、频率和相位差，并将测量结果填入表1-1。

调整水平移位旋钮，使某1个周期波形顶部在荧光屏 Y 轴上，调整垂直移位旋钮，使波形底部在荧光屏某一水平刻度线上。

① 计算周期。

数出一个周期的波形在水平方向上的格数，计算出1个周期的时间：

$$T=1\text{ 个周期波形在水平方向上的格数}\times\text{扫描速度}$$

② 计算 $V_{峰-峰}$ 值。

数出1个周期的波形在垂直方向上的格数，根据电压衰减开关设置的值计算出 $V_{峰-峰}$ 值：

$$V_{峰-峰}=1\text{ 个周期波形在垂直方向上的格数}\times\text{垂直偏转灵敏度}$$

$$\text{有效值 } U=(1/2V_{峰-峰})/\sqrt{2}$$

③ 计算相位。

根据1个周期波形在水平方向上所占的格数，求出每格的相位：

$$\text{每格相位}=360°/1\text{ 个周期波形在水平方向上的格数}$$

两信号的相位差：

$$\theta=\text{每格相位}\times\text{两波形在 1 个周期内水平方向上的格数之差}$$

表1-1　模拟示波器的测量结果

	幅值/V	周期/s	频率/Hz	相位差
输入电压				
输出电压				

示波器是电子测量中最常用的一种仪器，它能把肉眼看不见的电信号变换成看得见的图像，便于人们研究各种电现象的变化过程。主要可以分为模拟示波器和数字示波器。模拟示波器利用狭窄的、由高速电子组成的电子束，打在涂有荧光物质的屏面上，可以产生细小的光点。在被测信号的作用下，电子束就好像一支笔的笔尖，可以在屏面上描绘出被测信号的瞬时值的变化曲线。利用示波器能观察各种不同信号幅度随时间变化的波形曲线，还可以用它测试各种不同的电量，如电压、电流、频率、相位差、调幅度等。

1. 模拟示波器的原理

模拟示波器有五个基本组成部分：显示电路、垂直（Y 轴）放大电路、水平（X 轴）放大电路、扫描与同步电路、电源供给电路。模拟示波器的原理框图如图1-18所示。

示波器的核心是阴极射线管（CRT，简称示波管），它将电信号转换为光信号。示波管由电子枪、偏转系统和荧光屏三部分密封在一个真空玻璃壳内构成。

其中，荧光屏通常是矩形平面，内表面沉积一层磷光材料构成荧光膜，在荧光膜上常增加一层蒸发铝膜。由于所用磷光材料不同，荧光屏能发出不同颜色的光。一般示波器多采用发绿光的示波管，以保护人的眼睛。

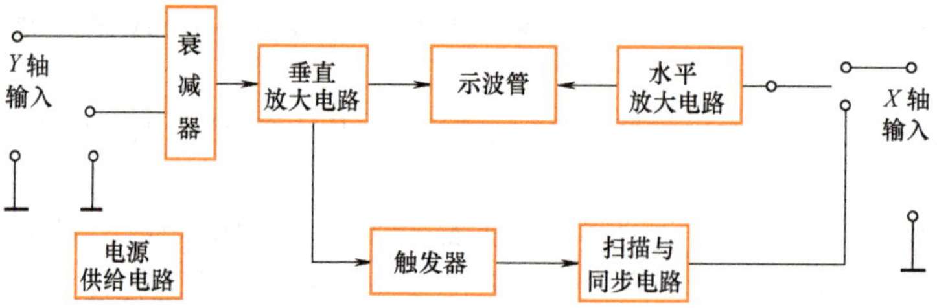

图 1-18 模拟示波器的原理框图

电子枪发射电子并形成很细的高速电子束，高速电子穿过铝膜，撞击荧光粉而发光形成亮点。

偏转系统控制电子射线方向，使荧光屏上的光点随外加信号的变化描绘出被测信号的波形。如图 1-19 所示，Y_1、Y_2 和 X_1、X_2 两对互相垂直的偏转板组成偏转系统。Y 轴偏转板在前，X 轴偏转板在后，因此 Y 轴灵敏度高（被测信号经处理后加到 Y 轴）。两对偏转板分别加上电压，使两对偏转板间各自形成电场，分别控制电子束在垂直方向和水平方向的偏转。

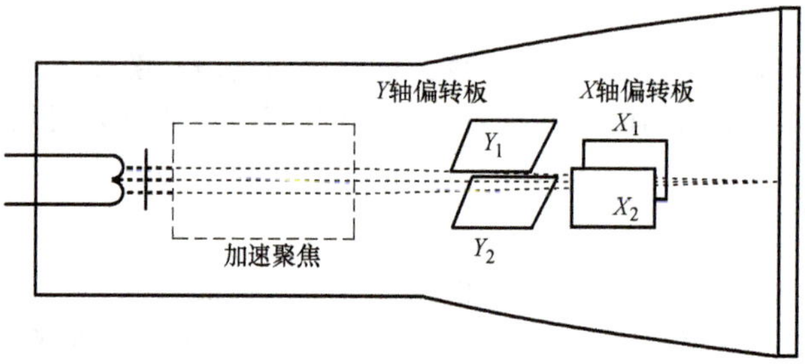

图 1-19 示波管原理图

2. 模拟示波器的主要技术指标

（1）带宽

示波器的带宽表征了它的垂直系统的频率特性，通常是指被测正弦波形幅度降低 3dB 时的频率点，一般是指上限带宽。如果使用交流耦合方式，还存在下限带宽。

（2）上升时间

示波器的上升时间指标表明了它的垂直系统对快速跳变信号的反应快慢程度，通常用测量阶跃信号时从幅度 10%到 90%的跳变时间来表示。

上升时间指标都是根据公式（带宽与上升时间关系经验公式）计算出来的，而非实际测量值。当示波器通道的频率特性平坦，并满足高斯型下降时，带宽与上升时间的关系能够表示如下。

$$f_{-3\text{dB}}=\frac{350}{t_{\gamma}}$$

式中 $f_{-3\text{dB}}$——示波器-3dB 的带宽，单位为 MHz；

t_{γ}——示波器的上升时间，单位为 ns。

（3）垂直偏转因数——垂直灵敏度

垂直灵敏度指标反映示波器测量最大和最小信号的能力，用显示屏垂直方向（Y 轴）上每格所代表的波形电压幅度来衡量，通常以 mV/div 和 V/div 表示。根据模拟示波器的传统习惯，数字示波器的垂直灵敏度也是主要以 1、2、5 步进的方式进行调节。

（4）垂直偏转因数误差

垂直偏转因数误差反映了示波器测量信号幅度时的准确程度。

（5）水平偏转因数——扫描时间因数或扫描速度

示波器的扫描时间因数表示显示屏水平方向（*X* 轴）每格所代表的时间值，以 s/div、ms/div、ns/div、ps/div 表示。同样，沿用模拟示波器的传统习惯，数字示波器的扫描时间主要也是以 1、2、5 步进的方式进行调节的。

（6）水平偏转因数误差

水平偏转因数误差反映示波器测量波形时间量（如周期、频率、脉冲宽度）的准确程度。

（7）触发灵敏度

触发灵敏度是指示波器能够触发同步并稳定显示波形的最小信号幅度，通常与信号的频率有关。信号的频率越高，为了触发同步并稳定显示波形所需要的信号幅度越大，即触发灵敏度越低，这个指标常常按频率分段给出。

（8）触发晃动

触发晃动用于衡量示波器触发同步的稳定程度，如果触发晃动大，在最快速扫描时间档上，波形跳变沿会显得粗糙而模糊，并使时间测量误差增大。触发晃动通常用波形沿水平方向抖动的时间（峰-峰值或有效值）来表示。

3. 模拟示波器的面板

模拟示波器面板如图 1-20 所示。

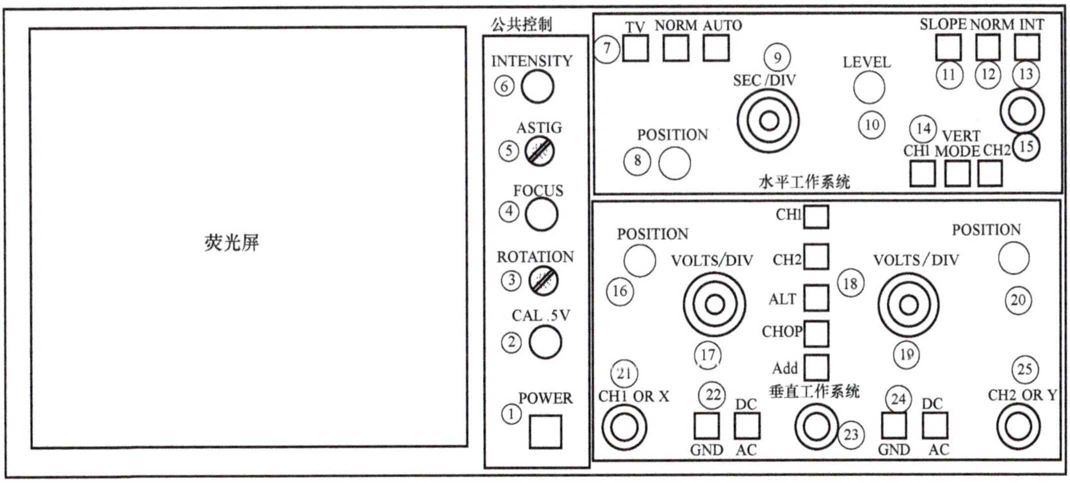

图 1-20　模拟示波器面板

（1）公共控制部分

① 电源开关及指示灯：按下开关键，电源接通，指示灯亮；弹起开关键，断电，灯灭。

② 校准信号：提供幅度为 0.5V、频率为 1MHz 的方波信号，用于检测垂直电路和水平电路的基本功能。

③ 轨迹旋转：当扫描线与水平刻度线不平行时，调节该处可使其与水平刻度线平行。

④ 聚焦旋钮：用于调节扫描轨迹清晰度。

⑤ 散光旋钮：调节扫描轨迹的散光度。

⑥ 亮度旋钮：用于调节扫描轨迹亮度。

（2）水平工作系统

⑦ 扫描方式选择键：AUTO、NORM、TV。

- AUTO（自动）：信号频率在 20Hz 以上时选用此种工作方式。
- NORM（常态）：无触发信号时，屏幕无光迹显示。在被测信号频率较低时选用。
- TV（电视）：电视场信号扫描。

⑧ 平移位旋钮 POSITION：用于调节轨迹在屏幕中的水平位置。

⑨ 扫描速度调节旋钮 SEC/DIV：用于调节扫描速度。

⑩ 电平调节旋钮 LEVEL：用于调节显示信号和扫描信号的同步，调节显示信号的稳定。

⑪ 触发极性选择开关 SLOPE：确定触发信号的极性，即判断是正极性触发还是负极性触发，对周期信号无意义，对显示脉冲信号有意义。

⑫ NORM：电视场信号测试开关。

⑬ INT：内部触发。

⑭ INT SOURCE（内触发源）：CH1、CH2、VERTMODE。

⑮ 外触发信号接入插座。

（3）垂直工作系统

⑯ CH1 垂直移位旋钮 POSITION：调整轨迹的垂直位置。

⑰ CH1 电压衰减开关 VOLTS/DIV：垂直偏转灵敏度调节开关，V/格，每格多少电压。

⑱ 垂直通道的工作方式选择键。

- CH1/CH2：单独显示。
- 断续显示开关 CHOP：控制 CH1、CH2 两通道的信号是否同时显示。
- 交替显示开关 ALT：控制 CH1、CH2 两通道的信号交替被送至示波器显示。
- 加法开关 Add：用于显示两个通道的代数和/差。

⑲ CH2 电压衰减开关 VOLTS/DIV：垂直偏转灵敏度调节开关，V/格。

⑳ CH2 垂直移位旋钮 POSITION：调整轨迹的垂直位置。

㉑ CH1 OR X：被测信号的输入端口。

㉒ CH1 耦合方式选择键：用于选择被测信号馈入的耦合方式，有 AC、GND、DC 三种方式。

㉓ 接地：安全接地，可用于信号的连接。

㉔ CH2 耦合方式选择键：用于选择被测信号馈入的耦合方式，有 AC、GND、DC 三种方式。

㉕ CH2 OR Y：被测信号的输入端口。

（4）荧光屏

显示电信号的形态，设置 X 轴、Y 轴组成的坐标系，垂直方向代表电信号的幅值，水平方向代表电信号连续变化的时间。

4. 模拟示波器的使用

（1）使用前的准备

① 测试基线（水平亮线）的调整：调整好面板上的旋钮，使屏幕上出现一条水平亮线。

② 校准信号的调整：利用仪器内设置的校准信号对仪器进行自测。

（2）交流信号的测量

① 连接信号源与示波器。

将信号源与示波器连接（芯线与芯线连接，地线与地线连接），被测信号输入示波器后，将信号输入 CH1 通道，垂直工作方式应按下单独显示开关 CH1，输入耦合置于 AC，电压衰减置于 0.5V/DIV，调整扫描速率开关，使荧光屏显示的波形不少于 1 个周期。

② 读取交流信号的参数。

调整水平移位旋钮，使波形某一周期顶部在荧光屏 Y 轴上，调整垂直移位旋钮，使波形底部在荧光屏某一水平刻度线上。

测量出 1 个周期波形在水平方向上的格数，计算出 1 个周期的时间：

$$T=1\text{ 个周期波形在水平方向上的格数}\times\text{扫描速度}$$

测试 1 个周期波形在垂直方向上的格数，根据电压衰减开关设置的值计算出 $V_{峰-峰}$值：

$$V_{峰-峰}=1\text{个周期波形在垂直方向上的格数}\times\text{垂直偏转灵敏度}$$

$$\text{有效值 } U=(1/2V_{峰-峰})/\sqrt{2}$$

（3）双踪信号的测量

① 比较两路信号的幅值。

将示波器 CH1 的输入端并接到电路的输入端，将 CH2 的输入端并接到电路的输出端，将电路的地线接通并接在同一个点位上。CH1、CH2 输入耦合开关都置于 AC，垂直工作状态选择 CHOP，水平工作状态置于“AUTO”，调节水平移位和垂直移位使信号固定在荧光屏的正中位置。分别计算出两个信号的幅值和周期，即可了解信号的幅值、周期和频率。

② 比较两路信号的相位差。

根据 1 个周期的波形在水平方向上所占的格数，求出每格的相位，每格相位 = 360°/1 个周期波形在水平方向上的格数。那么，两信号的相位差 θ = 每格相位×两波形在 1 个周期内水平方向上的格数之差。

1.3.2　用数字示波器测试实际电路的输入/输出电压的相关参数

数字示波器的使用

用数字示波器测试实际电路的输入/输出电压的相关参数，要求如下。

1）连接电路：将实验电路连接好，调整直流稳压电源输出+5V 和−5V 电压作为 TLC2272 的工作电压。

2）调整函数信号发生器：使其产生 1kHz、10mV 的正弦交流信号作为输入信号。

3）连接数字示波器：将数字示波器的 CH1 的输入端并接到电路的输入端，CH2 的输入端并接到电路的输出端。

4）显示波形：接通示波器电源，按下 AUTO 按钮，屏幕上出现信号波形。按下“CH1”键调节输入信号显示的幅度和位置，按下“CH2”键调节输出信号显示的幅度和位置，适当调整 X 轴的扫描时间，使波形易于观察。

5）数据测量：测量输入/输出电压的幅值、周期、频率和相位差，并将测量结果填入表 1-2。

表 1-2　数字示波器的测量结果

	幅值/V	周期/s	频率/Hz	相位差
输入电压				
输出电压				

1. 数字示波器的工作原理

模拟示波器采用的是模拟电路（示波管，其基础是电子枪），电子枪向屏幕发射电子，发射的电子经聚焦形成电子束，并打到屏幕上。屏幕的内表面涂有荧光物质，这样电子束打中的点就会发出光来。而数字示波器则是经过数据采集、A/D 转换、软件编程等制造出来的高性能示波器。数字示波器一般支持多级菜单，能提供给用户多种选择及多种分析功能。还有一些示波器提供存储功能，可以实现对波形的保存和处理，这类示波器也叫数字存储示波器。

数字示波器有五大功能，即采集（Capture）、显示（View）、测量（Measurement）、分析（Analyze）、存档（Document）。数字示波器的原理框图如图 1-21 所示。

当信号进入数字存储示波器（DSO），在信号到达 CRT 的偏转电路之前，示波器将按一定的时间间隔对信号电压进行采样。对输入信号进行采样的速度称为采样速率，由采样时钟控制。一般为每秒 20~200 兆次（20~200MSPS/s）。然后用一个模-数（A-D）变换器对这些瞬时值或采样值进行变换从而生成代表每一采样电压的二进制字，这个过程称为数字化。获得

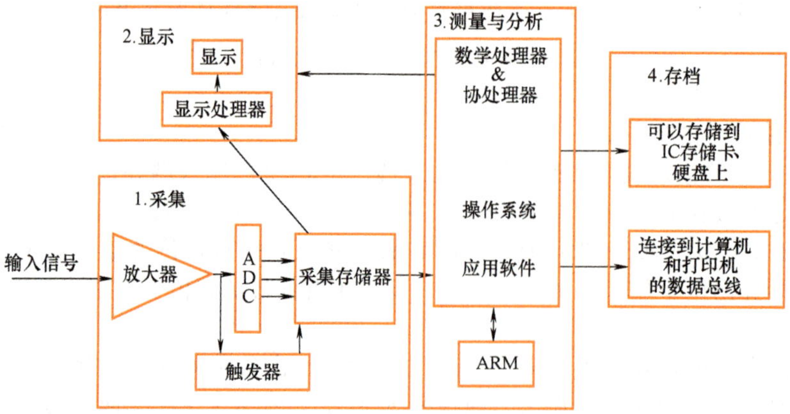

图 1-21 数字示波器的原理框图

的二进制数值按时间顺序存储在存储器中。存储器中的数据用来加到 Y 轴偏转板在示波器的屏幕上重建信号波形的幅度。存储器的读出地址计数脉冲加至另一个水平通道的十位数-模变换器，得到一个扫描电压（时基电压），加至水平末级放大器放大后驱动 CRT 显示器的 X 轴偏转板，从而在 CRT 屏幕上以细密的光点包络重现出模拟输入信号。

2. 数字示波器的面板

数字示波器的面板如图 1-22 所示。

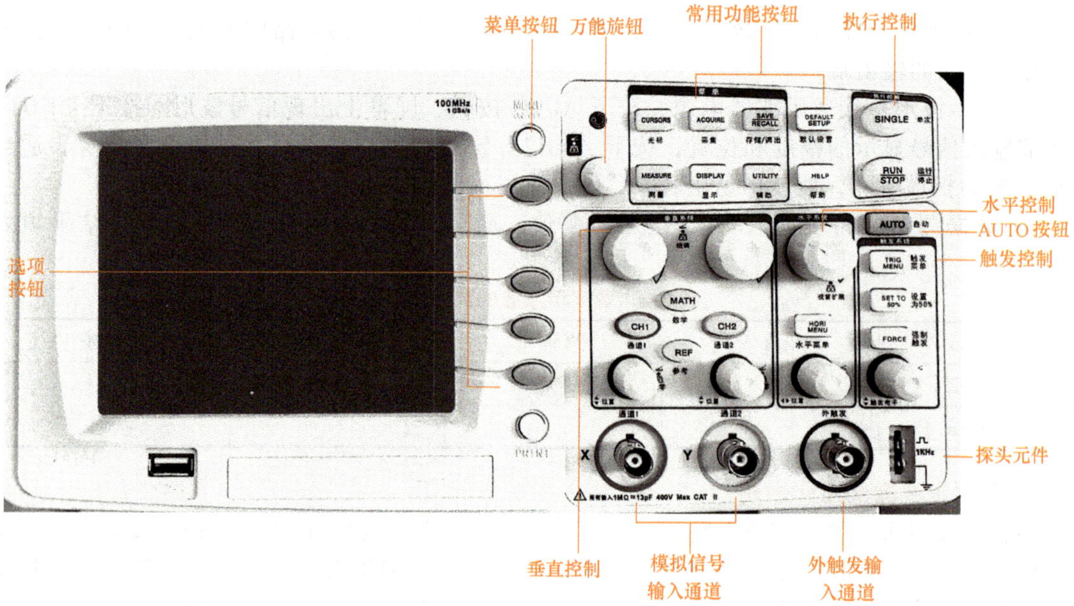

图 1-22 数字示波器的面板

示波器界面显示区如图 1-23 所示，详细介绍如下。

1）Trig'd。

- Armed：已配备。示波器正在采集预触发数据。在此状态下忽略所有触发。
- Ready：准备就绪。示波器已采集所有预触发数据并准备接受触发。
- Trig'd：已触发。示波器已发现一个触发并正在采集触发后的数据。
- Stop：停止。示波器已停止采集波形数据。
- Single：采集完成。示波器已完成一个“单次序列”采集。

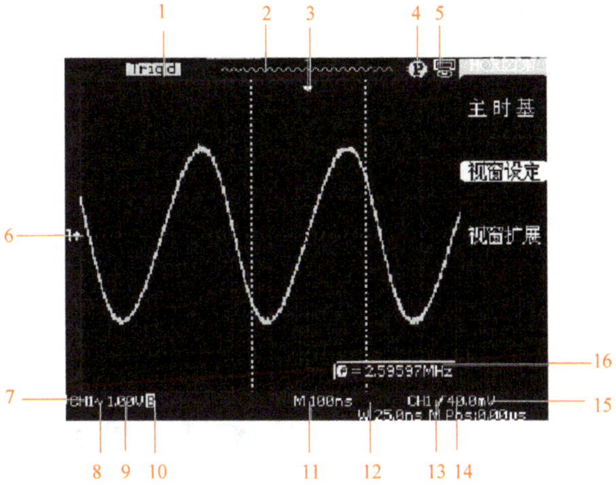

图 1-23　示波器界面显示区

- Auto：自动。示波器处于自动模式并在无触发状态下采集波形。
- Scan：扫描。示波器在扫描模式下连续采集并显示波形。

2）显示当前波形窗口在内存中的位置。

3）使用标记显示水平触发位置：旋转水平“POSITION”旋钮调整标记位置。

4）：“打印钮”选项设置为“打印图像”。

：“储存钮”选项设置为“储存图像”。

5）：“后 USB 口”选项设置为“计算机”。

：“后 USB 口”选项设置为“打印机”。

6）显示波形的通道标志。

7）示波器的接地参考点。若没有标记，不会显示通道，显示信号信源。

8）信号耦合标志。

9）此读数显示通道的垂直刻度系数。

10）B 图标表示通道是带宽限制的。

11）此读数显示主时基设置。

12）若使用窗口时基，以读数显示窗口时基设置。

13）采用图标显示选定的触发类型。

14）此读数显示水平位置。

15）此读数表示“边沿”脉冲宽度触发电平。

16）此读数显示当前信号频率。

3. 功能介绍及操作

（1）菜单和控制按钮

菜单和控制按钮如图 1-24 所示。

- CH1、CH2：显示通道 1、通道 2 的设置菜单。
- MATH：显示“数学计算”功能菜单。
- REF：显示“参考波形”菜单。
- HORI MENU：显示“水平”菜单。

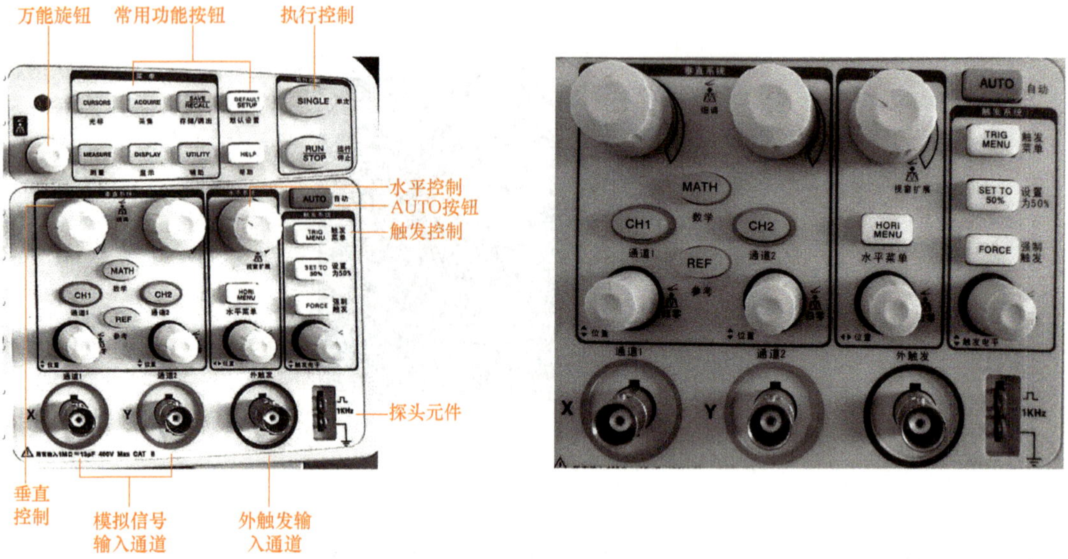

图 1-24 菜单和控制按钮

- TRIG MENU：显示“触发”控制菜单。
- SET TO 50%：设置触发电平为信号幅度的中点。
- FORCE：无论示波器是否检测到触发，都可以使用“FORCE”按钮完成当前波形采集。主要应用于触发方式中的“正常”和“单次”。
- SAVE/RECALL：显示设置和波形的“储存/调出”菜单。
- ACQUIRE：显示“采集”菜单。
- MEASURE：显示“自动测量”菜单。
- CURSORS：显示“光标”菜单。当显示“光标”菜单并且光标被激活时，“万能”旋钮可以调整光标的位置。离开“光标”菜单后，光标保持显示（除非“类型”选项设置为“关闭”），但不可调整。
- DISPLAY：显示“显示”菜单。
- UTILITY：显示“辅助功能”菜单。
- DEFAULT SETUP：调出厂家默认设置。
- HELP：进入在线帮助系统。
- AUTO：自动设置示波器控制状态，以产生适用于输出信号的显示图形。
- RUN/STOP：连续采集波形或停止采集。要注意的是，在停止的状态下，可以对波形垂直档位和水平时基在一定的范围内调整，相当于对信号进行水平或垂直方向上的扩展。
- SINGLE：采集单个波形，然后停止。

（2）CH1、CH2 通道的设置

每个通道都有独立的垂直菜单，每个项目都按不同的通道单独设置。

1）设置通道耦合。

以 CH1 通道为例，被测信号是一个含有直流偏置的正弦信号，设置耦合方式的方法如下。

- 按“CH1”按钮后，依次选择“耦合”→“交流”，设置为交流耦合方式，被测信号含有的直流分量被阻隔，如图 1-25 所示。
- 按“CH1”按钮后，依次选择“耦合”→“直流”，设置为直流耦合方式，被测信号含有的直流分量和交流分量都可以通过，如图 1-26 所示。

● 按“CH1”按钮后，依次选择“耦合”→“接地”，设置为接地方式。被测信号含有的直流分量和交流分量都被阻隔，如图 1-27 所示。

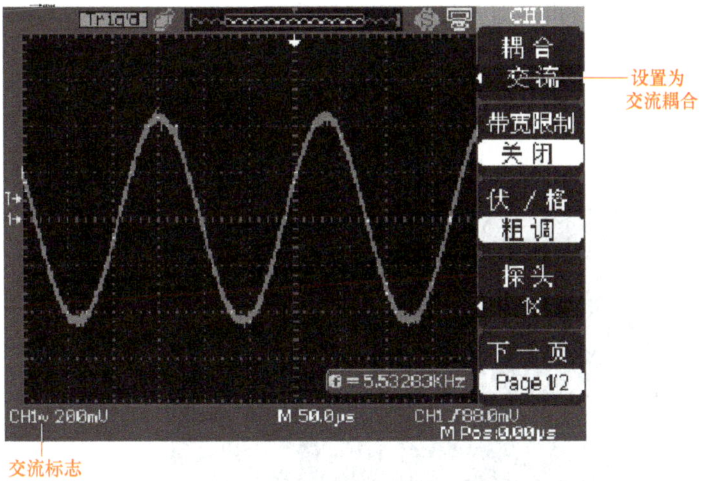

图 1-25　交流耦合方式

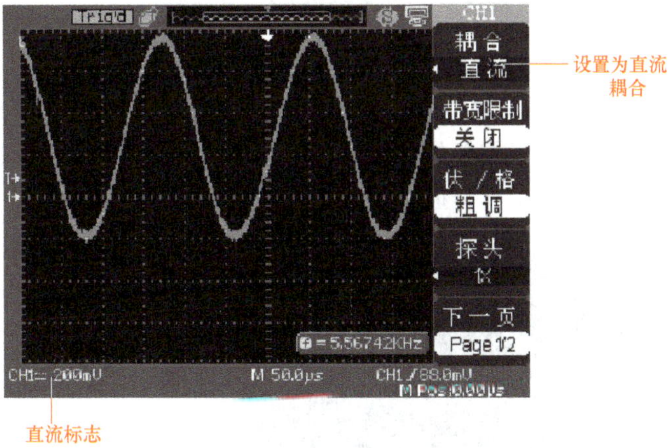

图 1-26　直流耦合方式

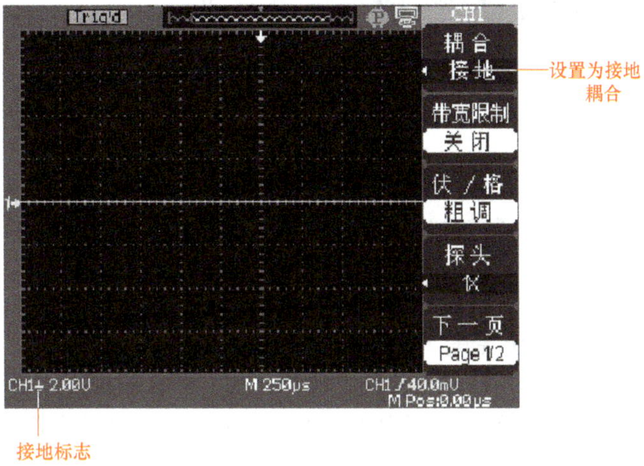

图 1-27　接地耦合方式

2）档位调节设置。

垂直档位调节分为粗调和细调两种模式，垂直灵敏度的范围是 2mV/div～5V/div（500 Msa/s 和 2Gsa/s 系列），2mV/div～10V/div（1Gsa/s 系列）。

以 CH1 通道为例，设置档位调节模式的方法如下。

- 按“CH1”按钮后，依次选择“V/格”→“粗调”，粗调以 1、2、5 方式步进确定垂直灵敏度，如图 1-28 所示。

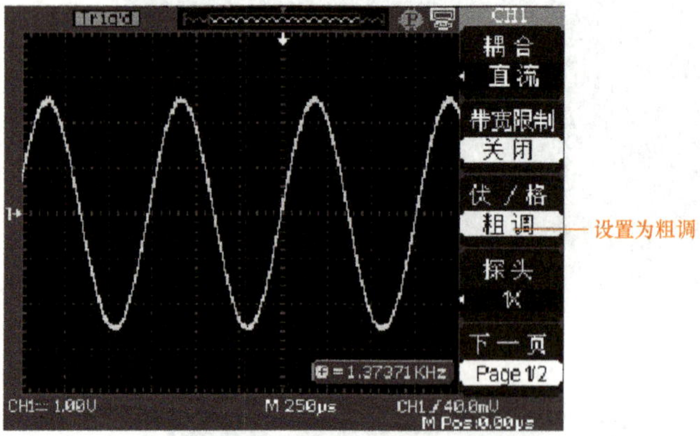

图 1-28　粗调设置

- 按“CH1”按钮后，依次选择“V/格”→“细调”，细调即在当前垂直档位内进一步调整。如果输入的波形幅度略大于当前档位满刻度，而应用下一档位波形显示幅度稍低，可以应用细调改善波形显示幅度，以利于观察信号细节，如图 1-29 所示。

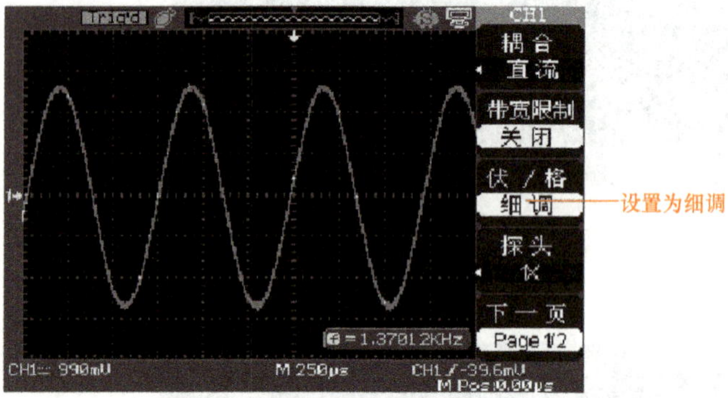

图 1-29　细调设置

3）探头比例设置。

为了配合探头的衰减系数，需要在通道操作菜单中相应调节探头衰减比例系数。若探头衰减系数为 10∶1，示波器输入通道的比例也应设置为 10X，以避免显示的档位信息和测量的数据发生错误。

以 CH1 通道为例，假设应用 100∶1 探头，设置探头比例的方法如下。

- 按“CH1”按钮后，依次选择“探头”→“100X”，如图 1-30 所示。

4）水平控制旋钮。

使用水平控制钮可改变水平刻度（时基）、触发在内存中的水平位置（触发位移）。屏幕水平方向上的中心是波形的时间参考点。改变水平刻度会导致波形相对于屏幕中心扩张或收缩。水平位置改变波形相对于触发点的位置。

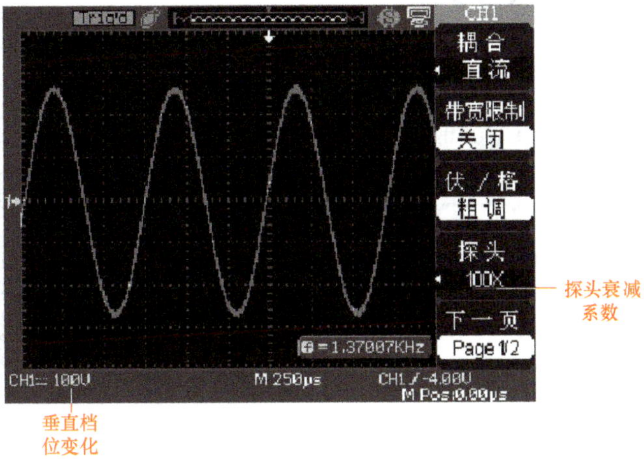

图 1-30 探头衰减系数设置

① 水平“POSITION”旋钮。

- 调整通道波形（包括 MATH）的水平位置（触发相对于显示屏中心的位置）。这个控制钮的分辨率根据时基而变化。
- 水平位置归零：用水平“POSITION”旋钮的按下功能可以使水平位置归零。

②“视窗扩展”旋钮。

- 用于改变水平时间刻度，以便放大或缩小波形。如果停止波形采集（使用“RUN/STOP”或“SINGLE”按钮实现），“视窗扩展”控制就会扩展或压缩波形。
- 调整主时基或窗口时基，即秒/格。当使用窗口模式时，将通过“视窗扩展”旋钮改变窗口时基而改变窗口宽度。
- 继续按“视窗扩展”旋钮可在“主时基”“视窗设定”和“视窗扩展”选项间切换。

③ 扫描模式显示：通过“视窗扩展”旋钮，将水平扫描设置为 100ms/div 或更慢，触发模式设置为“自动”时，示波器就进入扫描采集模式。在此模式下，波形显示从左向右进行更新。在扫描模式下，不存在波形触发或水平位置控制。用扫描模式观察低频信号时，应将通道耦合方式设置为直流耦合。

（3）自动测量

自动测量设置如图 1-31 所示，其中，“MEASURE”为自动测量的功能按钮。

自动测量有三种测量类型：电压测试、时间测试和延迟测试，共 32 种测量参数类型。菜单列一次最多可以显示 5 个选项，如图 1-32 所示。

1）测量电压参数。

若要自动测量电压参数，操作如下。

① 进入菜单：按“MEASURE”按钮，进入“自动测量”菜单。

② 进入二级菜单：选择第一个选项，进入“自动测量”第二页菜单。

③ 进入“电压测量菜单”：选择测量类型，选择电压对应的选项进入“电压测量菜单”。

④ 选择输入通道：选择“信源”选项，根据信号输入通道选择“CH1”或“CH2”。

⑤ 设置测量电压参数类型：选择“类型”选项或旋转“万能”旋钮选择要测量的电压参数类型。相应的图标和参数值会显示在第三个选项对应的菜单中，如图 1-33 所示。

⑥ 返回首页菜单：选择“返回”选项会返回到自动测量的首页，所选的参数和相应的值会显示在首页中第一个选项的位置。

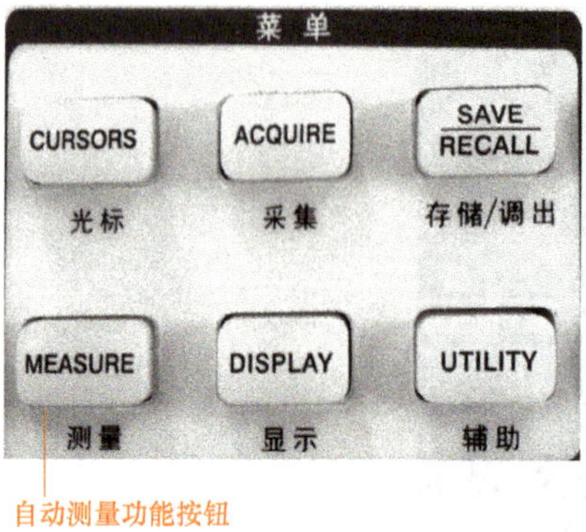

图 1-31　自动测量设置

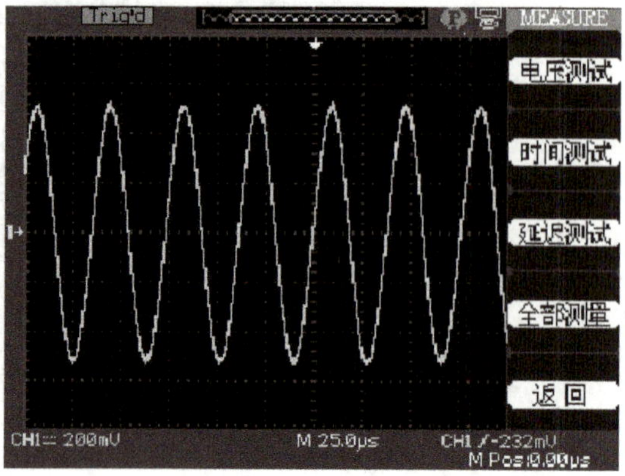

图 1-32　自动测量波形

2）测量时间参数。

若使用全部测量功能测量时间参数，操作如下。

① 进入“自动测量”菜单：按“MEASURE”按钮，进入“自动测量”菜单。

② 进入二级菜单：选择第二个选项，进入“自动测量”第二页菜单。

③ 进入“全部测量”菜单：选择“全部测量”选项，进入“全部测量”菜单。

④ 选择信号输入通道：选择“信源”选项后，选择信号输入通道。

⑤ 开启“时间测试”：选择“时间测试”选项后，选择“开启”。此时所有的时间参数值会同时显示在屏幕上，如图 1-34 所示。

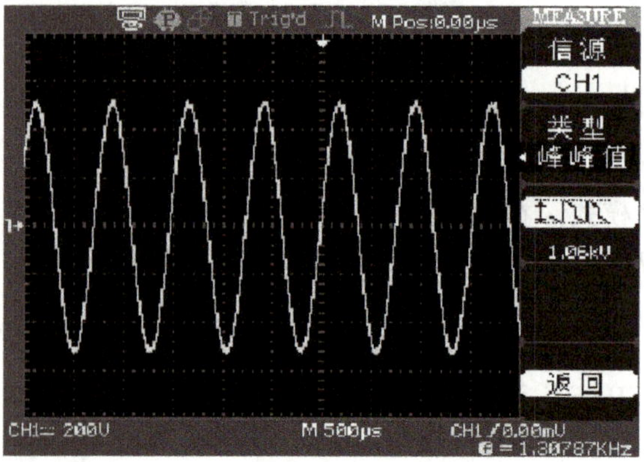

图 1-33　自动测量电压参数

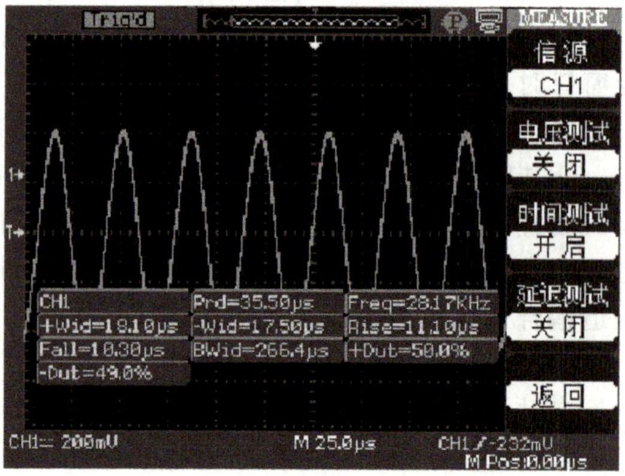

图 1-34　自动测量时间参数

1.4　习题

1. 简述模拟式万用表的组成结构。
2. 如何用模拟式万用表测电阻？
3. 如何用模拟式万用表测直流电压？
4. 如何用模拟式万用表测直流电流？
5. 如何用模拟式万用表判别数码管是共阴极还是共阳极？
6. 画出数字式万用表的原理框图。

7. 如何用数字式万用表测电阻？
8. 如何用数字式万用表测直流电压？
9. 如何用数字式万用表测直流电流？
10. 简述使用数字式万用表二极管档的注意事项。
11. 与模拟示波器相比，数字存储示波器有何优点？
12. 画出数字存储示波器的基本原理框图，并简述其工作原理。
13. 数字存储示波器有哪几种采样方式？
14. 数字存储示波器的主要技术指标有哪些？

项目2　电源产品的测试与检修

发电机能把机械能转换成电能，干电池能把化学能转换成电能。发电机、电池本身并不带电，它们的两极分别有正负电荷，由正负电荷产生电压。导体里本来存在电荷，加上负载即可产生电流。当电池两极接上负载时产生电流且把正负电荷释放出去。通过变压器和整流器，把交流电变成直流电的装置叫作整流电源。

学习目标

1. 熟悉直流电路原理知识
2. 熟悉线性电源电路的基本组成和原理
3. 熟悉开关电源电路的基本组成和原理
4. 熟悉电源产品的电压、电流和电阻参数指标
5. 熟悉电源产品的典型电路故障分析方法

素养目标

1. 培养安全行为
2. 引导学生在设计、研发和使用电源产品时充分考虑环保因素
3. 培养学生表达观点、倾听他人意见的能力

前导小知识：常见的电源

常见的电源是电池（直流电）与家用的220V交流电。

电池（Battery）指盛有电解质溶液和金属电极以产生电流的杯、槽或其他容器或复合容器的部分空间，能将化学能转化成电能的装置。有正极、负极之分。电池种类比较多，干电池、铅蓄电池、锂电池是三种最常见的电池。

我国干电池有5种型号，分别是1、2、3、5、7号，其中5号和7号最为常用。1号电池：型号D型，常用在手电筒、燃气灶等；2号电池：型号C型，比较少见，锂电池较多，常用于一些照相机、扩音器等；3号电池：型号SC，多用于电动工具、摄像机、电池组里面的电池芯以及进口设备；5号电池：型号AA，电压1.5V，容量约为2400mAh，是最常用的电池，普遍用于手电筒、照相机、遥控器、玩具等产品；7号电池：型号AAA，电压1.5V，容量约为1300mAh，普遍用于遥控器、玩具等产品。

干电池属于一次性电池，生活中常见的蓄电池可以通过可逆的化学反应实现再充电，属于二次电池。人们平时说的蓄电池通常是指铅酸蓄电池。蓄电池分为起动型蓄电池（主要用于汽车、摩托车、拖拉机、柴油机等起动和照明）、固定型蓄电池（主要用于通信、发电厂、计算机系统作为保护、自动控制的备用电源）、牵引型蓄电池（主要用于各种蓄电池

车、叉车、铲车等动力电源)、铁路用蓄电池（主要用于铁路内燃机车、电力机车、客车等的动力）和储能用蓄电池（主要用于风力、太阳能等发电的电能储存）等。

锂电池是一种以锂金属或锂合金为负极材料，使用非水电解质溶液的电池，金属锂密度小，在电池容量相同的情况下所需的材料质量少，电池就可以做得更轻、更小。大致可分为两类：锂金属电池和锂离子电池。锂金属电池通常是不可充电的，锂离子电池不含有金属态的锂，是可以充电的。锂金属电池最早应用于心脏起搏器中，后广泛用于计算器、照相机、手表中；锂离子电池是目前应用最广泛的可充电电池。当前纯电动汽车成为新能源车辆销售的主流，新能源汽车分为混合动力和纯电动两种，都是采用锂电池作为动力电池。新能源汽车的发展，促进了我国电池产业的快速发展，目前我国电池产业规模位居全球首位。

友情提示：废电池属于有害垃圾，一般都运往专门的有毒、有害垃圾填埋场。丢弃废弃电池时要做好垃圾分类，保护环境人人有责。

我国家用电是220V/50Hz的交流电。常用的各种家用电器上所标注的电压值220V即为交流电的有效值，可以直接用交流电供电。对于人体来说安全电压是36V，在使用的过程中不要接触相线（也称火线）或与相线连通的导体，避免触电。

2.1　直流电路测试

直流电路测试

1. 串联电路

定义：将各用电器串联起来组成的电路。

特点：电路只有一条路径，任何位置断路都会出现断路。

断路故障的检查方法之一：用一根导线逐个跨接开关、用电器，如果电路形成通路，说明被短接的部分接触不良或损坏。绝对不可用导线将电源短路。

串联电路电压规律：串联电路两端的总电压等于各用电器两端电压之和。

串联电路电流规律：串联电路各支路的电流都相等。

2. 并联电路

定义：构成并联的电路元件间电流有一条以上的相互独立通路的电路。

特点：电路可分为干路和支路，一条支路断开，另一条支路还可以形成电流的通路，所以不可以用短接法排除电路的断路故障。

并联电路电压规律：各支路的电压都相等，并且等于电源电压。

并联电路电流规律：干路电流（总电流）等于各支路电流之和。

2.1.1　用电流表测试直流串联电路

首先根据图2-1连接好电路，A、D点之间1kΩ、5kΩ、2kΩ电阻串联组成串联电路，3V和5V电源串联。估算被测电流的大小，用电流表选择合适的档位，分别串联在电路中的A、B、C、D处，测试点A、B、C、D的电流值，断开B点后再测量各点的电流，填入表2-1。

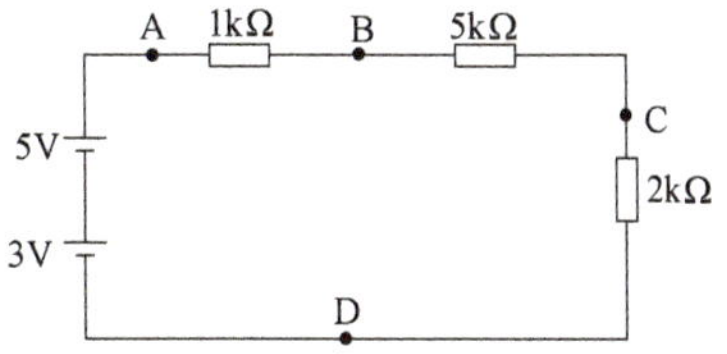

图2-1　直流串联电路

表 2-1 直流串联电路检测结果 （单位：A）

待测量	I_A	I_B	I_C	I_D
电流				
电流（B 点开路）				

2.1.2 用电阻表测试直流并联电路

首先根据图 2-2 连接好电路，A、B 点之间为 4kΩ、1kΩ、2kΩ 电阻并联，估算被测电阻的大小，选择合适的档位，用电阻表分别接在 A、B 点，C、D 点测量阻值，填入表 2-2。1kΩ、4kΩ 电阻分别开路时，测量 A、B 点，C、D 点间阻值，填入表 2-2。

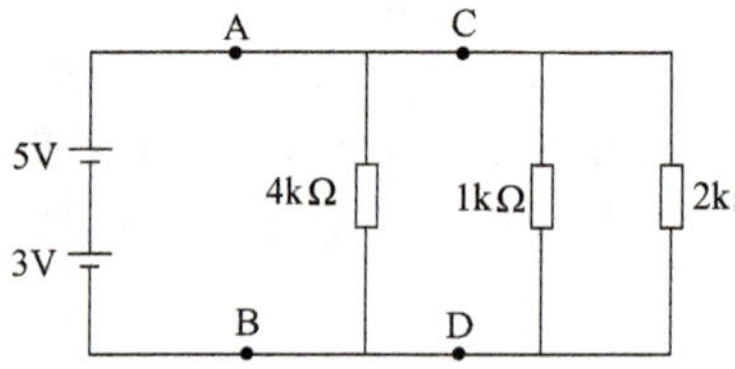

图 2-2 直流并联电路

表 2-2 直流并联电路检测结果 （单位：Ω）

待测量	R_{AB}	R_{CD}
阻值		
阻值（1kΩ 开路）		
阻值（4kΩ 开路）		

2.1.3 用电压表测试直流串并联电路

首先根据图 2-3 连接好电路，在 A、B 点之间，3kΩ 的电阻和 6kΩ 电阻并联，再与 2kΩ 电阻串联，估算被测电压的大小，选择直流电压档合适的档位，用电压表分别接在 A、B 点，C、D 点，C、E 点测量电压值，填入表 2-3。

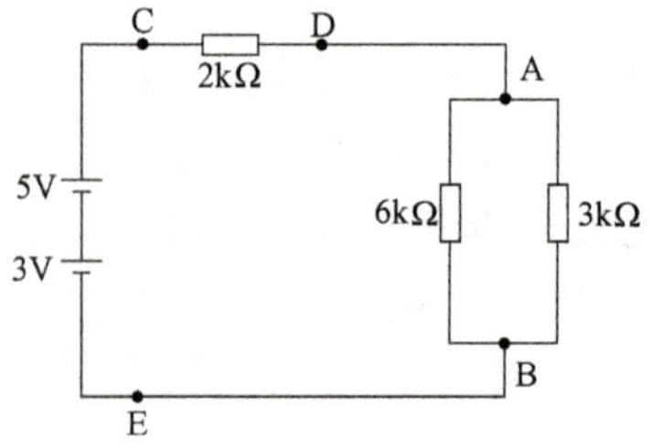

图 2-3 直流串并联电路

表 2-3 直流串并联电路检测结果 （单位：V）

待测量	U_{AB}	U_{CD}	U_{CE}
电压			
电压（6kΩ 开路）			
电压（2kΩ 开路）			

2.2 电源电路测试与检修

电源电路是电子设备中最基本的电路之一。电源电路的功能是提供所需要的直流电压和电流，并要求其具有足够小的纹波系数和足够高的稳定度，以减小输入电压和负载电流变化所造成的影响。电源电路有线性电源电路和开关电源电路两大类。线性电源电路和开关电源电路的基本组成和原理分别介绍如下。

2.2.1 线性电源电路原理

一个线性电源电路通常包括电源变压器、整流电路、滤波电路、稳压电路等，如图 2-4 所示。

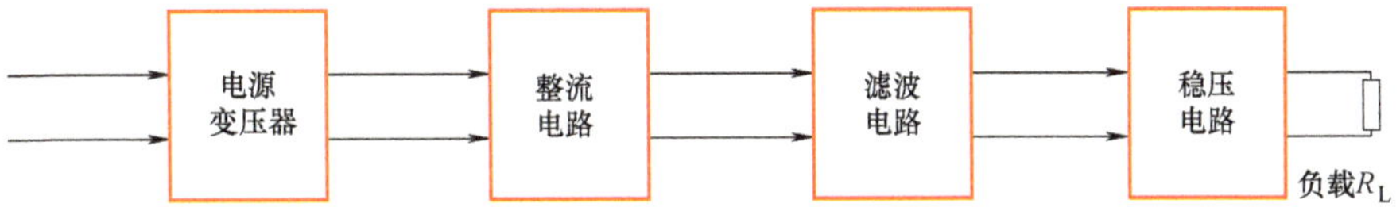

图 2-4 线性电源电路组成

线性电源电路各组成部分的功能如下。

1） 电源变压器：将交流电网提供的交流电压幅度变换成电子电路所需要的交流电压的幅度，同时还起到隔离直流电源与电网的作用。

2） 整流电路：将变压器变换后的交流电压变为单向脉动的直流电压。

3） 滤波电路：对整流部分输出的脉动直流电压进行平滑处理，使之成为一个纹波系数很小的直流电压。

4） 稳压电路：将滤波输出的直流电压进行调节，以维持输出电压的基本稳定。由于滤波后输出直流电压受温度、负载、电网电压波动等因素的影响很大，因此要设置稳压电路。

线性电源电路是调整管工作在线性状态（即放大状态）的电源电路。调整管工作在线性状态下，即 RP（可调电阻）是连续可变的，也就是线性的。开关电源电路则不一样，开关电源电路中，调整管是工作在开、关两种状态下的，开状态下电阻很小，关状态下电阻很大。工作在开关状态下的调整管显然不是线性状态的。

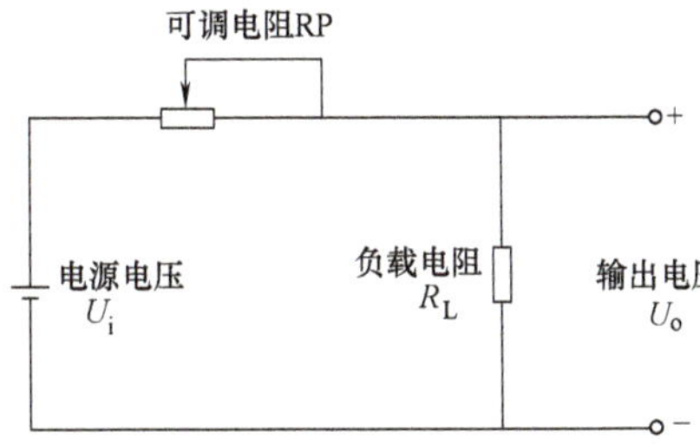

图 2-5 线性稳压电源调节电压的原理

如图 2-5 所示，可调电阻 RP 与负载电阻 R_L 组成一个分压电路，输出电压为：

$U_o = U_i \times R_L / (RP + R_L)$，$U_o$ 的输出是线性的。

这个图并没有将 RP 的引出端画成连到左边，而画在右边。虽然这从公式上看并没有什么区别，但画在右边却正好反映了“采样”和“反馈”的概念。实际中的电源绝大部分都是工作在采样和反馈的模式下的，使用前馈方法的很少。

如果用一个晶体管或者场效应管来代替图 2-5 中的可调电阻，并通过检测输出电压的大小，来控制这个“可调电阻”阻值的大小，使输出电压保持恒定，这样就实现了稳压的目的。这个晶体管或者场效应管是用来调整输出电压大小的，所以叫作调整管。

由于调整管相当于一个电阻，电流流过电阻时会发热，因此工作在线性状态下的调整管，一般会产生大量的热，导致效率不高。这是线性稳压电源的一个最主要的缺点。

线性稳压电源由调整管、参考电压、取样电路、误差放大电路等几个基本部分组成。另外还可能包括保护电路、启动电路等部分。图 2-6 是一个比较简单的线性稳压电源原理图，当负载变化引起输出电压 U_o 变化时，取样电路取出输出电压的一部分送入比较放大器与基准电压进行比较，产生的误差电压经放大后去控制调整电路的集-射间电压，补偿 U_o 的变化，使输出电压保持稳定。

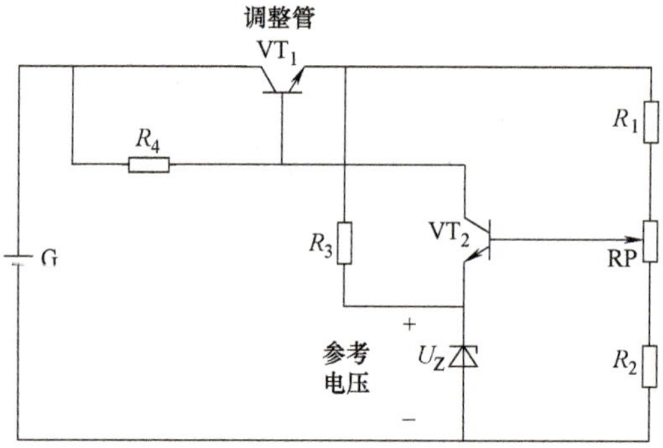

图 2-6　简单的线性稳压电源原理图

线性稳压电源是使用比较早的一类直流稳压电源。线性稳压直流电源的特点是：

① 输出电压比输入电压低。

② 反应速度快，输出纹波较小。

③ 工作产生的噪声低。

④ 效率较低。

⑤ 发热量大（尤其是大功率电源），间接地给系统增加热噪声。

常用的线性串联型稳压电源芯片有：

① 78××系列（正电压型）。

② 79××系列（负电压型）。实际产品中，××用数字表示，××是多少，输出电压就是多少。例如 7805 芯片的输出电压为 5V。

③ LM317（可调正电压型），LM337（可调负电压型）。

④ 1117（低压差型，有多种型号，用尾数表示电压值。如 1117-3.3 的输出电压为 3.3V，1117-ADJ 为可调型）。

2.2.2　开关电源电路原理

开关电源电路是调整管工作在开关状态（即导通与截止状态）的电源电路。线性电源电路的性能优良（指直流稳压电源），但效率比较低（在 30%～60%之间）。目前在低电压大电流的电源电路中，常常用效率比较高、体积比较小的开关电源电路（在 60%～90%之间）取代线性电源电路。开关电源电路对瞬时（或突然）的负载变化响应比较慢、会产生电磁干扰等缺点。

典型的开关稳压电源电路组成如图 2-7 所示，包括开关调整管、滤波电路、脉冲调制电路、比较放大器、基准电压和采样电路。

220V、50Hz 交流市电电压经过整流、滤波电路给开关稳压电源电路提供一个未经稳压的直流电压 U_i。输入电压 U_i 通过调整管的周期性开（饱和）、关（截止）工作，把能量输入储能电路，经储能电路滤波后输出，输出电压 U_o 的大小取决于开关调整管开通（导通）时间的长短。开关调整管的状态受脉冲电压发生电路的控制。

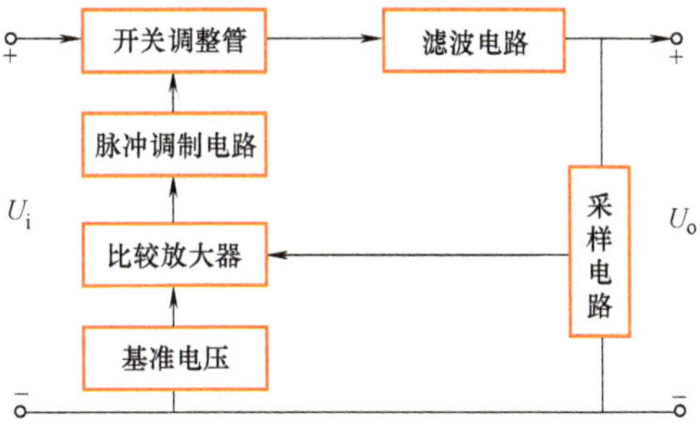

图 2-7　典型的开关稳压电源电路组成

开关稳压电路的稳压过程：取样比较电路将一部分输出电压和基准电压电路提供的基准电压进行比较，然后输出误差信号去控制脉冲调宽电路。当输出电压 U_o 偏高时，引起误差电流增大，脉冲宽度变窄，开关调整管的开通时间缩短，电源输入储能电路的能量减少，输出电压因而降低；反之，当输出电压 U_o 降低时，脉冲宽度变宽，输出电压就升高，从而达到稳定。

开关电源电路是调整管工作在开关状态（即导通与截止状态）的电源电路。图 2-8a 为开关调节模式，图 2-8b 为开关电源等效电路，图 2-8c 为开关电源输出电压波形图。线性电源电路的性能优良，但效率比较低（在 30%～60%之间）。

开关电源电路优点：效率比较高（在 60%～90%之间），体积比较小。

开关电源电路缺点：对瞬时（或突然）的负载变化响应比较慢，会产生电磁干扰等。

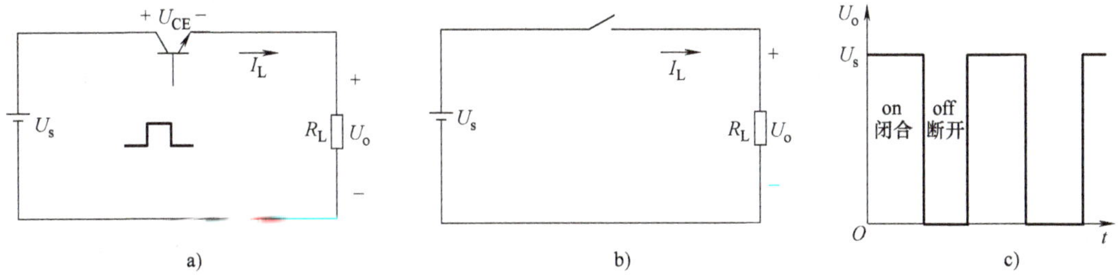

图 2-8　开关电源电路

a）开关调节模式图　b）开关电源等效电路图　c）开关电源输出电压波形图

2.2.3　电源电路测试技术

电源电路的技术性能指标有两大类。一类是特性指标，是规定一个电源电路的适用范围的指标，包括输出电压 U_o、输出电压（调节）范围 U_{OMIN}～U_{OMAX}、输出电流 I_o、最大输出电流 I_{OMAX} 等。另一类是质量指标，是反映一个电源电路优劣的指标，包括输出电压调整率 S_u、稳压系数 S、输出电阻 R_o、交流输出阻抗 Z_D、纹波电压降低比、输出纹波电压 U_t、输出电压的温度系数 K_t、输出电压随温度的漂移电压等。

1. 初步检查

电源电路的输出电压（或输出电压调节范围）是选用电源电路时需要考虑的最基本的特性指标。

电源检测电路如图 2-9 所示，测试时通常先在不接入负载电阻 R_L 的情况下，调节输出电压电位器，用电压表观察输出电压值 U_o 是否随之变化。如果检查过程中发现电路失去自动调节作用，则可肯定反馈环路中某一环节出现故障，此时可用直流电压表分别检查基准电压 U_r、输入电压 U_{in}、输出电压 U_{out} 以及比较放大电路和调整管各电极的电压，分析它们的工作状态是否都处在线性区，通过分析一般都能找出电源不正常的原因。

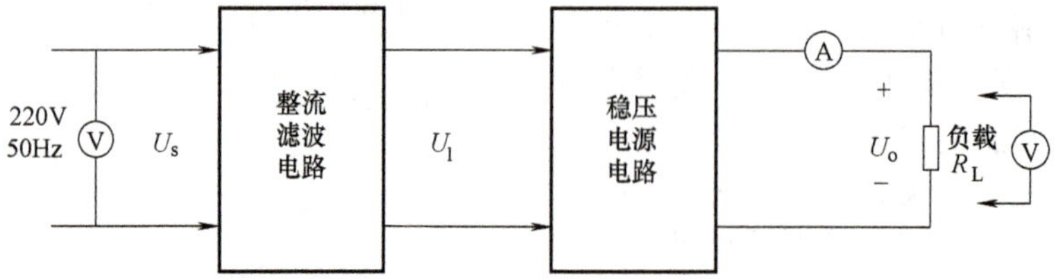

图 2-9　电源检测电路

使输入电源电路的交流输入电压 U_s 等于 220V，调节可调电阻器，用电压表测量输出电压的调节范围。如果输出电压的变化范围不符合规定的技术指标要求，可通过适当调节稳压电源电路的取样电阻的大小，以满足规定；但如果输出电压值 U_o 与规定要求相差较远，则应检查一下稳压电源电路的基准电源的电压和输入电压 U_s 是否符合要求。

2. 参数检测

（1）最大输出电流的测试

进行输出电流测试时，先调节调压变压器，使输入电源电路的交流输入电压等于 $U_{SMIN}=220V\times(1-10\%)=198V$；调节输出电压电位器，使电路输出电压 U_o 为 U_{OMIN}，再选择适当的 R_L 值，使稳压电源电路的电流 I_o 为规定的最大输出电流 I_{OMAX}；此时，可通过断开和接通 R_L 来观察 U_o 的变化情况，如果在 R_L 从断开到接通时，U_o 有明显的变化（或输出电压的纹波 ΔU_{OPP} 明显增大），则说明稳压电源电路不能输出这样大的电流。在调整管不超过其极限参数的条件下，可适当提高整流滤波电路的输出电压，否则就应适当限制输出电流或降低最高输出电压。

（2）负载能力的观察

由于稳压电源电路的输出电流 I_o 受到一定限制（主要是调整管）。因此在具体测试过程中，要知道稳压电源电路的负载能力，就应观察在下面三种条件下稳压电源电路调整管的工作状态。其一，使稳压电源电路空载（即 R_i 为 $\infty\ \Omega$），交流电压 U 调到 $U_{SMAX}=220V\times(1+10\%)=242V$，而输出电压调到 U_{OMIN} 时稳压电源电路的工作状态，从而测出调整管所承受的最大电压 $U_{CEMAX}=U_{IMAX}-U_{OMIN}$，以判定调整管是否满足 $U_{CEMAX}\leqslant\beta U_{CEO}$；其二，接入适当的 R_f 使 $I_f=I_{fMAX}$ 时电源电路的工作状态，再测出 $U_{CEMAX}=U_{IMAX}-U_{OMIN}$，验算调整管所承受的最大功耗是否满足 $P_{OMAX}=U_{CEMAX}\times I_{fMAX}\leqslant P_{CM}$；其三，保持 $I_o=I_{OMAX}$，并调节输出电压电位器（即取样电位器），使 $U_o=U_{OMAX}=U$，调节调压变压器使 $U_s=U_{SMIN}=220V\times(1-10\%)=198V$ 时电源电路的工作状态。用直流电压表检查调整管的最小管压降 $U_{CEMIN}=U_{IMIN}-U_{OMAX}$，若调整管的最小管压降太小，则会使调整管的驱动电流太小（具体情况可根据实际所采用电路计算出），稳压电源电路性能将明显下降。

（3）最小输出电流值的测试

一个稳压电源电路不仅有一个允许的最大输出电流 I_{OMAX} 值，而且还有一个允许的最小输出电流 I_{OMIN}。尤其是对那些调整管采用复合管的大功率电源，当负载电流太小时，稳压电源也有可能失去控制，输出电压不再稳定。这在稳压电源电路的输出电流的测试过程中也要加以观察。

(4) 电压调整率的测试

当市电电网变化时（±10%的变化是在规定允许范围内），输出直流电压也相应变化。而稳压电源就应尽量减小这种变化。电源稳定度表征电源对市电电网变化的抑制能力。

表征电源对市电电网变化的抑制能力也用电压调整率 S_U 表示。电压调整率 S_U 的定义为：当电网变化 10%时输出电压相对变化量的百分比。

$$S_U=\left|\frac{\Delta U_o}{U_o}\right|\Delta I_I$$

式中，S_U 值越小，表示稳压性能越好。

使 $I_o=I_{OMAX}$，调节调压变压器，使交流输出电压 $U_{S1}=242V$，测量此时的输出电压 U_{o1}，调整交流输入电压 $U_{S2}=198V$，测量此时的输出电压 U_{o1}，根据定义就可以计算出电压调整率。

(5) 输出电阻的测试

当负载电流变化时，电源的输出电压也会发生变化，变化数值越小越好。电源内阻正是表征电源对负载电流变化的抑制能力。

电源内阻 r_o 的定义为，在市电电网电压不变的情况下，电源输出电压变化量 ΔU_o 与输出电流变化量 ΔI_o 之比，即将 U_S 调整到 220V，选择合适的负载电阻，测量不同阻值时的电流值和电压值，计算得 r_o。

$$r_o=\left|\frac{\Delta U_o}{\Delta I_o}\right|\Delta U_I$$

(6) 稳压系数的测试

稳压系数 S 与电压调整率 S_U 是同类指标。S 表示在直流电源负载不变（即负载电流 I_0 不变）的条件下，由输入电压 U_i 的相对变化引起的输出电压 U_o 的相对变化，一般都用输出电压的相对变化相对于输入电压的变化，即 $S=(\Delta U_o/U_o)/(\Delta U_i/U_i)$，$\Delta I_o=0$。由此可见，$S$ 越小，输出电压的稳定性越好。

调节调压变压器，使输入电源电路的交流输入电压 $U_{S1}=242V$，测量此时的输出电压 U_{o1}，调整交流输入电压 $U_{S2}=198V$，测量此时的输出电压 U_{o1}，根据定义就可以计算出电压调整率。

(7) 纹波的测试

稳压电源电路抑制纹波电压的能力用纹波电压降低比来表示。纹波电压降低比是指在规定的纹波频率下，输入电压中出现的纹波电压与输出电压中出现的纹波电压之比，即输入纹波电压经电源电路后在输出端纹波电压降低的倍数。这个比值越大，说明稳压电源电路抑制纹波电压的能力越好。

纹波电压降低比的测试电路如图 2-10 所示。测试应在输入电压和负载电流一定的情况下进行。在电源电路输入端加入一个 50Hz 交流电压，用电子电压表 Ⅰ（或毫伏表）测得输入纹波电压，设为 $U_{i\sim}$，用电子电压表 Ⅱ 测得输出纹波电压，设为 $U_{o\sim}$，则纹波电压降低比 $=U_{i\sim}/U_{o\sim}$。

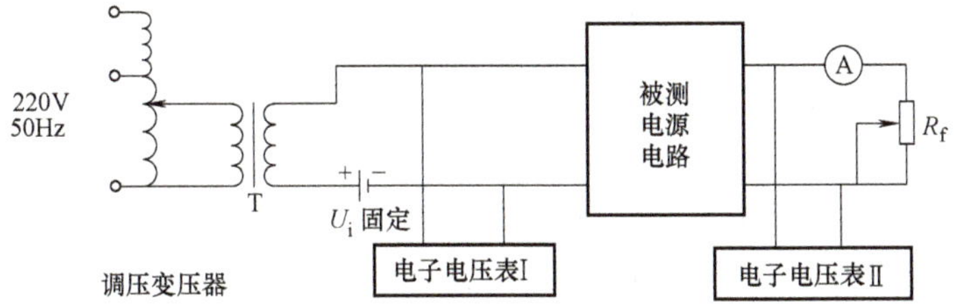

图 2-10　纹波电压降低比的测试电路

2.2.4 开关电源维修方法

日常实际的开关电源主要有电磁干扰滤波器、防浪涌控制电路、整流滤波电路、开关管（场效应管）、开关变压器、脉宽调制组件、功率因数校正电路等组成，如图 2-11 所示。加功率因数校正电路使电源工作的电流与电压同频同相，有利于消除电流中的谐波成分。

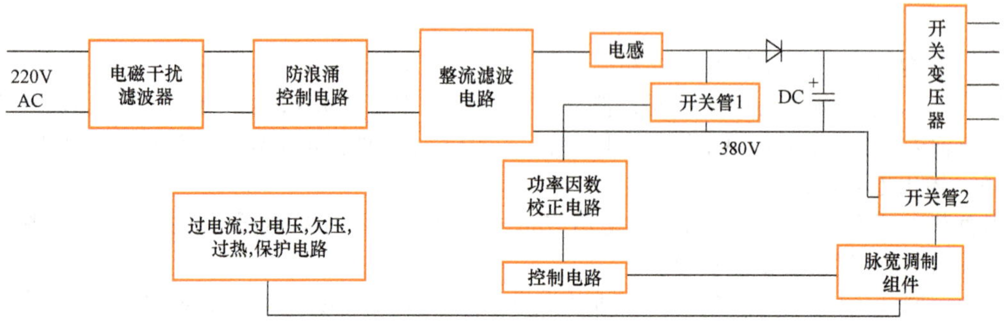

图 2-11 日常实际的开关电源组成

开关电源的维修步骤如下。

1）维修开关电源时，首先用万用表检测电源整流桥堆、开关管、高频大功率整流管等各功率部件是否击穿短路，其次检查防浪涌电路的大功率电阻是否烧断，再检测各输出电压端口连接的电阻是否异常，上述部件如损坏则须更换。

2）若接通电源后开关电源还不能正常工作，就要查阅相关资料，检测功率因数校正（PFC）模块和脉宽调制（PWM）模块每个引脚的功能及模块是否工作正常。

3）对于功率因数校正模块，则须测量滤波电容两端电压是否为 380V DC，如有，说明功率因数校正模块工作正常，接着检测脉宽调制模块的工作状态，测量其电源输入端 V_C、参考电压输出端 V_R、启动控制端电压 $V_{start/control}$ 是否正常，利用 220V 交流隔离变压器给开关电源供电，用示波器观测脉宽调制模块 CT 端的对地波形是否为线性良好的锯齿波或者三角形，如 TL494 的 CT 端为锯齿波，FA5310 的 CT 端为三角波，输出端 U_O 的波形是否为有序的窄脉冲信号。

4）有许多开关电源采用 UC38××系列 8 引脚脉宽调制模块，大多数电源不能正常工作是因为电源启动电阻损坏，或芯片性能下降、启动电流增大所致。电源启动电路如图 2-12 所示。

当 R 断开后无 U_C，脉宽调制模块无法工作，则需要将 R 换为与原来阻值及功率相同的电阻。当脉宽调制模块启动电流增加后，可减小 R 直到脉宽调制模块能正常工作为止。在修一台 GEDR 电源时，脉宽调制模块采用的芯片为 UC3843，检测未发现其他异常，在电阻 R（220kΩ）上并接一个 220kΩ 电阻后，脉宽调制模块工作，输出电压均正常。有时候，由于外围电路故障，致使 U_C 端 5V 电压为 0V，脉宽调制模块也不工作，如在修柯达 8900 相机电源时遇到此情况，把与 U_C 端相连的外电路断开，U_C 从 0V 变为 5V，模块正常工作，输出电压均正常。

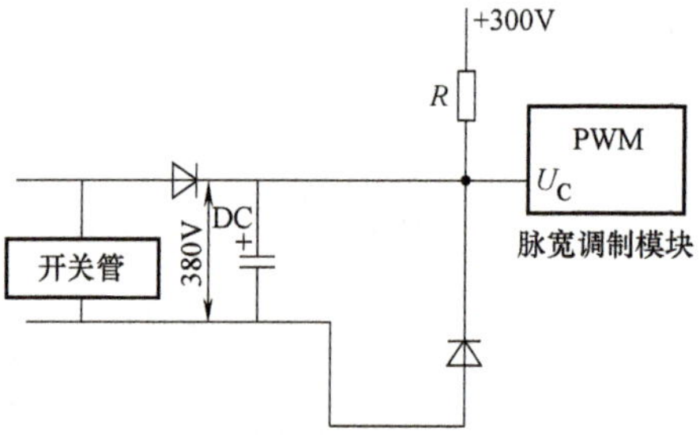

图 2-12 电源启动电路

5）当滤波电容上无 380V 左右直流电压时，说明功率因数校正模块没有正常工作。功率因数校正模块的关键检测引脚为电源输入引脚 U_C、启动引脚 $U_{start/control}$、CT 引脚、RT 引脚及 U_o 引脚。修理时，测试板上滤波电容上无 380V 直流电压，U_C、$U_{start/control}$、CT 和 RT 引脚波形均正常，测量得场效应功率开关管 G 极无 U_o 波形，机器用久后出现 U_o 端与板之间虚焊，导致 U_o 信号没有送到场效应管 G 极。将 U_o 端与板上焊点焊好，用万用表测量滤波电容有 380V 直流电压。当 $U_{start/control}$ 为低电平时，功率因数校正模块亦不能工作，只要检测其端点与外围相连的有关电路。

2.3　双路直流稳压电源的使用

2.3.1　双路直流稳压电源面板结构

双路直流稳压电源的面板结构如图 2-13 所示。

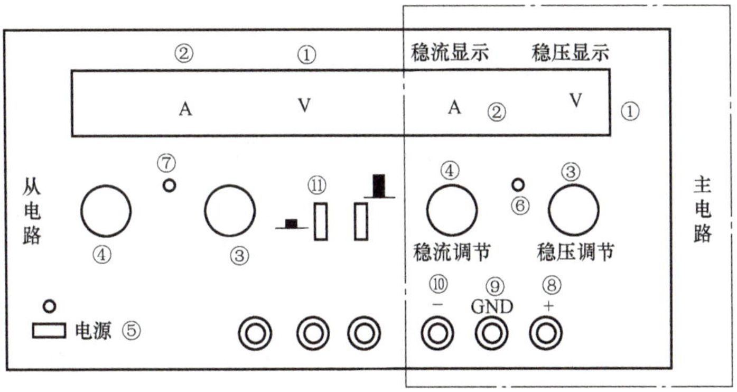

图 2-13　双路直流稳压电源的面板结构

① 稳压显示部分：指示输出电压。
② 稳流显示部分：指示输出电流。
③ 稳压调节旋钮：输出电压值。
④ 稳流调节旋钮：调节限流保护点。
⑤ 电源开关：当将此开关置于“ON”时，机器处于“开”状态，指示灯亮。
⑥ 稳压指示灯：当机器处于稳压状态时，此指示灯亮。
⑦ 稳流指示灯：当机器处于稳流状态时，此指示灯亮。
⑧ 输出正端：接负载正端。
⑨ 机壳接地端：机壳接大地。
⑩ 输出负端：接负载负端。
⑪ 连接开关：两路电源可以单独使用，也可以通过连接开关的设置串联或者并联。

2.3.2　双路直流稳压电源的使用

1. 串联跟踪使用方法

串联跟踪双路直流稳压电源可以得到可调平衡输出的双极性电源，而且将电源的输出电压范围扩大一倍。串联跟踪使用的设置示意图如图 2-14 所示。

双路直流稳压电源的串联跟踪使用方法的操作步骤如下。

1）接通电源：插上外电源插头，打开电源开关。

2）按下从电路按键。

3）12V 电压输出：旋转稳压调节旋钮，使稳压显示为 12V 输出电压。

4）万用表测量电压：用万用表（模拟式或数字式均可）的红色表笔接电源的“+”端，黑色表笔接电源的“-”端，此时读数应为 12V。

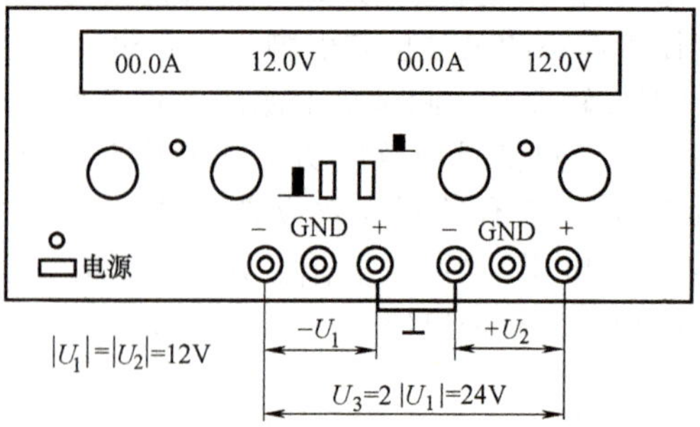

图 2-14 串联跟踪使用设置示意图

5）输出 12V 电压：“地”与电源“-”端相连，此时“+”与“地”间电压为 12V。

6）输出-12V 电压：“地”与电源“+”端相连，此时“-”与“地”间电压为-12V。

2. 多路电源使用方法

多路电源使用可以将电源的输出电压范围扩大一倍，而且输出多路电压。多路电源使用的设置示意如图 2-15 所示。

双路直流稳压电源的多路电源使用方法的操作步骤如下。

1）接通电源：插上外电源插头，打开电源开关。

2）按键开关设置：两按键开关均处于独立状态，如图 2-15 所示。

3）25V 电压输出：旋转主电路稳压调节旋钮，使稳压显示为 25V 输出电压。

4）万用表测量电压：用万用表（模拟式或数字式均可）的红色表笔接主电路电源的“+”端，黑色表笔接电源的“-”端，此时读数应为 25V。

5）检测从电路电压：测量从电路输出 12V 电压是否正确。

6）输出 37V 电压：红色输出线与主电路电源“+”端相连，黑色输出线与从电路电源“-”端相连。

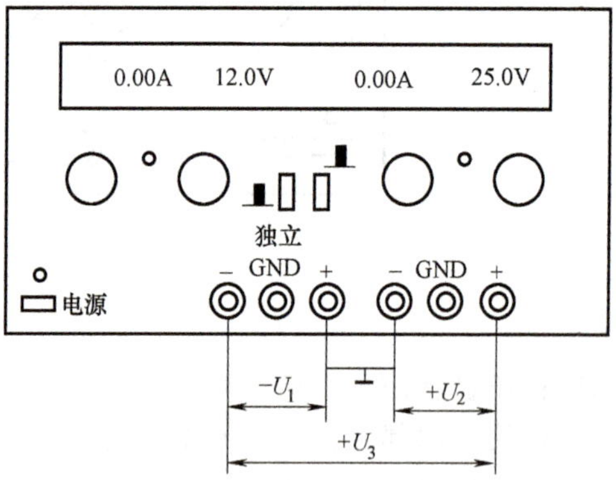

图 2-15 多路电源使用设置示意图

3. 双路电源独立工作使用方法

双路电源独立工作的设置示意图如图 2-16 所示。

双路电源独立工作使用方法的操作步骤如下。

1）接通电源：插上外电源插头，打开电源开关。

2）按键开关设置：两按键开关均处于独立状态，如图 2-16 所示。

3）25V 电压输出：旋转主电路稳压调节旋钮，使稳压显示为 25V 输出电压。

4）万用表测量电压：用万用表（模拟式或数字式均可）的红色表笔接主电路电源的“+”端，黑色表笔接电源的“-”端，此时读数应为 25V。

5）检测从电路电压：测量从电路输出 12V 电压是否正确。

4. 稳流源使用方法

稳流源使用方法的操作步骤。

1）接通电源：电源输出 5V。

2）输出短路：用连线将输出短路。

3）工作指示灯：由绿色转为红色。

4）设置稳流值：调节稳流调节旋钮，使输出电流为所需值。

5）调整输出电压：去掉短路线，接上负载，将输出电压调整为适当值，使工作指示灯为红色，此时电流保持恒定。

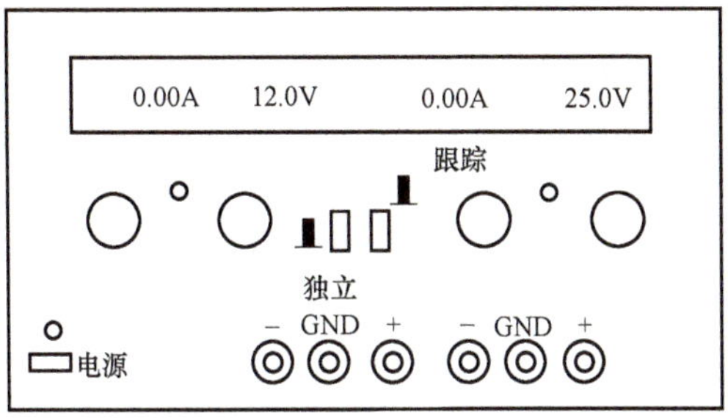

图 2-16　双路电源独立工作设置示意图

2.3.3　双路直流稳压电源的维修

1. 常见故障

1）时好时坏：按输出键后，偶尔会出现 CH1 输出面板显示电压值为 0.00，时好时坏。

2）输出与实际不符：CH1 面板显示电压与实际输出电压相差 1～2V，偏小，且随输出电压增大而增大，即实际输出电压较小时显示电压值与实际输出电压相差较小，实际输出电压较大时显示电压值与实际输出电压相差较大。

2. 故障解决办法

1）时好时坏：时好时坏的故障为显示电路模块的供电部分性能变差导致，更换相应的供电稳压模块后性能恢复。

2）输出与实际不符：显示的输出电压与实际输出电压不符的故障为显示采集部分功能异常导致，更换相应的采集处理芯片后功能恢复。

2.4　习题

1. 串联电路中电流、电压和电阻间有何规律？
2. 并联电路中电流、电压和电阻间有何规律？
3. 请画出线性电源电路的基本组成框图，并简述其工作原理。
4. 请画出开关电源电路的基本组成框图，并简述其工作原理。
5. 简述使用和维修开关电源的步骤。

项目3 信号源产品的测试

信号源是用来产生各种电子信号的仪器，是雷达系统的重要组成部分，在生产实践和科技领域中有着广泛的应用。

学习目标

1. 熟悉低频、高频、脉冲信号发生器的工作原理
2. 熟悉低频、高频、脉冲信号发生器的使用方法
3. 熟悉信号源产品的信号产生器电路、电源电路、振荡电路和功放电路测试方法

素养目标

1. 培养自我管理能力
2. 培养良好的质量意识
3. 教育学生保持积极的心态，勇敢面对挑战
4. 培养自主学习和探索的能力

前导小知识：雷达

众所周知，雷达所起的作用和眼睛相似，其原理是雷达设备的发射机通过天线把电磁波能量射向空间某一方向，处在此方向上的物体反射电磁波，雷达天线接收此反射波，送至接收设备进行处理，提取有关该物体的某些信息。雷达可以测量目标物体至雷达的距离、方位、速度等。测量距离实际是测量发射脉冲与回波脉冲之间的时间差，因电磁波以光速传播，据此就能换算成目标的精确距离。测量目标方位是利用天线的尖锐方位波束测量。测量速度是雷达根据自身和目标之间有相对运动产生的频率多普勒效应原理。雷达接收到的目标回波频率与雷达发射频率不同，两者的差值称为多普勒频率。从多普勒频率中可提取的主要信息之一是雷达与目标之间的距离变化率。当目标与干扰杂波同时存在于雷达的同一空间分辨单元内时，雷达能利用它们之间多普勒频率的不同，从干扰杂波中检测和跟踪目标。

雷达的优点是在白天或黑夜均能探测远距离的目标，广泛应用于社会经济各领域（如气象预报、资源探测、环境监测等）和科学研究（天体研究、大气物理、电离层结构研究等）。

3.1 低频信号发生器

3.1.1 由 VD1641 低频信号发生器输出一定频率和幅度的正弦波

低频信号发生器

信号发生器是一种能提供各种频率、波形和输出电平电信号的设备。在测

量各种电信系统或电信设备的振幅特性、频率特性、传输特性及其他电参数时，以及测量元器件的特性与参数时，用作测试的信号源或激励源。下面以 VD1641 低频信号发生器为例介绍模拟低频信号发生器的使用方法。

用 VD1641 低频信号发生器输出频率为 1000Hz、有效值为 100mV 的正弦波，操作步骤如下。

1）设置波形：通电预热数分钟后按下波形选择键中的“～”键，输出信号即为正弦波信号。

2）设置频率波段：按下频率波段选择键“2k”按键，输出信号频率在 2kHz 以下连续可调。

3）调节频率：调节频率旋钮直到显示的频率值为 1000Hz 为止。

说明：

① 旋钮使用注意事项：该信号发生器的测频电路的显示滞后于调节，所以旋转旋钮时动作要缓慢一些。

② 测量输出信号的电压值：信号发生器本身不能显示输出信号的电压值，所以需要另配交流毫伏表测量输出电压。当输出电压不符合要求时，选择不同的衰减再配合调节输出正弦信号的幅度旋钮，直到输出电压为 10mV。

4）调节幅度：将输出信号输入示波器，观察信号波形，调节信号发生器幅度旋钮，使波形有效值为 100mV，步骤如下。

① 信号发生器与示波器的连接：打开信号发生器和示波器，将信号发生器的输出端接到示波器 CH1（或 CH2）输入端上。

② 示波器显示完整波形：调节示波器扫描时间转换开关、幅值档位开关和电平状态，使波形稳定，并且在示波器屏幕上至少显示一个周期的完整波形，观察正弦波形。

③ 调整有效值：调节信号发生器幅度旋钮，使波形有效值为 100mV，如图 3-1 所示。

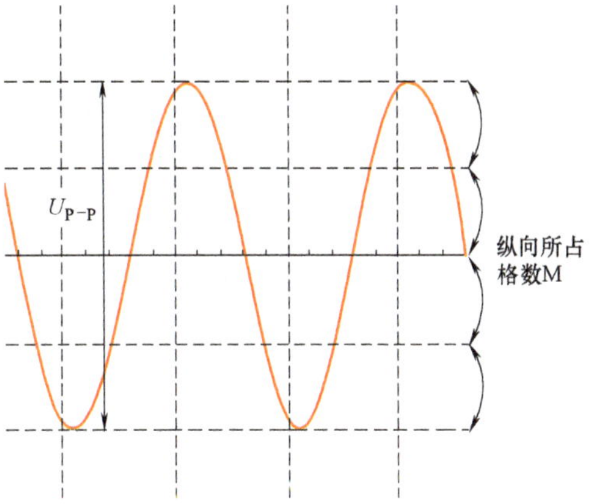

图 3-1　正弦波示意图

正弦波电压峰-峰值 $V_{P\text{-}P}$ 为正弦波图形纵向最大和最小的刻度之差值，其表达式为：

$$V_{P\text{-}P}=(\text{纵向距离 M})\times(\text{档位 V/DIV})$$

正弦波电压有效值 U 和电压峰-峰值 $U_{P\text{-}P}$ 的关系为：

$$U=U_{P\text{-}P}/2\sqrt{2}$$

要使波形有效值为 100mV，调节信号发生器幅度旋钮，使 $U_{P\text{-}P}$ 为 282.8mV。

3.1.2　低频信号发生器的工作原理

低频信号发生器是音频（200Hz～20MHz）和视频（1Hz～10MHz）范围的正弦波发生器。低频信号发生器的主要部件包括主振器、连续衰减器（电位器 R_P）、电压放大器、输出衰减器、功率放大器、阻抗变换器（输出变压器）和监测器（监测电压表）。其原理框图如图 3-2 所示。

主振器产生的低频正弦信号，经连续衰减器 R_P 调节后，可以由电压放大器直接输出。这个输出信号的负载能力很弱，只能供给电压，故称为电压输出。该信号经功率器放大后，能够输出较大的功率，故称之为功率输出。在电路上可对输出功率进行步进调节。阻抗变换器用来匹配不同的负载阻抗以获得最大的功率输出。监测器实际上是一个简易的电压表，它通

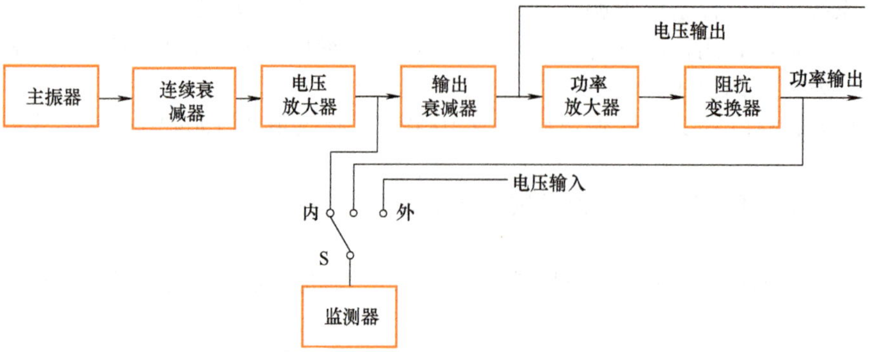

图 3-2 低频信号发生器的原理框图

过开关进行切换，开关 S 置“内”端子时，可分别监测输出电压（输出接输出衰减器的输入端时）或者监测输出功率（输出接功率输出端时），开关 S 置“外”端子时，可测量输入电压的有效值。

1. 主振器

主振器是低频信号发生器的核心，其作用是产生频率连续可调、稳定的正弦波电压。低频信号发生器中产生振荡信号的方法有多种，在通用信号发生器（如 XD-1、XD-2、XD-7）中，低频信号发生器的振荡器通常采用 RC 正弦振荡器或差频电路来实现。采用 RC 振荡器的信号发生器，利用波段开关来切换振荡元件以实现频率的覆盖。RC 振荡器可分为三种：RC 移相振荡器、RC 双 T 型振荡器和 RC 文氏电桥振荡器。

其中，RC 文氏电桥振荡器具有频率调节方便、可调范围宽（工作频率范围为 100Hz～100kHz）、振荡频率稳定、波形失真小（达到 0.005%～0.03%）等优点，因此，在低频信号发生器中通常采用 RC 文氏电桥振荡器作为主振器。RC 文氏电桥振荡器的原理图如图 3-3 所示。

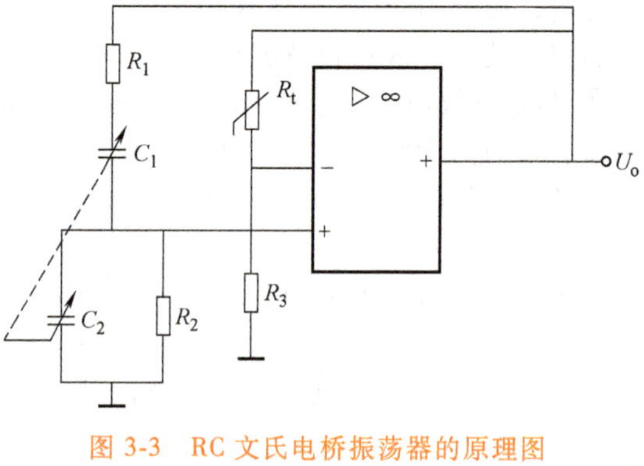

图 3-3 RC 文氏电桥振荡器的原理图

RC 文氏电桥振荡器实际上是一种电压反馈式振荡器，它由同相运算放大器和一个具有选频作用的 RC 正反馈网络组成。正反馈网络由 R_1、C_1、R_2 和 C_2 组成；电路的振荡频率由网络参数决定，$f_0=1/(2\pi RC)$（$R_1=R_2=R$，$C_1=C_2=C$）；由热敏电阻 R_t 组成的负反馈支路主要起稳幅作用；电路频率的调节可通过改变网络中电阻值或电容值来进行，通常是改变 R_1、R_2 的值进行频率粗调（改变频段），改变 C_1、C_2 的值进行频率微调。

在电子调谐的振荡电路中，C 通常由两只变容二极管来担当。变容二极管结电容的容量与所加的反偏电压成比例，当反偏电压增加时，变容二极管的容量减少，电路的振荡频率升高。这样，通过改变控制电压的大小可实现频率的连续调谐。

2. 放大器

低频信号发生器一般包括电压放大器和功率放大器。

电压放大器的作用是放大振荡器产生的振荡信号，以获得足够的输出电压，因此放大器由多个单级放大器按一定的耦合方式连接而成。对电压放大器的基本要求是：输入阻抗高、输出阻抗低、通频带宽、波形失真小、工作稳定。

当低频信号发生器的技术指标中要求有功率输出时，功率放大器实现对输出信号的功率放大。为了提高信号发生器的带负载能力，功率放大器通常采用带 OTL（OuTPut Transformer Less，无输出变压器）电路的功率放大器。有的功率放大器还设置过载保护、短路保护等电路，从而提高整机的性能。对功率放大器的要求是：有额定的输出功率、效率高、非线性失真小。

3. 衰减器

衰减器用于改变信号发生器输出的电压或功率，通常包括连续调节衰减器（R）和步进衰减器（$R_1 \sim R_3$）两类，如图 3-4 所示，它们利用电阻分压的降压作用逐级衰减，得到不同的输出电压。连续调节衰减器是通过调节电位器的中心位置来改变衰减量的，而步进衰减器的衰减系数则是固定的，如 1/10、1/100 等。

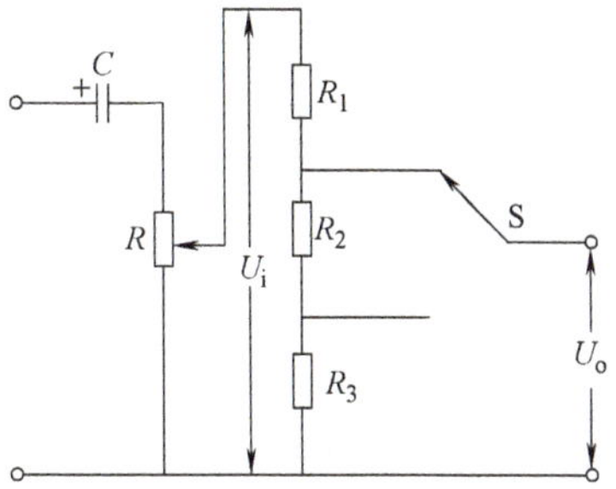

图 3-4　连续调节衰减器和步进衰减器

4. 指示器

指示器的作用是指示发生器输出电压或功率的大小，通常采用监测电压表作为指示器。指示输出信号的大小通常有两种方式，一种是用指针表头来指示，另一种用数码管来指示。对于后一种指示方式，它是先对输出信号整流滤波，再利用 A/D 转换电路将正弦波电压转换为成比例的数字量，然后通过计数器对该数字量进行计数，再经过译码器译码，最后驱动显示单元，显示出输出正弦波的电压或功率。

随着 DDS（Direct Digital Synthesizer，直接数字式频率合成器）技术的不断发展，国外的低频信号发生器的频率已经高达 50MHz。目前低频信号发生器正向合成化、一体化方向发展。

3.1.3　低频信号发生器面板

本小节以 YUANLONG VTF20A 型号为例介绍低频信号发生器面板，如图 3-5 所示。

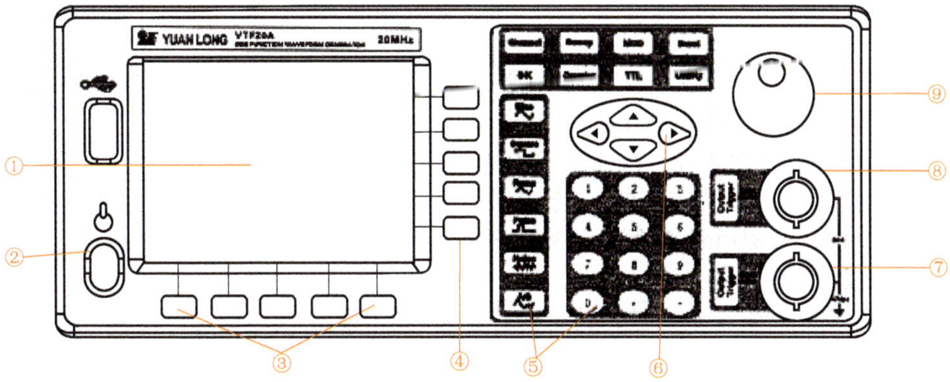

图 3-5　低频信号发生器面板

低频信号发生器面板的各功能模块见表 3-1。

表 3-1　低频信号发生器面板的各功能模块

序号	功能	序号	功能	序号	功能
①	液晶显示屏	④	选项键	⑦	B 路输出/触发
②	电源开关(POWER)	⑤	功能键、数字键	⑧	A 路输出/触发
③	单位键	⑥	方向键	⑨	数字调节旋钮

低频信号发生器面板上按钮的中英文对照见表 3-2。

表 3-2 按钮中英文对照

英文	Channel	Sweep	MOD	Burst	SK	Counter	TTL	Utility
中文	单频	扫描	调制	触发	键控	计数	晶体管-晶体管逻辑电路	辅助系统
英文	Sine	Square	Ramp	Pulse	Noise	Arb	OuTPut/Trigger	
中文	正弦波	方波	三角波	脉冲波	噪声波	任意波	输出/触发	

1. 显示说明

1）A 路波形参数显示区：如图 3-6 所示，左边上部为 A 路波形示意图及设置参数值。

2）B 路波形参数显示区：中间上部为 B 路波形示意图及设置参数值。

3）功能菜单：右边中文显示区中最上边一行为功能菜单。

4）选项菜单：右边中文显示区中下边五行为选项菜单。

5）参数区：左边中间为参数的三个显示区。

6）单位菜单：最下边一行为输入数据的单位。

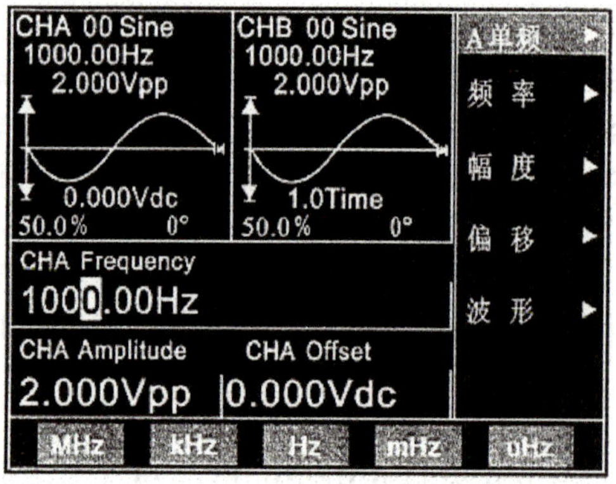

图 3-6 波形参数显示区

2. 键盘说明

低频信号发生器前面板上共有 42 个按键，可以分为五类。

（1）功能键

1）〈单频〉〈扫描〉〈调制〉〈触发〉〈键控〉〈TTL〉键用来选择仪器的十种功能。

2）〈计数〉键用来选择频率计数功能。

3）〈辅助系统〉键用来进行系统设置及退出程控操作。

4）〈正弦波〉〈方波〉〈三角波〉〈脉冲波〉〈噪声波〉〈任意波〉键用来选择波形。

5）〈输出/触发〉键用来开关 A 路或 B 路输出信号，或触发 A 路、B 路信号。

（2）选项键

液晶显示屏右边有五个空白键，其功能随着选项菜单的不同而变化，称为选项键。

（3）数字键

〈0〉〈1〉〈2〉〈3〉〈4〉〈5〉〈6〉〈7〉〈8〉〈9〉键用来输入数字。

〈.〉键用来输入小数点。

〈-〉键用来输入负号。

（4）单位键

液晶显示屏下边有五个空白键，其定义随着数据的性质不同而变化，称为单位键。输入数据之后必须按单位键，表示数据输入结束并开始生效。

（5）方向键

〈◀〉〈▶〉键用来移动光标指示位，转动旋钮时可以加减光标指示位的数字。

〈▲〉〈▼〉键用来步进增减 A 路信号的频率或幅度。

3.1.4　操作低频信号发生器

1. 菜单选择

液晶显示屏右边为功能菜单和选项菜单，如果选项右边有一个三角形，表示该菜单选项有子菜单，连续按下选择键可以循环选择该子菜单的各项。右边最上一行为功能菜单，低频信号发生器具有的十种功能分别用〈单频〉〈扫描〉〈调制〉〈触发〉〈键控〉〈TTL 键〉六个键选择。功能菜单下面五行为选项菜单，分别与液晶显示屏右边的五个空白软键相对应，被选中的选项变为绿色。

2. 参数显示

液晶显示屏上波形图下面为参数显示区。参数显示区的内容分参数名称和参数值两部分，其中，参数名称为英文字母，大小为 8×16 像素。参数值使用多种颜色使显示更加美观并且容易区分。参数显示区分如下五个部分。

1）频率：显示信号的频率或周期。

2）幅度：显示信号的输出幅度。

因为信号的频率和幅度是经常使用的主要参数，所以这两项使用大号数字，使显示更加醒目。

3）偏移等参数：显示除了以上两项主要参数以外的其他次要参数。

屏幕最下边一行为数据单位，会随着选择数据的性质不同而变化。分别使用屏幕下边相对应的五个空白软键选择，输入数据之后按单位键，数据开始生效。

4）A 路参数：显示 A 路的当前波形、功能及有关参数。

5）B 路参数：显示 B 路的当前波形、功能及有关参数。

3. 数据输入

如果一项参数被选中后参数值变为黄色，则表示该项参数值可以被修改。10 个数字键用于输入数据，输入方式为自左至右移位写入。数据中可以带有小数点，如果一次数据输入中有多个小数点，则只有第一个小数点有效。在“偏移”功能下，可以输入负号。使用数字键只是把数字写入显示区，这时数据并没有生效。数据输入完成以后，必须按单位键作为结束，输入数据才开始生效。如果数据输入有错，可以有两种方法进行改正：如果输出端允许输出错误的信号，那么就按任一个单位键作为结束，然后重新输入数据；如果输出端不允许输出错误的信号，由于错误数据并没有生效，输出端不会有错误的信号产生，可以重新按选项键，然后输入正确的数据，再按单位键结束。数据输入结束以后，参数显示重新变为黄色，表示输入数据已经生效。数据的输入可以使用小数点和单位键任意搭配，仪器都会按照固定的单位格式将数据显示出来。例如输入 1.5kHz 或 1500Hz，数据生效之后都会显示为 1500.00Hz。

4. 旋钮调节

在实际应用中，有时需要对信号进行连续调节，这时可以使用数字调节旋钮。当一项参数被选中时，除了参数值会变为黄色外，还有一个数字会变为反色，指示光标位置，按方向键〈◀〉或〈▶〉，可以使光标指示位左移或右移。面板上的旋钮为数字调节旋钮，向右转动旋钮，可使光标指示位的数字连续加一，并能向高位进位。向左转动旋钮，可使光标指示位的数字连续减一，并能向高位借位。使用旋钮输入数据时，数字改变后即刻生效，不用再按单位键。

光标指示位向左移动，可以对数据进行粗调，向右移动则可以进行细调。

5. 频率/幅度步进

在实际应用中，往往需要使用一组等间隔的频率值或幅度值，如果使用数字键输入方法，就必须反复使用数字键和单位键，非常麻烦。由于间隔值可能是多位数，因此使用数字调节旋钮调节也不方便。虽然可以使用存储调出方法，但还是有些麻烦，而使用步进输入方法就非常方便。把频率间隔设定为“步进频率”值，然后每按一次〈▲〉键可以使频率增加一个步进值，每按一次〈▼〉键可以使频率减少一个步进值，而且数据改变后即刻生效，不用再按单位键。

例如，要产生间隔为12.5kHz的一系列频率值，按键顺序如下：按〈选项1〉键，选中“步进频率”，依次按〈1〉〈2〉〈.〉〈5〉〈kHz〉键，再按〈选项1〉键，选中“A路频率”，然后连续按〈▲〉或〈▼〉键，即可得到一系列间隔为12.5kHz的递增或递减的频率值序列，操作快速而又准确。用同样的方法，可以得到一系列等间隔的幅度值序列。步进输入方法只能在“A路频率”或“A路幅度”时使用。

6. 输入方式选择

对于已知的数据，使用数字键输入最为方便，而且不管数据变化多大都能一次到位，没有中间过渡性数据产生，这在一些应用中是非常必要的。当要对已经输入的数据进行局部修改，或者需要输入连续变化的数据以便观测时，使用调节旋钮最为方便。对于一系列等间隔数据的输入，则使用步进方式最为方便。操作者可以根据不同的应用要求灵活选择输入方式。

3.1.5 A路单频操作

按〈单频〉键可以选择“A路单频”功能。

1. A路频率设定

按〈选项1〉键，选中“频率”，当前频率值变为黄色显示，可用数字键或调节旋钮输入频率值，在“输出A”端口即有相应频率的信号输出。

2. A路周期设定

A路信号也可以用周期值的形式进行设定和显示，按〈选项1〉键，选中“周期”，当前周期值变为黄色显示，可用数字键或调节旋钮输入周期值。但是仪器内部仍然是使用频率合成方式，只是在数据的输入和显示时进行了换算。由于受频率低端分辨率的限制，在周期较长时只能输出一些周期间隔较大的频率点，虽然设定和显示的周期值很精确，但是实际输出信号的周期值可能有较大差异，对于这一点读者在使用时应该心中有数。

3. A路幅度设定

按〈选项2〉键，选中“幅度”，当前幅度值变为黄色显示，可用数字键或调节旋钮输入幅度值，“输出A”端口即有相应幅度的信号输出。A路幅度值的输入和显示有两种格式：峰-峰值 V_{pp} 和有效值 V_{rms}。数据输入后按单位键〈V_{pp}〉或〈mV_{pp}〉，可以输入和显示幅度峰-峰值。数据输入后按单位键〈V_{rms}〉或〈mV_{rms}〉，可以输入和显示幅度有效值。如果不输入数据直接按两种单位键，则可以使当前幅度值在两种格式之间进行转换。虽然幅度数值有两种格式，但是在仪器内部都是以峰-峰值方式工作的，只是在数据的输入和显示时进行了换算。

由于受幅度分辨率的限制，用两种格式输入的幅度值，在相互转换之后可能会有些差异。例如在正弦波时输入峰-峰值 $1V_{pp}$，转换为有效值是 $0.353V_{rms}$，而输入有效值 $0.353V_{rms}$，转换为峰-峰值却是 $0.998V_{pp}$，不过，这种转换差异一般是在误差范围之内的。当波形选择为非正弦波时，只能使用幅度峰-峰值，不能使用幅度有效值。

4. A路偏移设定

在有些应用中，需要使输出的交流信号中含有一定的直流分量，使信号产生直流偏移。按〈选项3〉键选中“偏移”，显示出当前偏移值。可用数字键或调节旋钮输入偏移值，A路输出信号便会产生设定的直流偏移。

应该注意的是，信号输出幅度值的一半与偏移绝对值之和应小于10V，以保证偏移后的信号峰值不超过±10V，否则会产生限幅失真。另外，在A路衰减选择为自动时，输出偏移值也会随着幅度值的衰减而一同衰减。当幅度值 V_{pp} 大于约 2V 时，实际输出偏移等于偏移设定值；当幅度值 V_{pp} 大于约 0.2V 而小于约 2V 时，实际输出偏移值为偏移设定值的十分之一；当幅度值 V_{pp} 小于约 0.2V 时，实际输出偏移值等于偏移设定值的百分之一。

对输出信号进行直流偏移调整时，使用调节旋钮要比使用数字键方便得多。按照一般习惯，不管当前直流偏移是正值还是负值，向右转动旋钮直流电平上升，向左转动旋钮直流电平下降。经过零点时，偏移值的正负号能够自动变化。

5. 直流电压输出

如果幅度衰减选择为固定 0dB，输出偏移值即等于偏移设定值，将幅度设定为 0V，那么偏移值可在±10V 范围内任意设定，仪器就变成一台直流电压源，可以输出设定的直流电压信号。

6. A 路波形选择

A 路具有 32 种波形，正弦波、方波、三角波、脉冲波、噪声波、任意波，可以分别使用波形键直接选择。选择波形以后，“输出 A”端口即可输出所选择的波形，并在 A 路波形显示区显示相应的波形形状。A 路选择为方波时，方波占空比默认为 50%。对于其他 27 种不常用的波形，屏幕左上方显示为“任意”。

7. 占空比设定

为了使用方便，可用数字或调节旋钮输入占空比数值。当前占空比值变为黄色显示，输出即为设定占空比的方波，脉冲波的占空比调节范围为 1%~99%。“占空比”在选中脉冲波时才会显示出来。

8. A 路相位设定

按〈选项 4〉键，选中“A 路相位”，可用数字键或调节旋钮设定 A 路信号的相位，相位调节范围为 0°~360°。当频率较低时相位的分辨率较高，例如当频率低于 270kHz 时，相位的分辨率为 1°。频率越高，相位的分辨率越低，例如当频率为 1MHz 时，相位的分辨率为 3.6°。

3.1.6 B 路单频操作

按〈单频〉键，可以选中“B 路单频”功能。B 路的频率设定、周期设定、幅度设定、波形选择、占空比调节、相位设定都和 A 路相同，不同的是，B 路没有幅度衰减，也没有直流偏移。

1. B 路频率设定

按〈选项 1〉键，选中“频率”，当前频率值变为黄色显示，可用数字键或调节旋钮输入频率值，在“输出 B”端口即有相应频率的信号输出。B 路频率也能使用周期值设定和显示。

2. B 路幅度设定

按〈选项 2〉键，选中“幅度”，当前幅度值变为黄色显示，可用数字键或调节旋钮输入幅度值，“输出 B”端口即有相应幅度的信号输出。B 路幅度只能使用峰-峰值 V_{pp}，不能使用有效值 V_{rms}，没有幅度衰减，也没有直流偏移。

3. B 路波形选择

B 路波形以数字序号的形式表示，按〈选项 4〉键，选中“波形”，具体操作方式同“A 路单频设置”。

3.1.7 低频信号发生器使用实例

1. 产生方波

产生 3V_{pp}、75%占空比、1kHz 的方波，波形如图 3-7 所示。

具体操作步骤如下。

1）选择通道：按〈Channel〉键，选择A路单频或者B路单频（以A路单频为例）。

2）设置波形：按〈Square〉键，选择方波。

3）设置频率：按〈选项1〉键，选中“频率”，当前频率值变为黄色显示，按数字键〈1〉和单位键〈kHz〉，完成频率设置。

4）设置幅度：按〈选项2〉键，选中“幅度”，当前幅度值变为黄色显示，按数字键〈3〉和单位键〈V_{pp}〉，完成幅度设置。

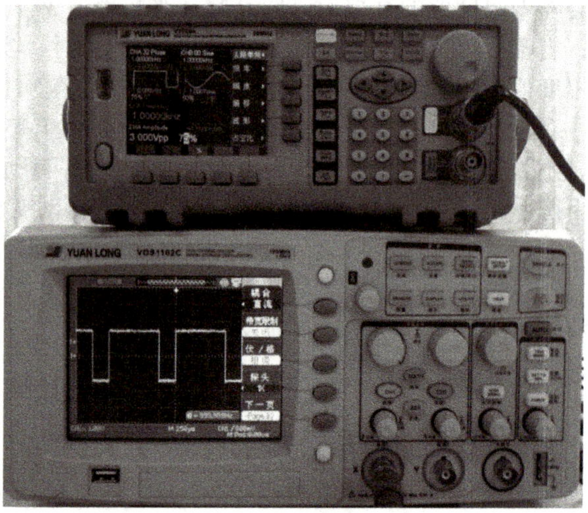

图3-7　方波波形

5）设置占空比：按〈选项5〉键，选中“占空比”，当前幅度值变为黄色显示，按数字键〈7〉〈5〉和单位键〈%〉，完成占空比设置。

6）输出设置：按A路〈OuTPut Trigger〉键，设置A路单频输出。

2. 产生斜波

产生5V_{pp}、10kHz的斜波，波形如图3-8所示。

具体操作步骤如下。

1）选择通道：按〈Channel〉键，选择A路单频。

2）设置波形：按〈Ramp〉键，选择三角波。

3）设置频率：按〈选项1〉键，选中“频率”，当前频率值变为黄色显示，按数字键〈1〉〈0〉和单位键〈kHz〉，完成频率设置。

4）设置幅度：按〈选项2〉键，选中“幅度”，当前幅度值变为黄色显示，按数字键〈5〉和单位键〈V_{pp}〉，完成幅度设置。

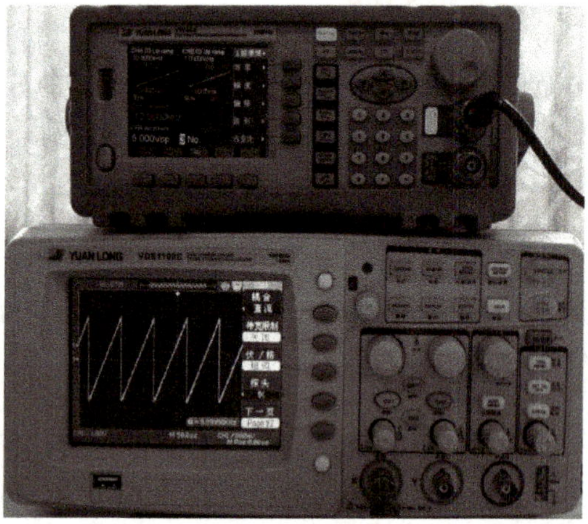

图3-8　斜波波形

5）选择波形：按〈选项4〉键，选中“波形”，当前幅度值变为黄色显示，按数字键〈3〉和单位键〈No.〉，完成占空比设置。

6）输出设置：按A路〈OuTPut Trigger〉键，设置A路单频输出。

3. 产生正弦波

产生10V_{pp}、100kHz、初相为30°、直流偏置1V的正弦波，波形如图3-8所示。

1）选择通道：按〈Channel〉键，选择A路单频。

2）设置波形：按〈Sine〉键，选择正弦波。

3）设置频率：按〈选项1〉键，选中“频率”，当前频率值变为黄色显示，按数字键〈1〉〈0〉〈0〉和单位键〈kHz〉，完成频率设置。

4）设置幅度：按〈选项2〉键，选中“幅度”，当前幅度值变为黄色显示，按数字键〈1〉〈0〉和单位键〈V_{pp}〉，完成幅度设置。

5）设置偏移量：按〈选项 3〉键，选中“偏移”，当前幅度值变为黄色显示，按数字键〈1〉和单位键〈V_{dc}〉，完成偏移量设置。

6）设置初相：按〈选项 4〉键，选中“相位”，当前幅度值变为黄色显示，按数字键〈3〉〈0〉和单位键〈°〉，完成初相设置。

7）输出设置：按 A 路〈OuTPut Trigger〉键，设置 A 路单频输出。

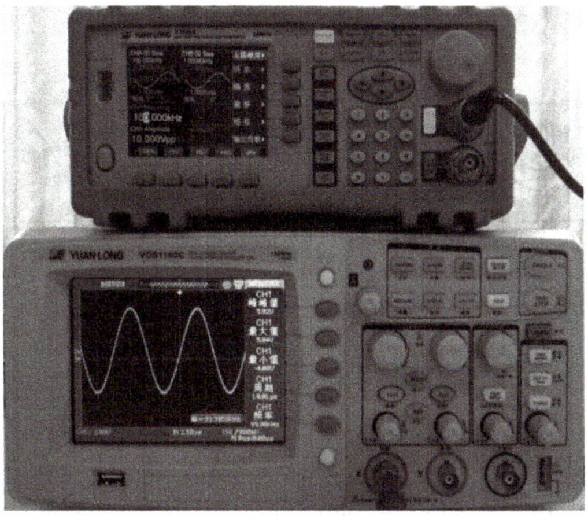

图 3-9　正弦波波形

3.1.8　低频信号发生器测试

低频信号发生器产生的正弦波信号为各类低频放大器提供测试信号。低频放大电路的放大倍数测试原理图如图 3-10 所示。图中，放大倍数$=U_o/U_i$，U_i 由低频信号发生器提供，U_o 使用示波器测量得到。

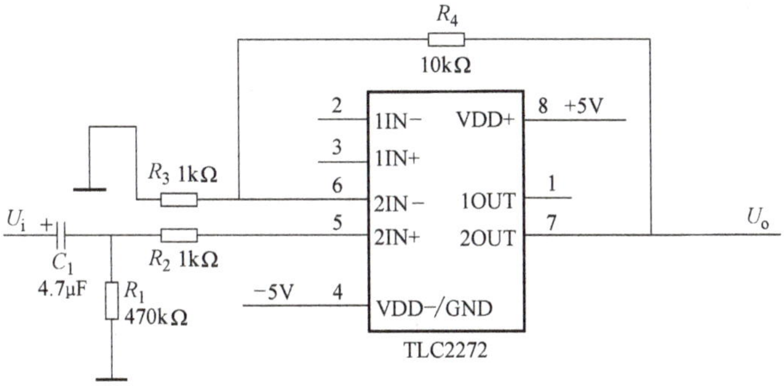

图 3-10　低频放大电路的放大倍数测试原理图

3.2　高频信号发生器

高频信号发生器和脉冲信号发生器

3.2.1　调幅高频信号发生器的测试

调幅高频信号发生器广泛应用在无线电技术的测试实践中。现以无线电接收机的性能测试为例，介绍高频信号发生器的应用。

1. 接线方法

1）被测接收机置于仪器输出插孔的一侧，两者之间的距离应小于输出电缆长度。

2）仪器机壳与接收机机壳用不长于 30cm 的导线连接，并接地线。

3）用带有分压器的输出电缆，从 0~0.1V 插孔输出（在测试接收机自动音量控制时，用一根没有分压器的电缆，从 0~1V 插孔输出）。为了避免误接高电位，可以在电缆输出端串接一个 0.01~0.1μF 的电容器。0~1V 插孔应用金属插孔盖盖住。

4）输出电缆不应靠近仪器的电源线，两者更不能绞在一起。

5）为了使接收机符合实际工作情况，必须在接收机与仪器间接一个等效天线。等效天线连接在本仪器的带有分压器的输出电缆的分压接线柱（有电位的一端）与接收机的天线接线柱之间，如图 3-11 所示。每种接收机的等效天线由它的技术条件规定。一般可采用图 3-12 所示的典型等效天线电路，它适用于接收调谐频率在 540kHz 到几十兆赫兹的接收机中。

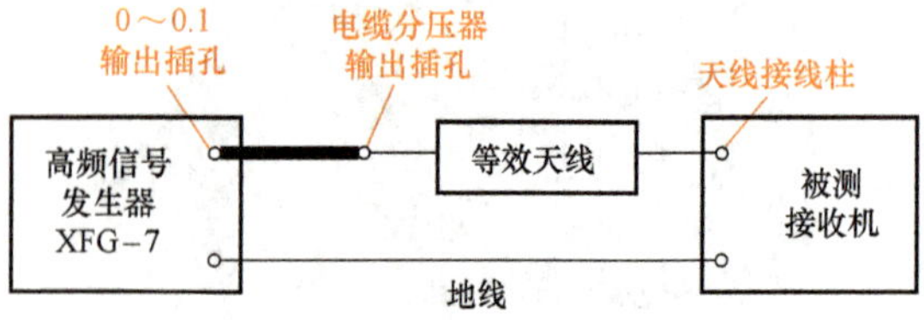

图 3-11　等效天线接法

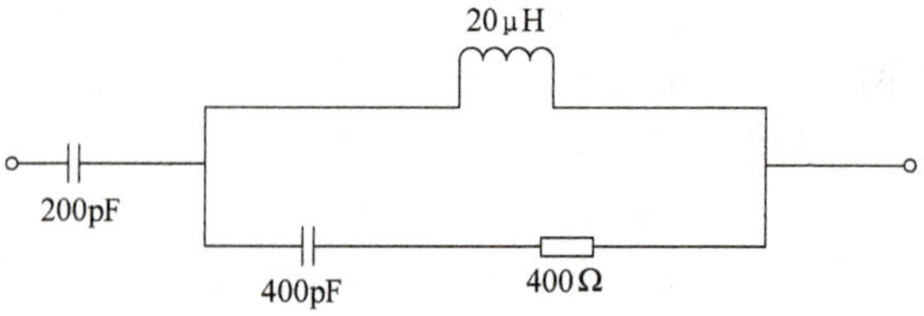

图 3-12　典型等效天线电路

2. 接收机的校准

1）调整载波频率：调整仪器输出信号的载波频率，使它与校准后的接收机调谐频率一致。这时仪器输出信号应为调幅度30%的400Hz调幅波，它的电压大小应避免接收机输出过大或过小。

2）调节输出：调整接收机中的调谐变压器使输出最大。

3）逐级调整：按上述方法由末级逐级向前调整。

3. 灵敏度的测试

1）调整载波频率：调整仪器输出信号的载波频率到需要的数值（一般用600kHz、1000kHz、1400kHz三点测定广播段），这时输出信号仍为30%调幅度的400Hz调幅波。

2）调节输出：调节仪器的输出电压使接收机达到标准的输出功率值（由各种接收机的技术条件定）。

3）绘制灵敏度曲线：依次测试各频率（仍维持标准输出功率值），将各个频率时仪器的输出电压作为纵坐标，频率作为横坐标，绘成曲线，就得到接收机的灵敏度曲线。

4. 选择性的测试

1）调整载波频率：调整仪器输出信号的载波频率到需要的数值，这时输出信号仍为30%调幅度的400Hz调幅波。

2）调节输出：调整接收机，使输出最大。再调节输出-微调旋钮，使接收机输出维持标准输出功率值。

3）记录接收机输出电压：改变仪器输出频率（每5kHz变一次），这时维持接收机不动，再调节输出-微调旋钮，使接收机输出仍为标准输出功率值，记下仪器的输出电压值。

4）绘制接收机选择性曲线：依次用同样方法测试各频率，将各个频率时的电压值与第一次的电压值的比值作为纵坐标，频率作为横坐标，绘成曲线，就得到接收机的选择性曲线。

5. 保真度的测试

1）产生调幅波：利用外接音频信号源，得到从50~8000Hz的调幅波，以适应测试各级接收机的要求，具体频段按照接收机的技术规定。

2）调节输出和输出功率：以30%调幅度的400Hz调幅波为标准，调谐接收机，使输出最大。再调节输出-微调旋钮，使接收机输出维持标准输出功率。

3）绘制保真度曲线：维持载波频率和调幅度不变，改变调谐频率，调谐接收机使输出最大，记下接收机的输出电压。将其他频率时的输出电压值与400Hz时的输出电压值的比值作为纵坐标，将频率作为横坐标（一般用对数刻度）绘出接收机的保真度曲线。

3.2.2　调幅高频信号发生器的工作原理

调幅高频信号发生器工作原理方框图如图3-13所示。由图可见，它由振荡电路、放大与调幅电路、音频调幅信号发生电路、输出电路（包括细调衰减电路、步频衰减电路）、电压指示电路、调幅度指示电路和电源电路等部分组成。

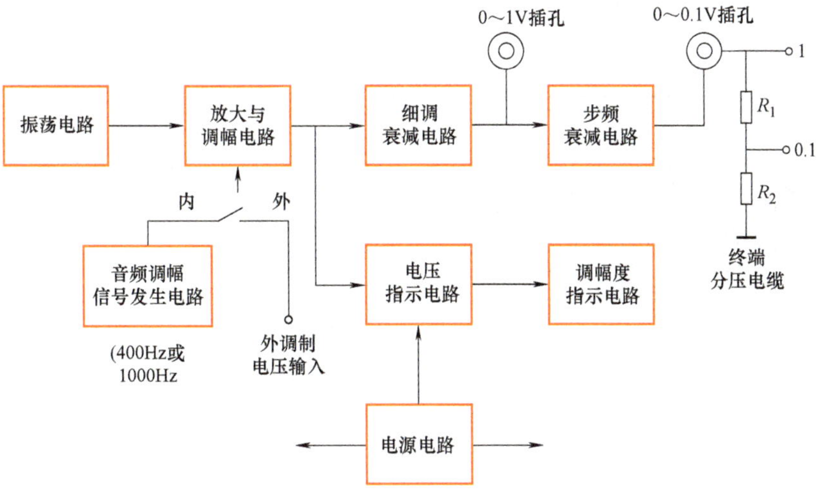

图 3-13　调幅高频信号发生器工作原理方框图

1. 振荡电路

振荡电路用于产生高频振荡信号。信号发生器的主要工作特性由本级决定。为保证此主振有较高的频率稳定度，都采用弱耦合反馈至调幅电路，使得主振负载较轻。一般采用电感反馈或变压器反馈的单管振荡电路或双管推挽振荡电路。

振荡电路通常采用 *LC* 三点式振荡电路，一般能够输出等幅正弦波的频率范围为 100kHz～30MHz（分若干个频段）。这个信号被送到调幅电路作为幅度调制的载波。

2. 放大与调幅电路

放大与调幅电路通常既是缓冲放大电路（放大振荡电路输出的高频等幅振荡，减小负载对振荡电路的影响），又是调制电路（用音频电压对高频率等幅振荡进行调幅）。

3. 音频调幅信号发生电路

音频调幅信号发生电路是一个音频振荡器，一般调幅高频信号发生器具有 400Hz、1000Hz 两档频率，改变音频振荡输出电压大小，可以改变调幅度。在需要用 400Hz 或 1000Hz 以外频率的音频信号进行调制时，可以从外调制输入端引入幅度几十伏的所需频率的信号。

4. 电压指示电路与调幅度指示电路

电压指示电路与调幅度指示电路是两个电子电压表电路。电压指示电路用以测读高频等幅波的电压值。调幅度指示电路用以测读调幅波的调幅度值。

5. 输出电路

输出电路是进一步控制输出电压幅度的电路，其中包括输出微调（连续衰减）电路、输出倍乘（步频衰减）电路，使最小输出电压达微伏数量级。

6. 输出插孔

一般仪器有两个输出插孔，一个是 0～1V 插孔，输出 0.1～1V 电压；一个是 0～0.1V 插孔，输出 0.1μV～0.1V 电压。0～0.1V 插孔配接带有终端分压电路的输出电缆。

7. 电源电路

电源电路为各部分电路提供所需要的电源电压。

3.2.3　调幅高频信号发生器面板

调幅高频信号发生器有很多型号，但是它们除载波频率范围、输出电压、调幅信号频率大小等有些差异外，它们的基本使用方法是类似的。本小节以 XFG-7 型号为例介绍调幅高频信号发生器面板，如图 3-14 所示。

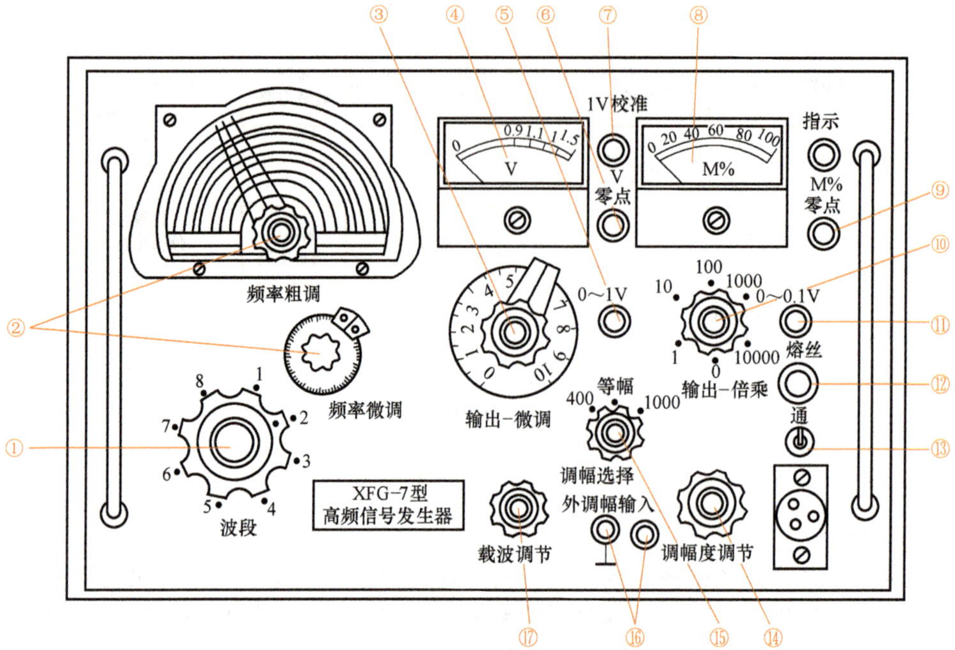

图 3-14　XFG-7 型高频信号发生器面板图

① 波段选择旋钮：变换振荡电路工作频段。分 8 个频段，与频率调节度盘上的 8 条刻度线相对应。

② 频率调节旋钮：在每个频段中连续地改变频率。使用时可先调节粗调旋钮到需要的频率附近，再利用微调旋钮调节到准确的频率上。

③ 输出-微调旋钮：用以改变输出信号（载波或调幅波）的幅度。刻度共分 10 大格，每大格又分成 10 小格，这样便组成一个 1：100 的可变分压器。

④ 电压表（V 表）：它指示输出载波信号的电压值。只有读数在 1V（即红线处）时才能保证指示值的准确度，其他刻度仅供参考。

⑤ 0~1V 输出插孔：它是从步频衰减器前引出的。一般是电压表指示值保持在 1V 红线上时，调节输出-微调旋钮改变输出电压，实际输出电压值为输出-微调旋钮所指的读数 1/10，即为输出信号的幅度值，单位为 V。

⑥ V 表零点旋钮：用以调节电压表零点。

⑦ 1V 校准电位器：用以校准 V 表的 1V 档读数（刻度）。平常用螺钉盖盖着，不得随意旋动。

⑧ 调幅度表（M%表）：它指示输出调幅波信号的调幅度，不论对内调制和外调制均可指示。在 30%调幅度处标有红线，此为常用的调幅度值。

⑨ M%表零点旋钮：在调幅度调节旋钮置于起始位置（即逆时针旋到底）时，将 M%表调整到零点，这一调整过程须在电压表读数在 1V 时进行，否则 M%表的指示是不正确的。

⑩ 输出-倍乘旋钮：用来改变输出电压的步级衰减器。共分 5 档：1，10，100，1000 和 10000。当电压表准确地指在 1V 红线上时，从 0~0.1V 插孔输出的信号电压幅度就是输出-微调旋钮上的读数与输出-倍乘旋钮上倍乘数的乘积，单位为 μV。

⑪ 0~0.1V 输出插孔：它是从步频衰减器后引出的。从这个插孔输出的信号幅度由输出-微调旋钮、输出-倍乘旋钮和带有分压器电缆接线柱的三者读数的乘积决定，单位为 μV。

⑫ 内装熔丝。

⑬ 通断开关。

⑭ 调幅度调节旋钮：用以改变内调制信号发生器的音频输出信号的幅度。当载波频率的幅度一定（1V）时，改变音频调制信号的幅度就是改变输出高频调幅波的调幅度。

⑮ 调幅选择旋钮：用以选择输出信号为等幅信号或调幅信号。当选择等幅档时，输出为等幅波信号；当选择400Hz或1000Hz档时，输出分别为调制频率是400Hz或1000Hz的典型调幅波信号。

⑯ 外调幅输入接线柱：当需要400Hz或1000Hz以外的调幅波时，可由此输入音频调制信号（此时调幅度选择旋钮应置于等幅档）。另外，也可以将内调制信号发生器输出的400Hz或1000Hz音频信号由此引出（此时调幅度选择旋钮应置于400Hz或1000Hz档）。当连接不平衡式的信号源时，应该注意标有接地符号的黑色接线柱接地。

⑰ 载波调节旋钮：用以改变载波信号的幅度值。一般情况下都应该调节它使电压表指在1V上。

3.2.4　调频高频信号发生器的工作原理及使用

调频高频信号发生器的工作原理方框图如图3-15所示。

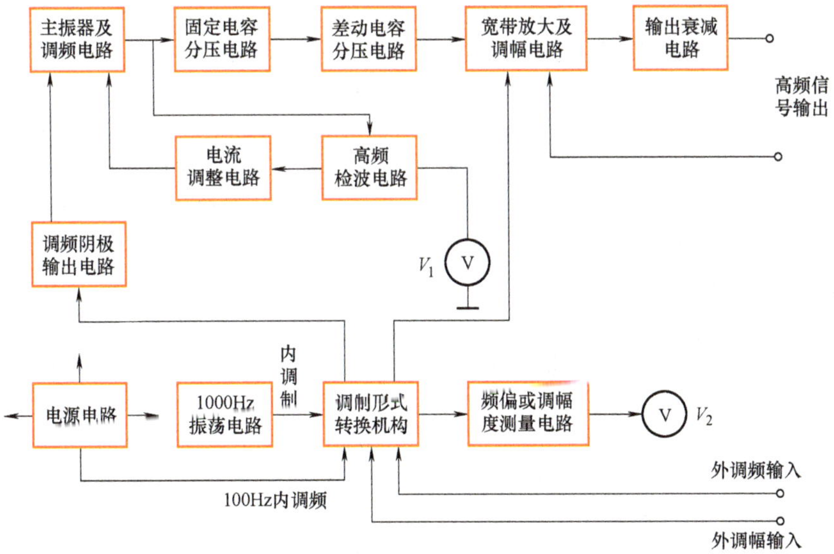

图3-15　调频高频信号发生器的工作原理方框图

1. 工作原理

主振器是一个*LC*振荡电路，产生4～300MHz的超高频信号。当低频调制电压送到主振荡器的调频电路时，即可获得调频信号的输出。主振荡器输出的信号，经高频检波电路检波，使电压表V_1指示出高频信号电压的大小。检波电路输出的直流电压经电流调整电路，以自动控制主振器的输出电平。电流调整电路也可通过人工控制电位器，以调节输出电平。固定电容分压电路、差动电容分压电路和输出衰减电路都是用来调整输出信号电压大小的控制装置。宽带放大及调幅电路是一个宽带受调放大电路，它可使低频输入和受调高频放大器相隔离。调频阴极输出电路的作用同样是将调频输入与调频相隔离。1000Hz振荡电路是内调制信号源。频偏或调幅度测量电路是用来测量调频波的频偏或调幅波的调幅度的，用电压表V_2指示幅度值。由开关组成的调制形式转换机构用来选择所需的调制种类。电源部分有一个电子稳压器提供稳定的直流高压；另有桥式整流器为主振器灯丝提供稳定的直流电压和电流。当工作选择开关置于内调制或内调频档时，电源电路提供 100Hz 的内调频信号。

2. XFG-7 型高频信号发生器的使用

XFG-7 型高频信号发生器（也称标准信号发生器），能产生频率为 100kHz~30MHz 连续可调的高频等幅正弦波和调幅波，能为各种调幅接收装置提供测试信号，也可作为测量、调整各种高频电路的信号源。

（1）使用前的准备工作

1）检查电源电压：检查电源电压是否在 220×(1±10%）V 范围内，若超出此范围，应外接稳压器或调压器，否则会造成频率误差增大。

2）检查接地线：由于电源中接有高频滤波电容器，因此机壳带有一定的电位。如果机壳没有接地线，使用时必须装接地线。

3）检查旋钮位置：通电前，检查各旋钮位置，把载波调节、输出-微调、输出-倍乘和调幅度调节等旋钮按逆时针方向旋到底。电压表（V 表）和调幅度表（M%表）做好机械调零。

4）调节指针指零：接通电源，打开开关，指示灯亮。预热 10min，将仪器面板上的波段开关旋到任意两档之间，然后调节面板上的零点旋钮，使电压表的指针指零。

（2）输出等幅高频信号（载波）

1）置位调幅选择旋钮：将调幅选择旋钮置于“等幅”。

2）调节频率：将波段旋钮置于相应的波段，调节频率调节旋钮到所需频率。频率调节旋钮有两个，在大范围内改变频率时用频率刻度盘中间的频率粗调旋钮；当接近所需频率时，再用频率刻度盘旁边的频率微调旋钮微调到所需频率上。

3）调节载波调节旋钮：转动载波调节旋钮，使电压表的指针指在红线“1”上。这时在 0~0.1V 插孔输出的信号电压等于输出-微调旋钮的读数和输出-倍乘旋钮的倍乘数的乘积。例如，输出-微调旋钮置于 5，输出-倍乘旋钮置于 10 档，输出信号电压便为 1×5×10μV = 50μV。

注意：当调节输出-微调旋钮时，电压表的指针可能会略偏离“1”。此时可以用调节载波调节旋钮的方法，使电压表的指针指在“1”上。

4）输出 1μV 电压：以下若要得到 1μV 以下的输出电压，必须使用带有分压器的输出电缆。如果电缆终端分压为 0.1V，则输出电压应将上述方法计算所得的数值乘 0.1。

5）输出大于 0.1V 电压：大于 0.1V 的信号电压应该从“0~1V”插孔输出。这时仍应调节载波调节旋钮，使电压表指在 1V 上。如果输出-微调旋钮置于 4，就表示输出电压为 0.4V，以此类推。如果输出-微调旋钮置于 10，此时直接调节载波调节旋钮，那么电压表上的读数就是输出信号的电压值。但这种调节方法误差较大，一般只在频率超过 10MHz 时才采用。

（3）调幅波输出有内部调制和外部调制两种情况

1）内部调制：仪器内有 400Hz 和 1000Hz 的低频振荡器，供内部调制用。内部调制的调节操作顺序如下。

① 将调幅选择旋钮置于需要的 400Hz 或 1000Hz。

② 调节载波调节旋钮到电压表指示为 1V。

③ 调节载波调节旋钮，从调幅度表上的读数确定调幅波的幅度。一般可以选择 30%的标准调幅度。

④ 频率调节、电压调节与等幅输出的调节方法相同。

调节载波调节旋钮也可以改变输出电压，但由于电压表的刻度只在“1”时正确，其他各点只有参考作用，误差较大。同时，由于载波调节旋钮的改变会使在输出信号的调幅度不变的情况下，调幅度表的读数相应有所改变，造成读数误差。

2）外部调制：当输出电压需要其他频率的调幅时，就需要输入外部调制信号。外部调制的调节操作顺序如下。

① 将调幅选择旋钮置于“等幅”。

② 按选择等幅振荡频率的方法，选择所需要的载波频率。

③ 选择合适的外加信号源，作为低频调幅信号源。外加信号源的输出电压必须在 20kΩ 的负载上有 100V 电压输出（即其输出功率在 0.5W 以上），才能在 50~8000Hz 的范围内达到 100%的调幅。

④ 接通外加信号源的电源，预热几分钟后，将输出调到最小，然后将它接到外调幅输入接线柱。逐渐增大输出，直到调幅度表的指针达到所需要的调幅度。

利用输出-微调旋钮和输出-倍乘旋钮控制调幅波输出，计算方法与等幅振荡输出相同。

3.3　脉冲信号发生器

1. 脉冲信号发生器

脉冲信号发生器可以产生重复频率、脉冲宽度及幅度均为可调的脉冲信号，广泛应用于脉冲电路、数字电路的动态特性测试。常用信号波形有矩形、锯齿形、钟形、阶梯形、数字编码序列等，最基本的脉冲信号是矩形脉冲信号，如图 3-16 所示。输出的矩形脉冲信号又分为单脉冲和双脉冲两种。单脉冲和双脉冲的波形如图 3-17 所示。

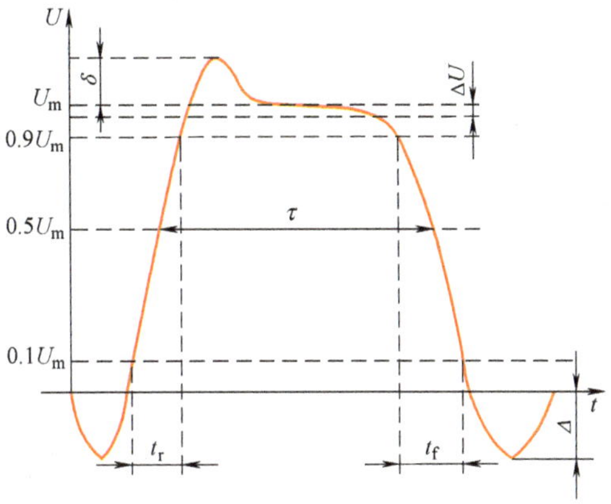

图 3-16　矩形脉冲

矩形脉冲的参数如下。

1）f：每秒内出现的脉冲个数。

2）脉冲幅度 U_m：从 0 上升到 100%U_m 所对应的电压值。

3）脉冲宽度 τ：电压上升到 50%U_m 至下降到 50%U_m 所对应的时间间隔。

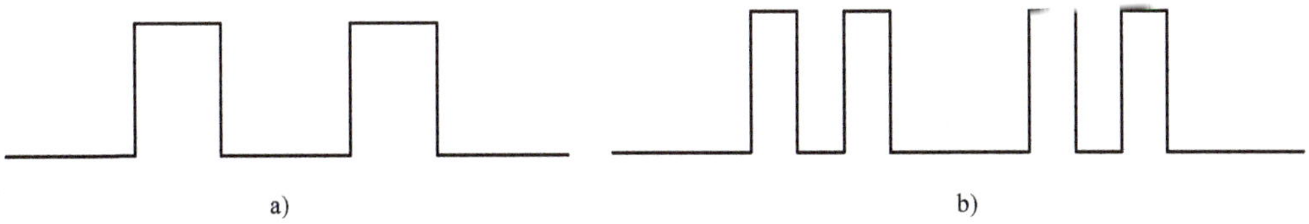

图 3-17　脉冲波形

a）单脉冲　b）双脉冲

4）上升时间 t_r：电压从 10%U_m 上升到 90%U_m 所对应的时间间隔。

5）下降时间 t_f：电压从 90%U_m 下降到 10%U_m 所对应的时间间隔。

6）占空系数 τ/T：占空系数或占空比。

7）上冲量 δ：上升超过 100%U_m 部分的幅度。

8）反冲量 Δ：下降到 0 以下的幅度。

9）平顶落差 ΔU：脉冲顶部不能保持平坦而降落的幅度。

2. 脉冲信号发生器的分类

按照脉冲的用途和产生方法的不同，脉冲信号发生器可分为通用脉冲信号发生器、快沿脉冲信号发生器、函数信号发生器、数字可编程脉冲信号发生器以及特种脉冲信号发生器。

1）通用脉冲信号发生器：这是最常用的脉冲信号发生器，其输出脉冲和频率、延迟时间、脉冲宽度、脉冲幅值均可以在一定范围内连续调节，一般输出脉冲都有“+”“-”两种极性，有些还具有前后沿可调、双脉冲、群脉冲、闸门、外触发及单次触发等功能。

2）快沿脉冲信号发生器：以快速前沿为其特征，主要用于各种瞬态特性的测试，特别是测试示波器的瞬态响应。

3）函数信号发生器：可输出多种波形信号，是通用性极强的一种信号发生器。作为脉冲信号源，它的上限频率不够高，前后沿也很长，不能完全取代通用脉冲信号发生器。

4）数字可编程脉冲信号发生器：可通过编程控制输出信号，是随着集成电路技术、微处理器技术的发展而产生的。

5）特种脉冲信号发生器：主要指那些具有特殊用途，对某些性能指标有特定要求的脉冲信号源，如稳幅、高压、精密延迟等脉冲信号发生器以及功率脉冲信号发生器和数字序列发生器等。

3.3.1 脉冲信号发生器的工作原理

通用脉冲信号发生器的原理框图如图 3-18 所示。其中，主振级一般由无稳态电路组成，产生重复频率可调的周期性信号；隔离级由电流开关组成，它把主振级与下一级隔开，避免下一级对主振级产生影响，提高频率的稳定度；脉宽形成级一般由单稳态触发器和相减电路组成，形成脉冲宽度可调的脉冲信号；放大整形级是利用几级电流开关电路对脉冲信号进行限幅放大，以改善波形和满足输出级的激励需要；输出级满足脉冲信号输出幅度的要求，使脉冲信号发生器具有一定带负载能力。通过衰减器使输出的脉冲信号幅度可调。

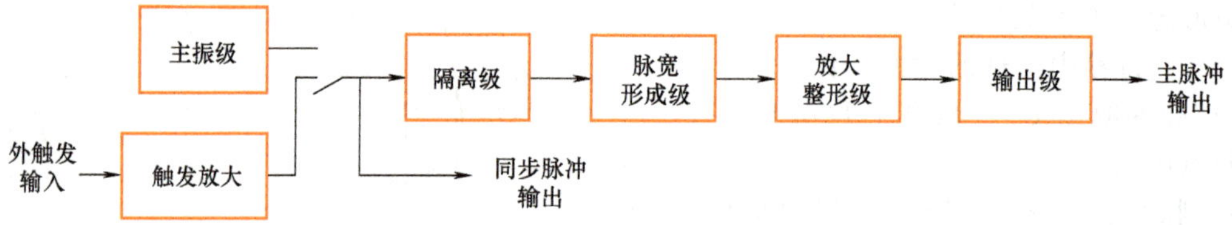

图 3-18 通用脉冲信号发生器的原理框图

3.3.2 脉冲信号发生器面板

图 3-19 所示为 XC-15 型脉冲信号发生器的面板示意图。XC-15 型脉冲信号发生器是高重复频率 ns（纳秒）级脉冲信号发生器。其重复频率范围为 1kHz ~ 100MHz，脉冲宽度为 5ns ~ 300μs，幅度为 150mV ~ 5V，输出正、负脉冲及正、负倒置脉冲，性能比较完善。

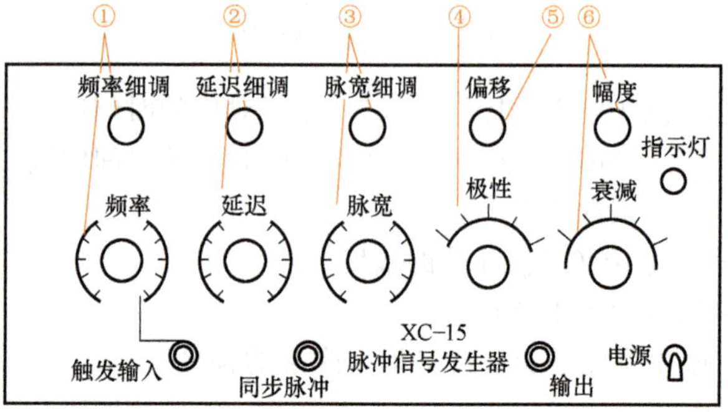

图 3-19 XC-15 型脉冲信号发生器的面板示意图

XC-15 型脉冲信号发生器面板上各开关和旋钮的功能及使用方法如下。

① 频率粗调旋钮和频率细调旋钮：调节频率粗调旋钮和频率细调旋钮，可实现频率在

1kHz~100MHz 间的连续调整。粗调分为十档（1kHz、3kHz、10kHz、100kHz、300kHz、1MHz、3MHz、10MHz、30MHz 和 100MHz），用细调覆盖。顺时针旋转频率细调旋钮时频率提高，顺时针旋转到底时为频率粗调旋钮所指频率，逆时针旋转到底时为此频率粗调旋钮所指刻度低一档。例如，频率粗调旋钮置于 10kHz 档，频率细调旋钮顺时针旋转到底时输出频率为 10kHz，逆时针旋转到底时输出频率为 3kHz。

② 延迟粗调转换旋钮和延迟细调旋钮：调节这两个旋钮，可实现 5ns~100μs 之间延迟时间的连续调整。延迟粗调分为十档（5ns、10ns、30ns、100ns、300ns、1μs、3μs、10μs、30μs 和 100μs），用细调覆盖。延迟时间加上大约 30ns 的固有延迟时间等于同步输出负方波的下降沿超前主脉冲前沿的时间。

将延迟细调旋钮逆时针旋转到底为粗调档所指的延迟时间；顺时针旋转延迟时间增加，顺时针旋转到底为此粗调档位高一档的延迟时间。例如，延迟粗调旋钮置于 30ns 档，延迟细调旋钮顺时针旋转到底时输出延迟时间为 100ns，逆时针旋转到底时输出延迟时间为 30ns。

③ 脉宽粗调旋钮和脉宽细调旋钮：通过调节此组旋钮，可实现 5ns~100μs 之间脉冲宽度（简称脉宽）的连续调整。脉宽粗调分为十档（5ns、10ns、30ns、100ns、300ns、1μs、3μs、10μs、30μs 和 100μs），用细调覆盖。脉宽细调旋钮逆时针旋转到底为粗调档所指的脉宽时间。顺时针旋转脉宽细调旋钮时脉宽增加，顺时针旋转到底为此粗调档位高一档的脉宽。例如，脉宽粗调旋钮置于 10ns 档，脉宽细调旋钮顺时针旋转到底时输出脉宽为 30ns，逆时针旋转到底时输出脉宽为 10ns。

④ 极性选择旋钮：调节此旋钮可使仪器输出四种脉冲波形中的一种。

⑤ 偏移旋钮：调节偏移旋钮可改变输出脉冲对地的参考电平。

⑥ 衰减旋钮和幅度旋钮：调节此组旋钮，可实现 150mV~5V 之间输出脉冲幅度的调整。

在使用 XC-15 型脉冲信号发生器时应注意如下两点事项。

- 本仪器不能空载使用，必须接入 50Ω 负载，并尽量避免感性或容性负载，以免引起波形畸变。
- 开机预热 15min 后，仪器方能正常工作。

3.4 习题

1. 正弦波电压有效值和峰-峰值的关系是什么？
2. 要产生间隔为 1.5kHz 的一系列频率值，如何操作？
3. 正弦波、三角波、方波对应的英文单词各是什么？
4. 简述低频信号发生器的工作原理。
5. 简述高频信号发生器的工作原理。
6. 简述脉冲信号发生器的工作原理。
7. 按照脉冲用途和产生方法的不同，脉冲信号发生器可分为哪几类？它们各自的特点是什么？
8. 简述调幅信号发生器的内部调制调节操作顺序。

项目4 单元电路的安装和调试

电路安装的优劣，不仅影响外观质量，而且影响电子产品的性能、调试和维修。电子电路安装首先要考虑电路安装布局问题。由于各种原因（如设计原理错误、焊接安装错误、元器件参数的分散性、装配工艺等），安装完毕的电子电路需要通过测试来发现、纠正、弥补各种错误或缺陷，并进行参数调整，通过一系列的“测量-判断-调整-再测量”，使其达到预期的功能和性能指标，这就是电子电路的调试。

学习目标

1. 理解单元电路的工作原理
2. 理解单元电路的布局规则
3. 熟悉单元电路的调试方法

素养目标

1. 培养环保意识
2. 培养团队合作精神
3. 培养热爱劳动精神

前导小知识：元器件布局的规则

元器件布局的合理性，是电子产品可靠性的关键决定因素。元器件布局的规则如下。

1）元器件最好单面放置。如果需要双面放置元器件，在底层（Bottom Layer）最好只放置贴片元器件。

2）合理安排接口元器件的位置和方向。一般来说，作为电路板和外界（电源、信号线）连接的连接器元器件，通常布置在电路板的边缘，如串口和并口。

3）遵照“先大后小，先难后易”的布置原则，即重要的单元电路、核心元器件应当优先布局。

4）布局中应参考电气原理图，根据主信号流向规律安排主要元器件，电气连接关系密切的元器件最好放置在一起。

5）元器件的排列要便于调试和维修，即小元件周围不能放置大元件、需调试的元器件周围要有足够的空间。

6）在电源和芯片周围尽量放置去耦电容，同时布局要尽量靠近 IC 的电源引脚，并使之与电源和地之间形成的回路最短。

7）总的连线尽可能短，关键信号线最短；高电压、大电流信号与小电流、低电压的弱信号完全分开；模拟信号与数字信号分开；高频信号与低频信号分开；高频元器件的间隔要充分。

8）同类型插装元器件在X或Y方向上应朝一个方向放置。同一种类型的有极性分立元件也要力争在X或Y方向上保持一致，便于生产和检验。

9）元件布局时，应适当考虑使用同一种电源的器件尽量放在一起，以便于将来的电源分隔。

在单元电路的安装与调试过程中，要严格遵守元器件布局的规则，实践过程要有标准规则意识，从细微之处入手，通盘考虑，全局思考，力求寻找到最佳的布局方案，精益求精，不断提升产品的可靠性和实用性。

4.1　基于LED显示的优先编码器

4.1.1　认识基于LED显示的优先编码器

基于LED显示的优先编码器

优先编码器的四路输入拨码开关中的任意一路短路，显示器分别显示数字0~3。

1. 基于LED显示的优先编码器方框图

本电路由DC-DC模块、拨码开关、8线-3线优先编码器CD4532、与非门CD4011、七段译码驱动器CD4511、共阴极数码管等组成，如图4-1所示。

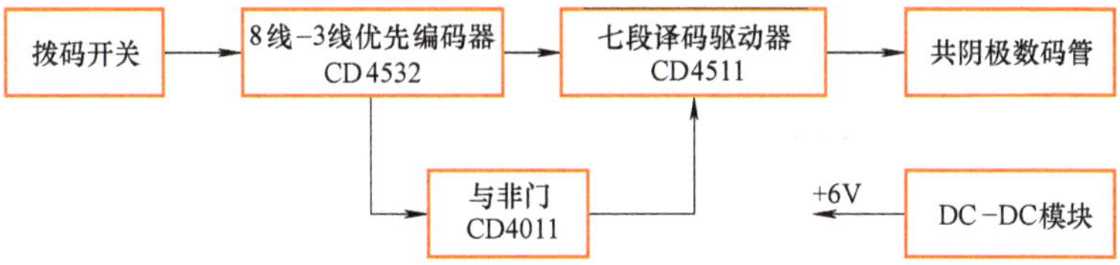

图4-1　基于LED显示的优先编码器方框图

2. 基本工作原理

基于LED显示的优先编码器由DC-DC模块产生+6V电源，为各个芯片提供电源。8线-3线优先编码器送出两种信号，一种信号代表十进制数3、2、1、0，送给七段译码驱动器作为译码器的输入数据，另一种信号经过与非门取反后送给七段译码驱动器的消隐功能引脚，段信号正常显示，七段译码驱动器的消隐功能端信号为高电平。七段译码驱动器的输出段信号送共阴极数码管的a~g七段。通过拨码开关将其中1路短路，8线-3线优先编码器编码后，数码管将正常显示数字3、2、1、0，以实现其功能。

3. 器件介绍

（1）CD4532

CD4532实现了8线-3线优先编码器功能。CD4532可将输入$D_7 \sim D_0$编码为$Q_2 \sim Q_0$共3位二进制码输出，8个输入端$D_7 \sim D_0$具有优先权，D_7优先权最高，D_0优先权最低，优先权有效的电平为高电平。当片选输入信号EI为低电平时，优先编码器无效。当EI为高电平时，对应输入的二进制编码呈现于输出线$Q_2 \sim Q_0$，且输出使能信号EO为低电平。CD4532的供电电压范围为-0.5~+20V，CD4532有16个引脚，分多层陶瓷双列直插（D）、塑料双列直插（P）

和陶瓷片状载体（C）3 种封装形式。引脚功能见表 4-1。

表 4-1 CD4532 引脚功能

输入									输出				
EI	D_7	D_6	D_5	D_4	D_3	D_2	D_1	D_0	GS	Q_2	Q_1	Q_0	EO
0	0	0	0	0	0	0	0	0	0	0	0	0	0
1	0	0	0	0	0	0	0	0	0	0	0	0	1
1	1	×	×	×	×	×	×	×	1	1	1	1	0
1	0	1	×	×	×	×	×	×	1	1	1	0	0
1	0	0	1	×	×	×	×	×	1	1	0	1	0
1	0	0	0	1	×	×	×	×	1	1	0	0	0
1	0	0	0	0	1	×	×	×	1	0	1	1	0
1	0	0	0	0	0	1	×	×	1	0	1	0	0
1	0	0	0	0	0	0	1	×	1	0	0	1	0
1	0	0	0	0	0	0	0	1	1	0	0	0	0

由表可见，CD4532 实现正常优先编码功能时，EI 接高电平，$D_7 \sim D_0$ 必须至少有 1 位接高电平，此时 EO 输出低电平 0，$Q_2 \sim Q_0$ 输出二进制数。

双列直插式 CD4532 共 16 个引脚，引脚号和对应的引脚名称见表 4-2。由表 4-2 可知，1、2、3、4、10、11、12、13 共 8 个引脚为输入数据 D，9、7、6 共 3 个引脚为输出数据 Q，5 引脚为输入使能 EI，15 引脚为输出使能 EO，14 引脚为优先输出有效信号 GS，8 引脚接地，16 引脚接电源。

表 4-2 CD4532 芯片引脚号和对应引脚名称

引脚号	引脚名称	引脚号	引脚名称	引脚号	引脚名称	引脚号	引脚名称
1	D_4	5	EI	9	Q_0	13	D_3
2	D_5	6	Q_2	10	D_0	14	GS
3	D_6	7	Q_1	11	D_1	15	EO
4	D_7	8	V_{SS}	12	D_2	16	V_{DD}

（2）CD4011

CD4011 为双 2 输入与非门，工作电压为 3～15V。其引脚功能见表 4-3。其中 A、B 为输入，Y 为输出。当 AB 为 00 时，输出 Y 为 1；当 AB 为 01 时，输出 Y 为 1；当 AB 为 10 时，输出 Y 为 1；当 AB 为 11 时，输出 Y 为 0。双列直插式 CD4011 共 14 个引脚，引脚号和对应的引脚名称见表 4-4。由表 4-4 可知，1、2 引脚为 1 通道输入，3 引脚为 1 通道输出，5、6 引脚为 2 通道输入，4 引脚为 2 通道输出，8、9 引脚为 3 通道输入，10 引脚为 3 通道输出，12、13 引脚为 4 通道输入，11 引脚为 4 通道输出。7 引脚接地，14 引脚接电源。

表 4-3 CD4011 引脚功能

输入		输出	输入		输出
A	B	Y	A	B	Y
0	0	1	1	0	1
0	1	1	1	1	0

表 4-4　CD4011 芯片引脚号和对应引脚名称

引脚号	引脚名称	引脚号	引脚名称	引脚号	引脚名称
1	1A	6	2B	11	4Y
2	1B	7	V_{SS}	12	4A
3	1Y	8	3A	13	4B
4	2Y	9	3B	14	V_{DD}
5	2A	10	3Y		

（3）CD4511

CD4511 是 7 段译码驱动器，其真值表见表 4-5。其中 A、B、C、D 为 BCD 码输入，D 为最高位。LE 是锁存控制端，高电平时锁存，低电平时传输数据。a～g 是 7 段输出，可驱动共阴极 LED 数码管。所谓共阴极 LED 数码管是指 7 段 LED 的阴极是连在一起的，在应用中应接地。高电平点亮相应段，在电路中要加限流电阻，电源电压为 6V 时可使用 510Ω 的限流电阻。$\overline{LT}$ 为灯测试端，接高电平时，LED 正常显示，接低电平时，LED 一直显示数码 “8”，各段都被点亮，以检查显示器是否有故障。BI 为消隐功能信号，低电平时所有段均消隐（即不显示），正常显示时，$\overline{BI}$ 端应加高电平。另外，CD4511 对于超过十进制数 9（1001）的输入数据，显示字形也自动消隐。

表 4-5　CD4511 真值表

LE	$\overline{BI}$	$\overline{LT}$	D	C	B	A	a	b	c	d	e	f	g	显示
×	×	0	×	×	×	×	1	1	1	1	1	1	1	8
×	0	1	×	×	×	×	0	0	0	0	0	0	0	消隐
0	1	1	0	0	0	0	1	1	1	1	1	1	0	0
0	1	1	0	0	0	1	0	1	1	0	0	0	0	1
0	1	1	0	0	1	0	1	1	0	1	1	0	1	2
0	1	1	0	0	1	1	1	1	1	1	0	0	1	3
0	1	1	0	1	0	0	0	1	1	0	0	1	1	4
0	1	1	0	1	0	1	1	0	1	1	0	1	1	5
0	1	1	0	1	1	0	0	0	1	1	1	1	1	6
0	1	1	0	1	1	1	1	1	1	0	0	0	0	7
0	1	1	1	0	0	0	1	1	1	1	1	1	1	8
0	1	1	1	0	0	1	1	1	1	0	0	1	1	9
0	1	1	1	0	1	0	0	0	0	0	0	0	0	消隐
0	1	1	1	0	1	1	0	0	0	0	0	0	0	消隐
0	1	1	1	1	0	0	0	0	0	0	0	0	0	消隐
0	1	1	1	1	0	1	0	0	0	0	0	0	0	消隐
0	1	1	1	1	1	0	0	0	0	0	0	0	0	消隐
0	1	1	1	1	1	1	0	0	0	0	0	0	0	消隐
1	1	1	×	×	×	×	锁存							锁存

由表可见，LE 为低电平、$\overline{BI}$ 和 $\overline{LT}$ 为高电平时，数字 0~9 正常显示，数字 9 以上消隐。双列直插式 CD4511 共 16 个引脚，引脚号和对应的引脚名称见表 4-6。

表 4-6　CD4511 芯片引脚号和对应引脚名称

引脚号	引脚名称	引脚号	引脚名称	引脚号	引脚名称	引脚号	引脚名称
1	B	5	LE	9	e	13	a
2	C	6	D	10	d	14	g
3	$\overline{LT}$	7	A	11	c	15	f
4	$\overline{BI}$	8	V_{SS}	12	b	16	V_{DD}

4.1.2　安装基于 LED 显示的优先编码器

在万能电路板上安装电路，主要元器件布局如图 4-2 所示，元器件清单见表 4-7，原理图如图 4-3 所示。要求元器件排列整齐，符合安装基本工艺要求，布线美观，走线合理。220V 电源线从变压器旁边的穿线孔穿过后打结，再与变压器一侧分别连接并注意做好绝缘。

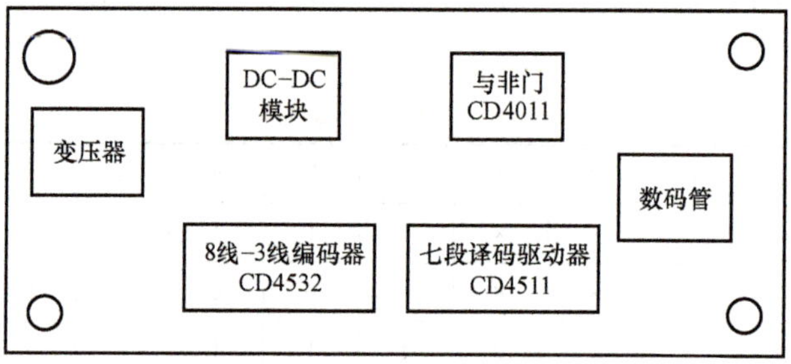

图 4-2　主要元器件布局

表 4-7　元器件清单

代号	名称	规格	代号	名称	规格
R_1 ~ R_8	精密电阻	10kΩ	B_1	DC-DC	7806
R_9 ~ R_{15}	精密电阻	510Ω	D_1	编码器	CD4532
R_{16}	精密电阻	1kΩ	D_2	与非门	CD4011
AB_1	电桥	2W	D_3	译码器	CD4511
C_1	电解电容器	220μF/25V	H	数码管	共阴极
C_2	独石电容	0.47μF		万能电路板	1 块
C_3	独石电容	0.33μF		导线	若干
C_4	电解电容器	100μF/25V		一体化电源	1 根
VL_1	发光二极管	ϕ5 红		焊锡丝	若干
T_1	电源变压器	AC9V		绝缘胶布	若干
SA_1 ~ SA_4	开关	单路			

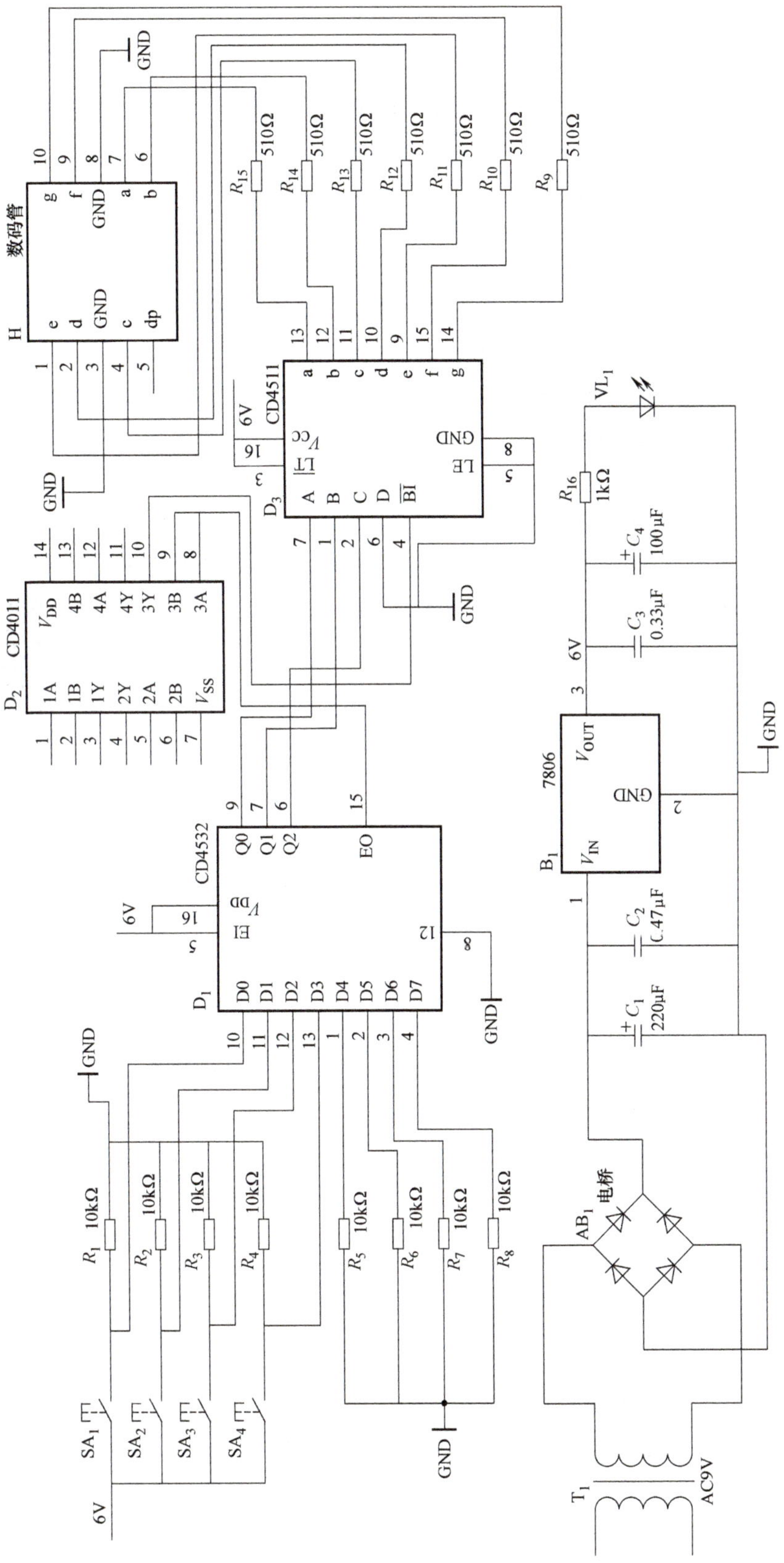

图 4-3 基于 LED 显示的优先编码器原理图

4.1.3　调试基于 LED 显示的优先编码器

1. 电源指示

DC-DC 电源模块安装完毕后，接通电源测量 B_1 的 3 引脚输出+6V，点亮发光管 VL_1。

2. 插芯片

将 D_1、D_2、D_3 各集成电路芯片插入对应的集成电路插座上。

3. 拨动拨码开关使数码管显示数字

电路正常工作时，和 CD4532 的 $D_3 \sim D_0$ 相连的拨码开关接通 1 个。

- 和 D_3 相连的拨码开关接通，其他拨码开关断开时，测试 CD4532 的 15 引脚 EO，应为低电平，CD4511 的 4 引脚 $\overline{BI}$ 为高电平，数码管显示数字 3。
- 和 D_2 相连的拨码开关接通，其他拨码开关断开时，测试 CD4532 的 15 引脚 EO，应为低电平，CD4511 的 4 引脚 $\overline{BI}$ 为高电平，数码管显示数字 2。
- 和 D_1 相连的拨码开关接通，其他拨码开关断开时，测试 CD4532 的 15 引脚 EO，应为低电平，CD4511 的 4 引脚 $\overline{BI}$ 为高电平，数码管显示数字 1。
- 和 D_0 相连的拨码开关接通，其他拨码开关断开时，测试 CD4532 的 15 引脚 EO，应为低电平，CD4511 的 4 引脚 $\overline{BI}$ 为高电平，数码管显示数字 0。

4.2　脉冲数显指示器

脉冲数显
指示器

4.2.1　认识脉冲数显指示器

脉冲数显指示器工作时用磁钢轮流靠近干簧管 S_1、S_2 各一次，计数器加 1，数码管依次显示结果 0~9，10~15 不显示。该电路可作为电压指示器使用，电压值由放大电路的 7 引脚测得，计数器值加 1，电压值相应加 0.1V。

1. 脉冲数显指示器方框图

脉冲数显指示器方框图如图 4-4 所示。它由调理电路、计数电路 74HC161、二进制权电阻数字/模拟转换电路（简称权电阻数/模转换电路）、显示电路和放大电路 TLC2272 构成。调理电路的一部分输出信号经计数电路送显示电路，另一部分信号经过权电阻数/模转换电路后送放大电路。

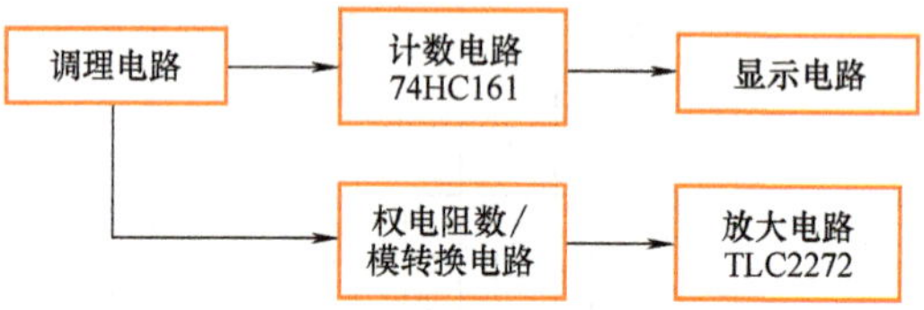

图 4-4　脉冲数显指示器方框图

2. 器件介绍

（1）74HC00

74HC00 包含 4 对输入与非门，工作电压为 5V。共 14 个引脚，其功能见表 4-8，其中 A、B 为输入，Y 为输出。当 AB 为 00 时，输出 Y 为 1；当 AB 为 01 时，输出 Y 为 1；当 AB 为 10 时，输出 Y 为 1；当 AB 为 11 时，输出 Y 为 0。双列直插式 74HC00 共 14 个引脚，引脚号和对应的引脚名称见表 4-9。由表可知，1、2 引脚为 1 通道输入，3 引脚为 1 通道输出，4、5 引脚为 2 通道输入，6 引脚为 2 通道输出，9、10 引脚为 3 通道输入，8 引脚为 3 通道输出，12、13 引脚为 4 通道输入，11 引脚为 4 通道输出。7 引脚接地，14 引脚接电源。

（2）74HC161

74HC161 是常用的四位二进制可预置的同步加法计数器，其引脚功能见表 4-10。其中，1

引脚为清零端，为低电平有效，2 引脚为时钟输入，上升沿有效，3～6 引脚为并行数据输入端，11～14 引脚为数据输出端，9 引脚为置位端，低电平有效，7 引脚为计数并行输入端。双列直插式 74HC161 共 16 个引脚，引脚号和对应的引脚名称见表 4-11。

表 4-8　74HC00 引脚功能

输入		输出
A	B	Y
0	0	1
0	1	1
1	0	1
1	1	0

表 4-9　74HC00 芯片引脚号和对应引脚名称

引脚号	引脚名称	引脚号	引脚名称	引脚号	引脚名称	引脚号	引脚名称
1	A_1	5	B_2	9	A_3	13	B_4
2	B_1	6	Y_2	10	B_3	14	V_{CC}
3	Y_1	7	GND	11	Y_4		
4	A_2	8	Y_3	12	A_4		

表 4-10　74HC161 引脚功能

引脚号	功能	引脚号	功能	引脚号	功能
1	清零	7	计数并行输入	13	数据输出
2	时钟输入	8	GND	14	数据输出
3	并行数据输入	9	置位	15	计数进位输出
4	并行数据输入	10	计数进位输入	16	V_{CC}
5	并行数据输入	11	数据输出		
6	并行数据输入	12	数据输出		

表 4-11　74HC161 芯片引脚号和对应引脚名称

引脚号	引脚名称	引脚号	引脚名称	引脚号	引脚名称	引脚号	引脚名称
1	$\overline{MR}$	5	D_2	9	$\overline{PE}$	13	Q_1
2	CP	6	D_3	10	CET	14	Q_0
3	D_0	7	CEP	11	Q_3	15	TC
4	D_1	8	GND	12	Q_2	16	V_{CC}

（3）数码管

数码管是一种半导体发光器件，其基本单元是发光二极管。数码管按段数可分为七段数码管和八段数码管。八段数码管比七段数码管多一个发光二极管单元，也就是多一个小数点（DP）。这个小数点可以更精确地表示要显示的内容。按发光二极管单元连接方式，可将数码管分为共阴极数码管和共阳极数码管。共阴极数码管是指将所有发光二极管的阴极接到一起形成公共阴极（COM）的数码管。共阴极数码管在应用时应将公共引脚接到地线上，当某一字段的阳极为高电平时，相应字段就点亮，当某一字段的阳极为低电平时，相应字段就不亮。

共阳极数码管在应用时公共端须接电源，当某一字段发光二极管的阴极为低电平时，相应字段就点亮，当某一字段的阴极为高电平时，相应字段就不亮。LED 数码管的段如图 4-5 所示。本电路使用共阴极的数码管，公共端 3 和 8 引脚接地。共阴极数码管引脚如图 4-6 所示。

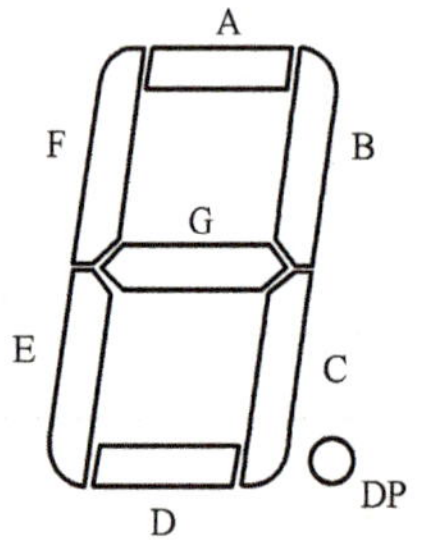

图 4-5 LED 数码管的段

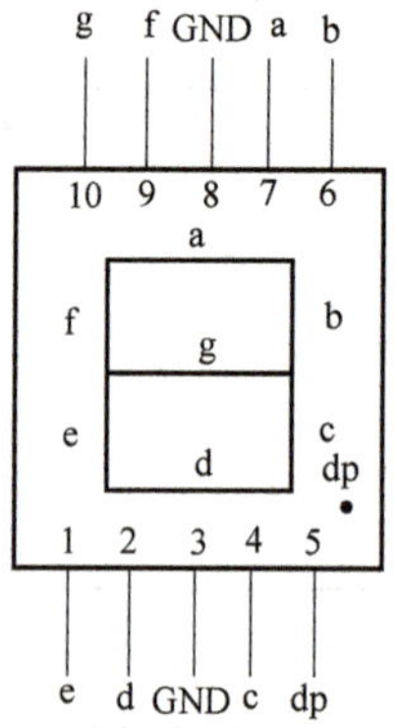

图 4-6 共阴极数码管引脚图

（4）TLC2272

TLC2272 是带有差动输入的双运算放大器。与单电源应用场合的标准运算放大器相比，它们有一些显著优点，可用在模拟计算机中作加、减、微分、积分等运算，也可作程序控制、有源滤波、非线性函数发生器等，可用于放大、振荡、检波、比较器等场合。TLC2272 各引脚功能见表 4-12。双列直插式 TLC2272 共 8 个引脚，引脚号和对应的引脚名称见表 4-13。

表 4-12 TLC2272 引脚功能

引脚号	功　能	引脚号	功　能
1	运放 1 输出	5	运放 2 正向输入
2	运放 1 反向输入	6	运放 2 反向输入
3	运放 1 正向输入	7	运放 2 输出
4	V_{DD-}	8	V_{DD+}

表 4-13 TLC2272 芯片引脚号和对应引脚名称

引脚号	引脚名称	引脚号	引脚名称	引脚号	引脚名称	引脚号	引脚名称
1	1OUT	3	1IN+	5	2IN+	7	2OUT
2	1IN−	4	V_{DD-}	6	2IN−	8	V_{DD+}

4.2.2 安装脉冲数显指示器

在万能电路板上安装电路，主要元器件布局如图 4-7 所示。调理和计数电路、二进制权电

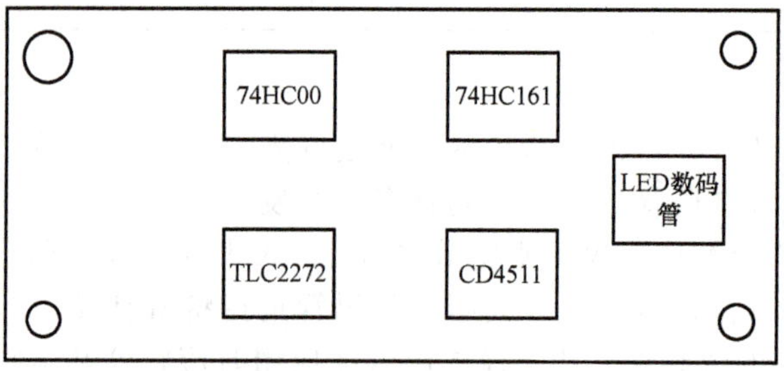

图 4-7 主要元器件布局

阻数字/模拟转换电路、放大电路和显示电路的原理图如图 4-8～图 4-11 所示。元器件清单见表 4-14。安装时要求元器件排列整齐，符合安装基本工艺要求，布线美观，走线合理。

图 4-8 为调理和计数电路，调理电路中的 S_1、S_2 是磁控干簧管，它们没有外加磁场时均处于断开状态。它们一端接上拉电阻，并接 5V 电源，另一端接地。当有磁钢靠近它们时，S_1 和 S_2 先后闭合一次再断开，在 S_1、S_2 两端分别形成一个时间上有先后的矩形脉冲。调理电路中两个与非门构成 RS 触发器，它也输出矩形脉冲。

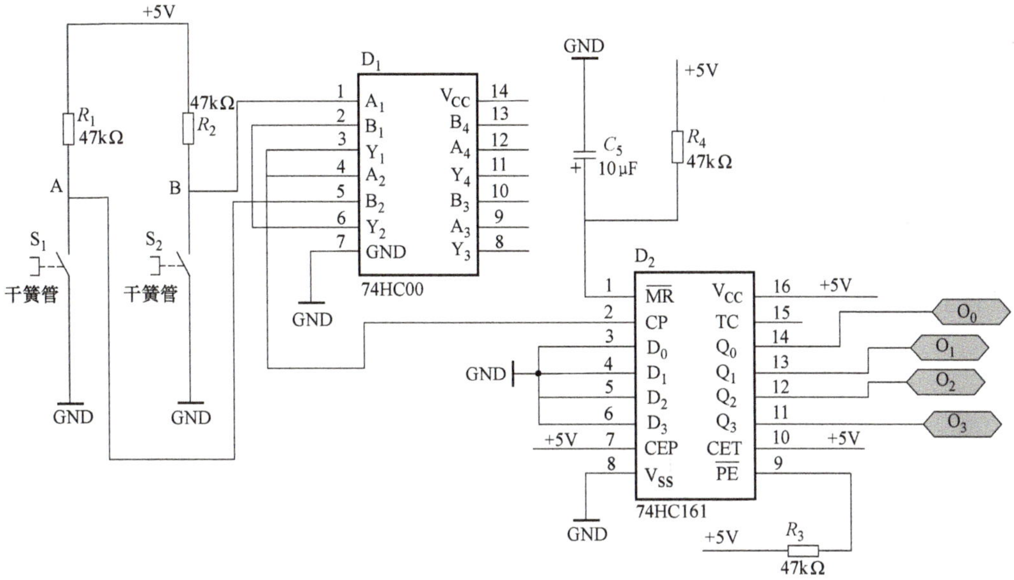

图 4-8　调理和计数电路

触发器输出的矩形脉冲被送至 D_2 计数器的脉冲输入端，脉冲上升沿使计数值加 1，计数器输出的二进制数码 Q_0、Q_1、Q_2、Q_3 送入二进制权电阻数字/模拟转换电路和显示电路。当计数值为 15 时，随着下一个计数脉冲的到来，输出计数值清零，重新开始计数。本电路计数范围是 0～15。

图 4-9 为二进制权电阻数字-模拟转换电路。其中，V_1、V_2、V_3、V_4 是二进制数各个数码位的开关，当对应位 Q_0、Q_1、Q_2、Q_3 的值是 1 时，开关闭合，当对应位 Q_0、Q_1、Q_2、Q_3 的值是 0 时，开关断开。开关闭合时，调节和对应集电极相连的电阻阻值，就能使通过 V_1、V_2、

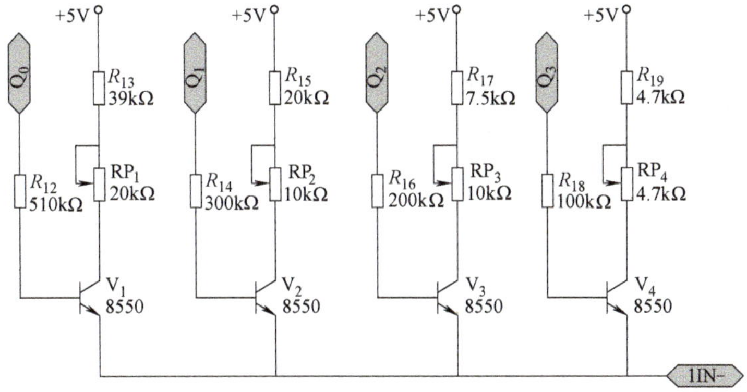

图 4-9　二进制权电阻数字-模拟转换电路

V_3、V_4 的电流与该数码位的权值成比例，权值为 1、2、4、8。V_1、V_2、V_3、V_4 产生的电流经放大后作求和运算。

图 4-10 为放大电路，可以放大电压。其中，TLC2272 的 1 引脚输出端和 2 引脚反向输入端之间接了反馈电阻。同样，7 引脚输出端和 6 引脚输入端之间也接了反馈电阻，所以构成了双通道放大器。TLC2272 的 2 引脚反向输入端为二进制权电阻数字/模拟转换的输出 IN1-。

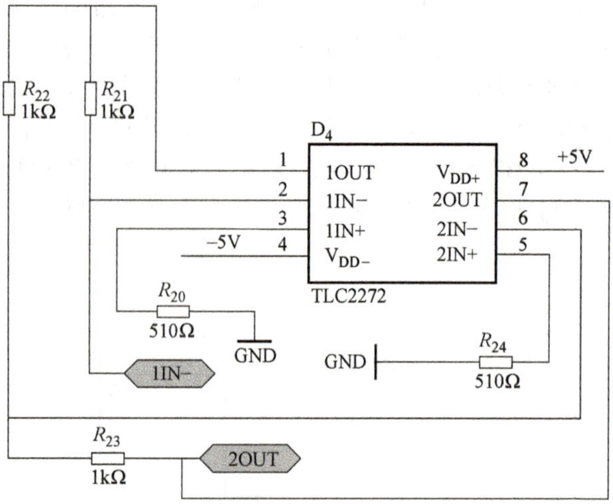

图 4-10 放大电路

图 4-11 所示为显示电路。CD4511 为 BCD 码译码驱动器，其输入 A、B、C、D 为计数电路的输出 Q_0、Q_1、Q_2、Q_3，其输出送数码管显示。

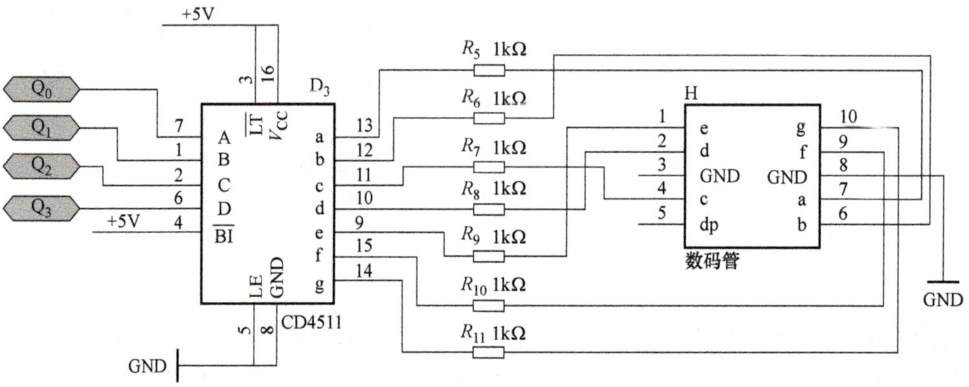

图 4-11 显示电路

脉冲和数显指示器的元器件清单如表 4-14 所示，其他耗材清单如表 4-15 所示。

表 4-14 元器件清单

代号	名称	规格	代号	名称	规格
$R_1 \sim R_4$	电阻	47kΩ	RP_1	微调电位器	20kΩ
$R_5 \sim R_{11}$、$R_{21} \sim R_{23}$	电阻	1kΩ	RP_2、RP_3	微调电位器	10kΩ
R_{12}	电阻	510kΩ	RP_4	可调电阻器	4.7kΩ
R_{13}	电阻	39kΩ	C_5	电解电容	10μF/10V
R_{14}	电阻	300kΩ	$V_1 \sim V_4$	晶体管	8550
R_{15}	电阻	20kΩ	D_1	集成电路	74HC00
R_{16}	电阻	200kΩ	D_2	集成电路	74HC161
R_{17}	电阻	7.5kΩ	D_3	集成电路	CD4511
R_{18}	电阻	100kΩ	D_4	集成电路	TLC2272
R_{19}	电阻	4.7kΩ	H	LED 数码管	BS201
R_{20}、R_{24}	电阻	510Ω			

表 4-15　其他耗材清单

名称	数量	名称	数量
万能电路板	1块	导线、镀银铜丝	若干
磁钢	1块	一体化电源线	1根
集成电路插座 14P	2个	焊锡丝	若干
集成电路插座 16P	1个	绝缘胶带	若干
集成电路插座 18P	1个	螺栓螺母	4套

4.2.3　调试脉冲数显指示器

1. 主要性能指标

（1）数码管显示值

由双路直流稳压电源提供电压+5V、-5V，显示电路中数码管能显示 0~9 之间的计数结果，10~15 之间的数不显示。

（2）电压指示值

放大电路中 D_4 的 7 引脚接万用表，表指示 0~1.5V，计数值每加 1，电压指示值增 0.1V。

2. 调试方法

（1）调试数码管显示结果

用磁钢轮流靠近干簧管 S_1、S_2 各一次，计数器应能加 1，数码管显示 0~9 之间的计数，10~15 之间的数不显示（因为计数器的计数状态是随机的）。

（2）调试电压值

反复用磁钢轮流靠近调理电路中的干簧管 S_1，S_2，当数码管显示“1”时，调整 RP_1 使输出电压为 0.1V；当数码管显示“2”时，调整 RP_2 使输出电压为 0.2V；当数码管显示“4”时，调整 RP_3 使输出电压为 0.4V；当数码管显示“8”时，调整 RP_4 使输出电压为 0.8V。可调电阻调试完成后，计数值加 1，输出电压相应加 0.1V，电压变化范围为 0~1.5V。

4.3　习题

1. 识读图 4-12 所示的计数器控制电路，描述 H_3、H_2、H_1 的变化规律。

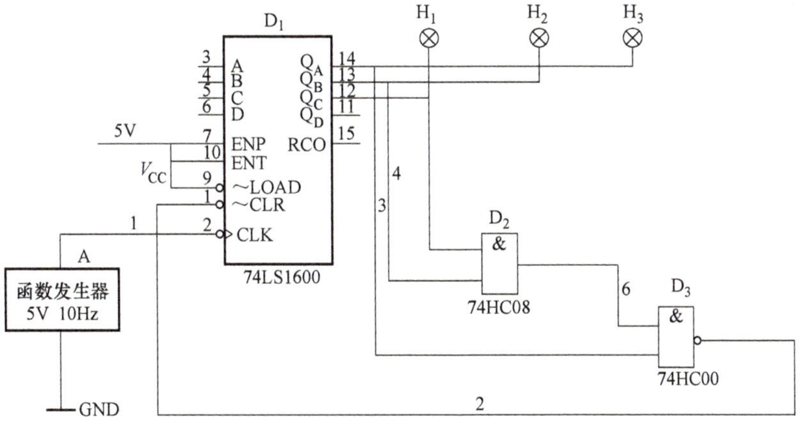

图 4-12　计数器控制电路

2. 图 4-3 中 C_2 的功能是什么？
3. 测出晶体管 8550 的放大倍数。
4. 判断 VT_1 和 VT_2 是何种类型的晶体管，并分析图 4-13 所示声控闪光灯电路图的原理。

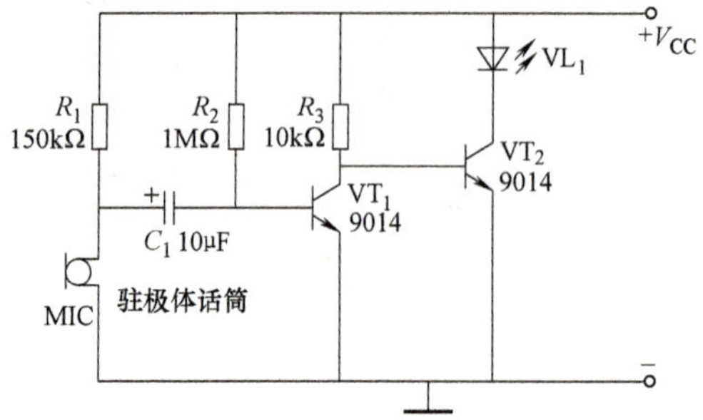

图 4-13 声控闪光灯电路图

5. 分析图 4-14 所示电子门铃电路图。图中，9011 是哪种类型的晶体管？它的用途是什么？功率多大？集电极最大电流多大？

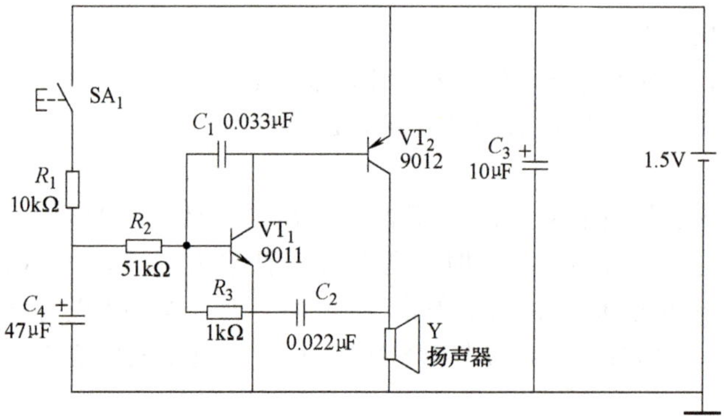

图 4-14 电子门铃电路图

6. 根据图 4-15 所示的汽车转向灯电路图，搭建电路并观察 VL_1 和 VL_2 的点亮情况。

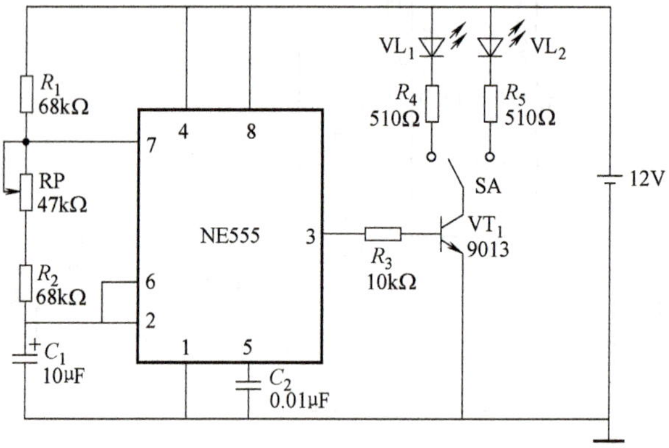

图 4-15 汽车转向灯电路图

7. 分析图 4-16 所示的花样流水灯电路图的原理。

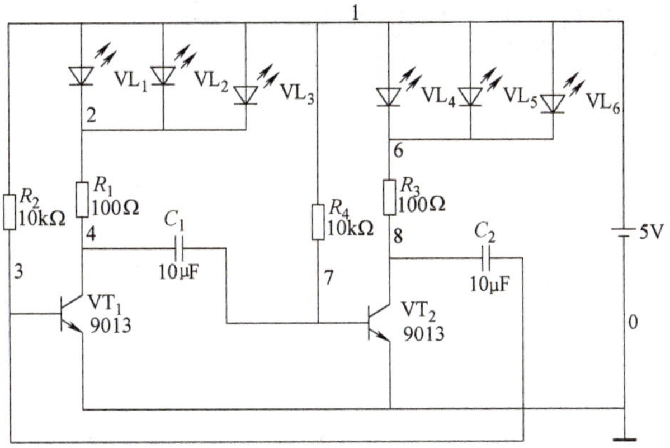

图 4-16 花样流水灯电路图

项目5 虚拟仪器的使用

虚拟仪器的使用须借助于 Multisim 10 软件。Multisim 10 是美国国家仪器（NI）公司下属的 Electronics Workbench 公司推出的交互式 SPICE 仿真和电路分析软件。该软件实现了菜单汉化，拥有庞大的软件库，界面直观、操作简便、易于掌握，提供了多种测量仪器和强大的仿真分析功能，集成设计、测试和仿真于一体，可以设计多种电路（如模拟电路、数字电路、射频电路以及微控制器和接口电路等）。在进行仿真的同时，Multisim 软件还可以存储测试点的所有数据，列出被仿真电路的元器件清单，显示波形和具体数据等。

Multisim 10 的基本功能如下。

1）丰富的元器件库，提供了数万种真实元器件。

2）多种类的虚拟仪器仪表，用于测试电路性能参数及波形，同一种仪器的使用数量不受限制。

3）多种类型的仿真分析，如直流工作点分析、交流分析、瞬态分析、噪声分析、失真分析、灵敏度分析等。

4）强大的 MCU 模块，支持的单片机有 Intel 公司和 Atmel 公司的 8051、8052，支持 C 语言和汇编语言编程。

学习目标

1. 熟悉万用表接入电路中的位置
2. 熟悉示波器接入电路中的位置
3. 熟悉电路仿真原理

素养目标

1. 培养崇德向善精神
2. 培养创新意识
3. 培养乐观向上意识

前导小知识：虚拟仪器

现代仪器仪表技术是计算机技术和多种基础学科紧密结合的产物。随着微电子技术、计算机技术、软件技术、网络技术的飞速发展，新的测试理论、测试方法、测试领域以及新的仪器结构不断出现，在许多方面已经打破了传统仪器的概念，电子测量仪器的功能和作用发生了质的变化。

虚拟仪器（Virtual Instrumentation，VI）是在 PC 基础上通过增加相关硬件和软件构建而成的、具有可视化界面的可重用测试仪器系统。是计算机和仪器密切结合的范例，也是目前仪器发展的一个重要方向。粗略地说这种结合有两种方式，一种是将计算机装入仪器，其典型的例子就是智能化的仪器。随着计算机功能的日益强大以及其体积的日趋缩小，这类仪器功能也越来越强大，目前已经出现含嵌入式系统的仪器。另一种方式是将仪器装入计算机，以通用的计算机硬件及操作系统为依托，实现各种仪器功能。虚拟仪器主要是指这种方式。

和传统仪器相比，虚拟仪器具有巨大的优越性，具体如下。

1）融合计算机强大的硬件资源，突破了传统仪器在数据处理、显示、存储等方面的限制，大大增强了传统仪器的功能。

2）利用计算机丰富的软件资源，实现了部分仪器硬件的软件化，节省了物质资源，增加了系统灵活性；通过软件技术和相应数值算法，实时、直接地对测试数据进行各种分析与处理；通过图形用户界面技术，真正做到界面友好、人机交互。

3）虚拟仪器的硬、软件都具有开放性、模块化、可重复使用及互换性等特点，因此，用户可根据自己的需要，选用不同厂家的产品，使仪器系统的开发更为灵活、效率更高，缩短了系统的组建时间。

5.1　Multisim 10 软件的使用

5.1.1　Multisim 10 的操作界面

利用 Multisim 10 可进行电路设计和仿真分析。如图 5-1 所示，初始界面的菜单栏列出了所有的操作命令，工具栏中展示了最常用的工具，列出了所有元器件库和虚拟仪器仪表及电路工作窗口。了解初始界面上的菜单栏、工具栏、元器件库以及虚拟仪器仪表的功能和操作方法，是应用 Multisim 10 的前提，读者应熟练掌握这些操作，便于进行电路设计和仿真分析。

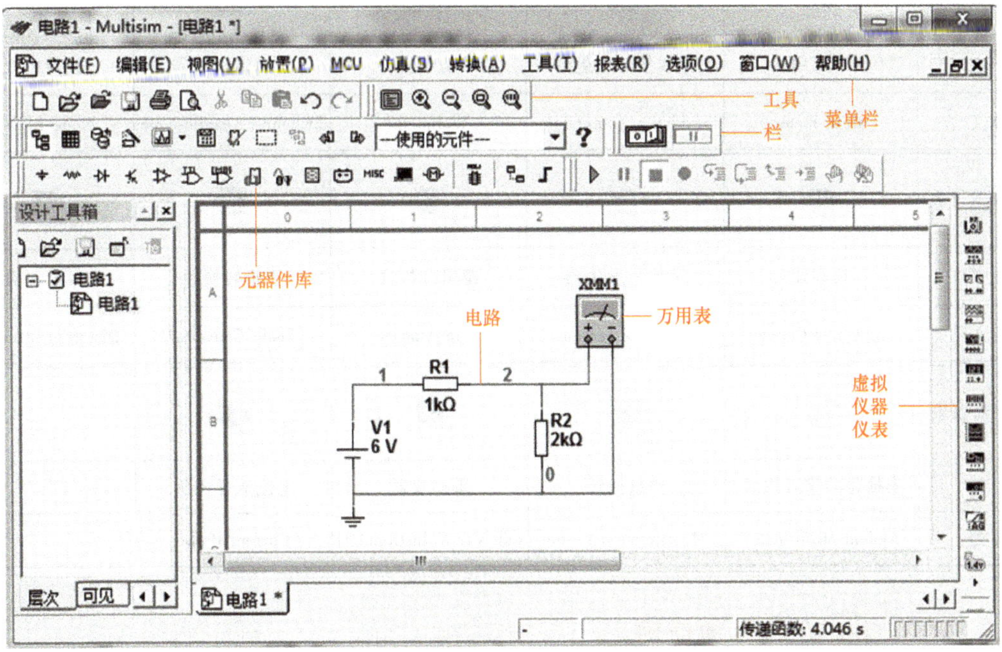

图 5-1　Multisim 10 的初始界面

图 5-1 中，元器件库中各种元器件的介绍如下。

- 信号源“Source”：如交直流电压、电流源、信号源和地。
- 基本元器件“Basic”：如电阻、电感、电容、开关等。
- 二极管“Diode”：如普通二极管、稳压管、晶闸管等。
- 晶体管“Transistors”：如 NPN 晶体管、PNP 晶体管、场效应管等。
- 模拟元器件“Analog”：如比较器、运算放大器等。
- TTL 数字元器件：如 74 系列、74F 系列各种 TTL 门电路。
- CMOS 数字电路元器件：如 CMOS 门电路。
- 各种数字元器件“Misc Digital”：如 DSP、FPGA、CPLD 等非标准数字元件。
- 数模混合电路元器件“Mixed”：如 AD、DA、555 定时器等。
- 指示元器件“Indicators”：如数码管、指示灯等。
- 电压元器件“Power Component”：如电压源、PWM 控制器等电源器件。
- 其他元器件“Misc” MISC：如晶体振荡器、光电耦合器等。
- 高级外围设备“Advanced Peripherals”：如键盘、LCD 等器件。
- 射频元器件“RF”：如高频电感、电容、射频晶体管、射频 FET 等。
- 机电类器件库“Electro Mechanical”：如马达、继电器等。
- 微控制器“MCU Module ”：如 8051、PIC 等。
- 层次电路块“Hierarchical Block”。
- 总线“BUS”。

图 5-1 中虚拟仪器仪表的中英文名称对照见表 5-1。

表 5-1　虚拟仪器仪表的中英文名称对照

虚拟仪器仪表					
中文	数字万用表	函数信号发生器	功率表	双通道示波器	波特图仪
英文	Multi-meter	Function Generator	Wattmeter	2Channel Oscilloscope	Bode Plotter
虚拟仪器仪表					
中文	频率计	字信号发生器	逻辑分析仪	逻辑转换器	失真度测量仪
英文	Frequency Counter	Word Generator	Logic Analyzer	Logic Converter	Distortion Analyzer
虚拟仪器仪表					
中文	安捷伦数字万用表	测量探针	采样仪器	电流取样探头	
英文	Agilent Multi-meter	Measurement Probe	Lab VIEW Instruments	Current Probe	

5.1.2　Multisim 10 软件的使用

本节以二极管闪烁为例介绍 Multisim 10 软件的使用步骤。

1. 创建新文件

打开 Multisim 10 软件，它会自动建一个名为“电路 1”的空白电路文件，或者单击系统工具栏中的“新建文件”快捷按钮，也可创建一个名为“电路 2”空白电路文件。用户使用文件菜单中的“另存为”命令保存文件，保存文件时可以更换路径和重命名。

2. 创建电路

（1）在电路窗口内选择放置的元器件

按图 5-2 所示步骤操作，①选择元器件库中的信号源；②在弹出的“选择元件”对话框的“系列”列表框中选择“POWER_ SOURCES”；③在“元件”列表框中选择“DC_ POWER”；④单击“确定”按钮。通过这四步就实现了信号源的选择。

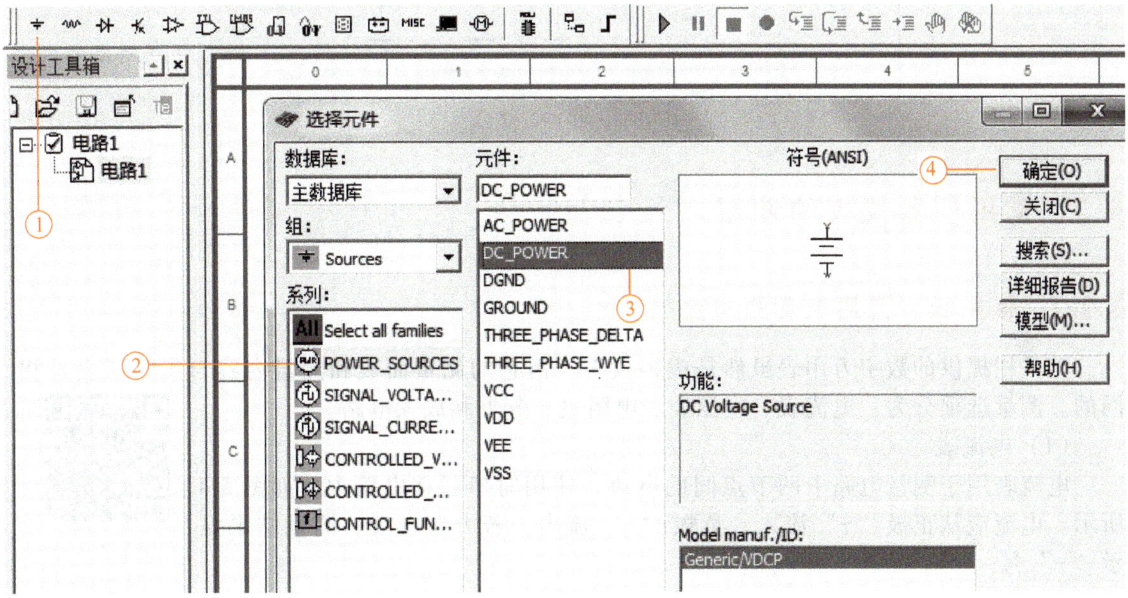

图 5-2　选择元器件

（2）操作元器件

单击元器件即可选中该元器件，按住鼠标左键不放可以随意移动；右击可以进行剪切、复制、删除、顺时针旋转和逆时针旋转等操作；双击元器件，可对元器件的编号、数值、模型参数等进行设置。

（3）元器件连线

按照放置元器件的步骤放置 R_1、R_2、R_3、C_1、VT_1、VT_2、VL_1、D1D，在一个元器件的一端按住鼠标左键不放并拖动到另一个元器件的一端即完成连线。绘制原理图时不相交的线不能绘成“+”字形，完成连线后的电路如图 5-3 所示。图中，VT_1 由饱和变为截止的一瞬间，VT_1 截止，VT_2 导通，此时二极管 VL_1 变暗；VT_1 导通，VT_2 截止，此时二极管 VL_1 发光，所以该图能实现二极管 VL_1 的闪烁。

（4）设置元器件参数

连线后的电路，还要进行元器件参数设置，如果电路使用的是元器件库中已有规格的元器件，则可以使用默认参数，如果不是，就要对元器件参数重新设置。如电路中使用的直流电源，默认电压是 12V，通过操作可将电压设为 5V，双击该元器件，弹出 DC_POWER 对话框，将 Voltage 数值改为 5，最后单击“OK”按钮完成所需设置。

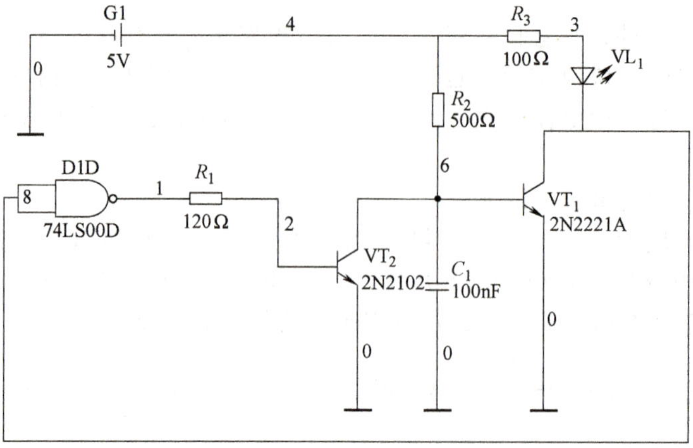

图 5-3　元器件连线

5.2　常用仪器仪表的使用

5.2.1　使用数字万用表测量电路

工具栏提供的数字万用表虽然是虚拟仪表，但它的测量面板和测量内容与实际仪表是相同的。测量选项分为：电流表、电压表、电阻表、分贝和放大电路。

（1）电流表

电流表用于测量电路中两节点间的电流，使用时串联在电路中，如图 5-4 所示。电流应从正极“+”流入，负极“-”流出，若方向接反，测量结果显示“-”号。

虚拟仪器万用表的使用

（2）电压表

电压表用于测量电路中任意两节点间的电压，使用时将两极与被测节点并联。电位高接正极，电位低接负极，如图 5-5 所示。

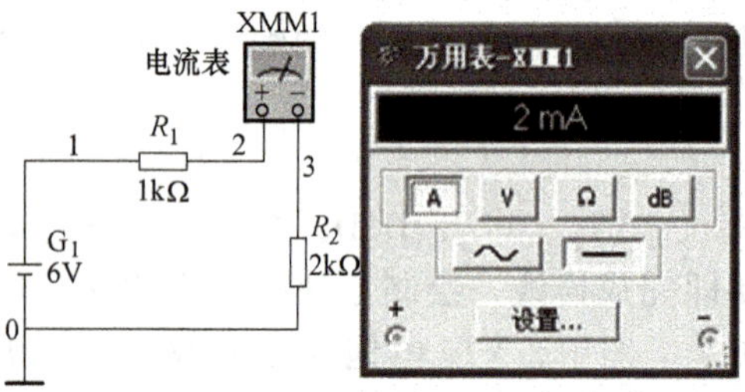

图 5-4　测电流

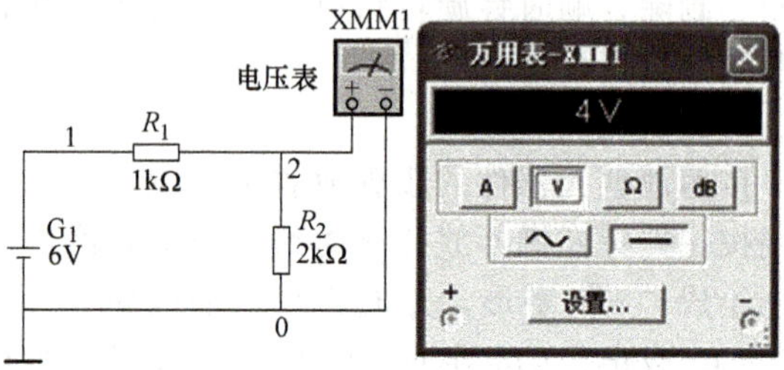

图 5-5　测电压

（3）电阻表

电阻表用于测量电路中任意两节点间的电阻，使用时将两极与被测节点并联。同时为保证测量结果的准确，需要断开电路中的电源，且元件或元件网络要有接地端，如图 5-6 所示。

（4）分贝

分贝用于测量电路中任意两节点间的电压分贝值，使用时将两极与被测节点并联。电位高接正极，电位低接负极，如图 5-7 所示。

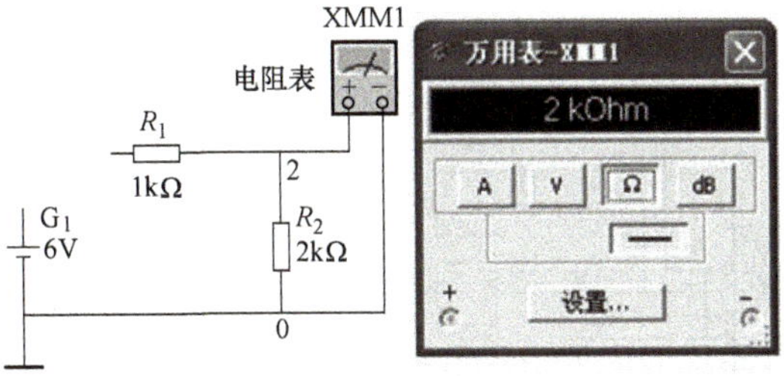

图 5-6 测电阻

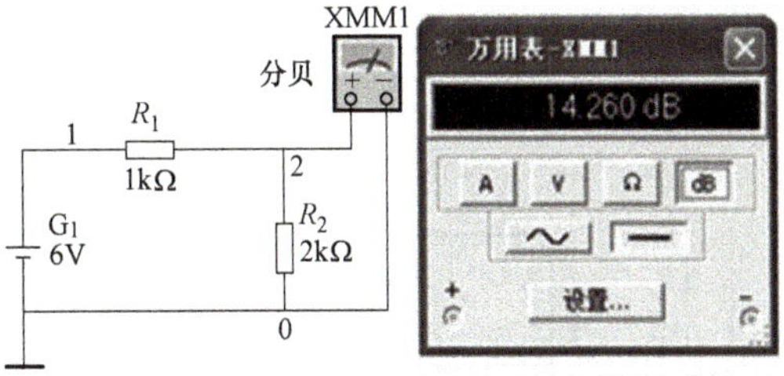

图 5-7 测电压分贝

（5）放大电路

创建如图 5-8 所示电路，用数字万用表测量晶体管 VT_1 的发射结电压（即基极和发射极之间的电压）、基极电流、输出电压值（即加在 R_3 上的电压）。

注意：测电压时万用表应并联在元器件两端，测电流时万用表串联在电路中。

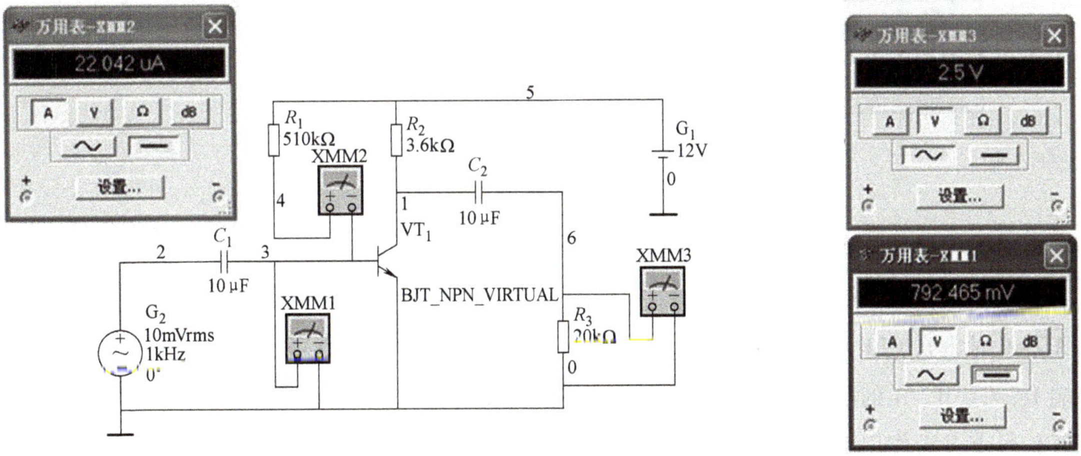

图 5-8 放大电路

5.2.2 使用函数信号发生器提供周期信号

函数信号发生器可以提供正弦波、三角波和方波 3 种不同波形的信号。图 5-9a 所示为函数信号发生器图标，双击它弹出“函数信号发生器”面板，如图 5-9b 所示。面板显示信号的频率、占空比、振幅和偏移。面板上的“+”为信号的正极性输出端，“-”为信号的负极性输出端，“公共”为接地端。“+”

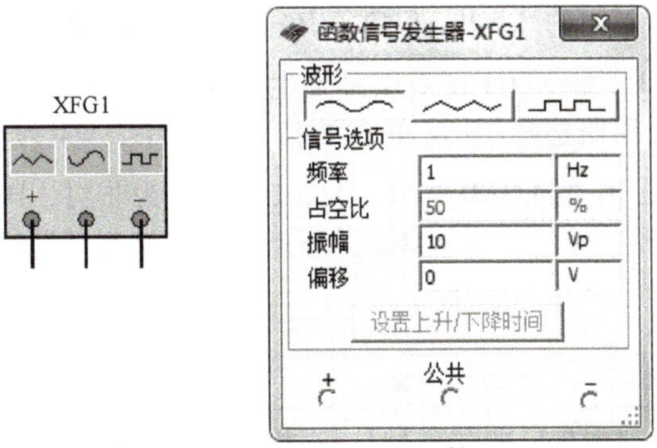

a） b）

图 5-9 函数信号发生器的图标和面板

a）图标 b）面板

虚拟函数信号发生器的使用

和“公共”接地端之间输出正极性信号，幅值等于信号发生器的有效值。“-”和“公共”接地端之间输出负极性信号，幅值等于信号发生器的有效值。以上两信号为极性相反的信号。

用同步二进制加法计数器 74LS161D 和 74LS138D 译码器构成一个 8 路顺序脉冲信号发生器，如图 5-10 所示。

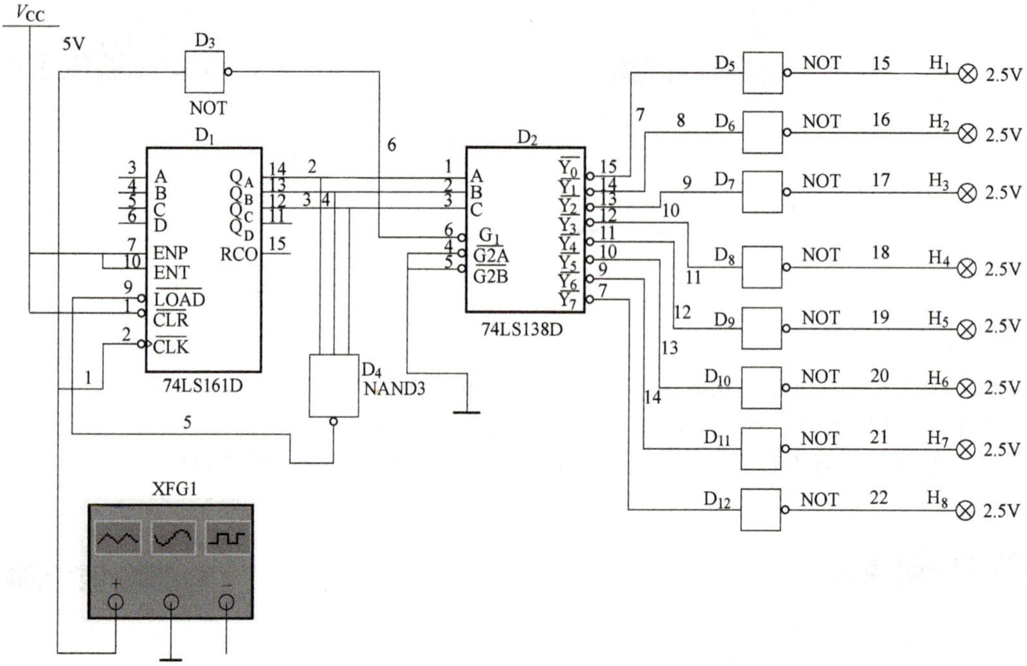

图 5-10　8 路顺序脉冲信号发生器

常用的 4 位二进制可预制同步加法计数器 74LS161 的功能真值表见表 5-2，当清零端 $\overline{CLR}=0$ 时，计数器输出 Q_D、Q_C、Q_B、Q_A 全为零，这个时候为异步复位功能；当 $\overline{CLR}=1$ 且 $\overline{LOAD}=0$ 时，在 CLK 信号上升沿作用下，输出端 Q_D、Q_C、Q_B、Q_A 的状态分别与并行数据输入端 D、C、B、A 的状态一样，为同步置数功能；只有当 $\overline{CLR}=\overline{LOAD}=ENP=ENT=1$ 时，在 $\overline{CLK}$ 信号上升沿作用下，计数器输出值加 1。从表 5-3 看出 74LS138 的功能，G_1 为 0 时，输出全为高电平；$\overline{G2A}$ 或 $\overline{G2B}$ 只要有 1 个为高电平，输出全为高电平；$G_1=1$ 且 $\overline{G2A}$ 或 $\overline{G2B}$ 全为低电平，对于不同的 A、B、C 值，有一个输出为低电平 0，其余输出均为高电平 1。74LS161 的输入时钟 $\overline{CLK}$ 由 XFG1 函数信号发生器提供，其幅度为 5V，为了便于观察顺序脉冲信号发生器的效果，周期选择 10Hz 的方波信号。图中，D4 为 3 输入与非门，D_1 的输出 Q_C、Q_B、Q_A 全为 1 时，D_1 的 $\overline{LOAD}$ 为 0，D_3、$D_5 \sim D_{12}$ 为非门，$H_1 \sim H_8$ 为指示灯。图 5-10 所示电路实现了输出 8 个指示灯从 H_1 到 H_8 循环点亮，即实现了顺序脉冲指示效果。

表 5-2　74LS161 的功能真值表

输入									输出			
$\overline{CLR}$	$\overline{CLK}$	$\overline{LOAD}$	ENP	ENT	D	C	B	A	Q_D	Q_C	Q_B	Q_A
0	×	×	×	×	×	×	×	×	0	0	0	0
1	↑	0	×	×	d	c	b	a	d	c	b	a

（续）

输入									输出			
$\overline{CLR}$	$\overline{CLK}$	$\overline{LOAD}$	ENP	ENT	D	C	B	A	Q_D	Q_C	Q_B	Q_A
1	↑	1	0	×	×	×	×	×	Q_D	Q_C	Q_B	Q_A
1	↑	1	×	0	×	×	×	×	Q_D	Q_C	Q_B	Q_A
1	↑	1	1	1	×	×	×	×	状态码加 1			

表 5-3　74LS138 的功能真值表

输入					输出							
G_1	$\overline{G2A}+\overline{G2B}$	C	B	A	$\overline{Y_7}$	$\overline{Y_6}$	$\overline{Y_5}$	$\overline{Y_4}$	$\overline{Y_3}$	$\overline{Y_2}$	$\overline{Y_1}$	$\overline{Y_0}$
0	×	×	×	×	1	1	1	1	1	1	1	1
×	1	×	×	×	1	1	1	1	1	1	1	1
1	0	0	0	0	0	1	1	1	1	1	1	1
1	0	0	0	1	1	0	1	1	1	1	1	1
1	0	0	1	0	1	1	0	1	1	1	1	1
1	0	0	1	1	1	1	1	0	1	1	1	1
1	0	1	0	0	1	1	1	1	0	1	1	1
1	0	1	0	1	1	1	1	1	1	0	1	1
1	0	1	1	0	1	1	1	1	1	1	0	1
1	0	1	1	1	1	1	1	1	1	1	1	0

5.2.3　使用示波器测量电路

虚拟示波器的使用

示波器用于观察信号的波形，它可以将信号的波形显示在示波器的显示屏上，同时还能够测量信号的周期、频率、相位差、峰值等参数。双通道示波器有 A、B 两个通道，“示波器”面板如图 5-11a 所示，其图标如图 5-11b 所示。将被测信号接入 A 端和 B 端将可同时观测和测量两路信号，面板上“时间轴”选项组中的比例表示水平方向 1 大格代表的时间，“通道 A”“通道 B”选项组中的比例表示垂直方向 1 大格代表的电压值；T2-T1 值表示两条时间轴之间的时间值，可用于测量周期；“通道 A”“通道 B”选项组中的 Y 位置须设置不一样的值，这样两个通道的波形才不会重叠，便于观察波形；“通道 A”“通道 B”选项组中的最后一行表示交流偏置、接地偏置和直流偏置。与真实示波器不同的是，其接地线可以接也可以不接。图 5-11b 所示图标上的“Ext Trig”表示外触发输入端。

图 5-12 是由 LM555CM 芯片加电阻、电容构成频率约为 1kHz 的多谐振荡器。其频率的计算公式如下：$f=1/T=1.44/((R_1+2\times R_2)\times C_1)$，LM555CM 芯片的 3 引脚输出端接双通道示波器的 A 通道，第 3 引脚输出端同时接指示灯 H_1，H_1 作频闪。

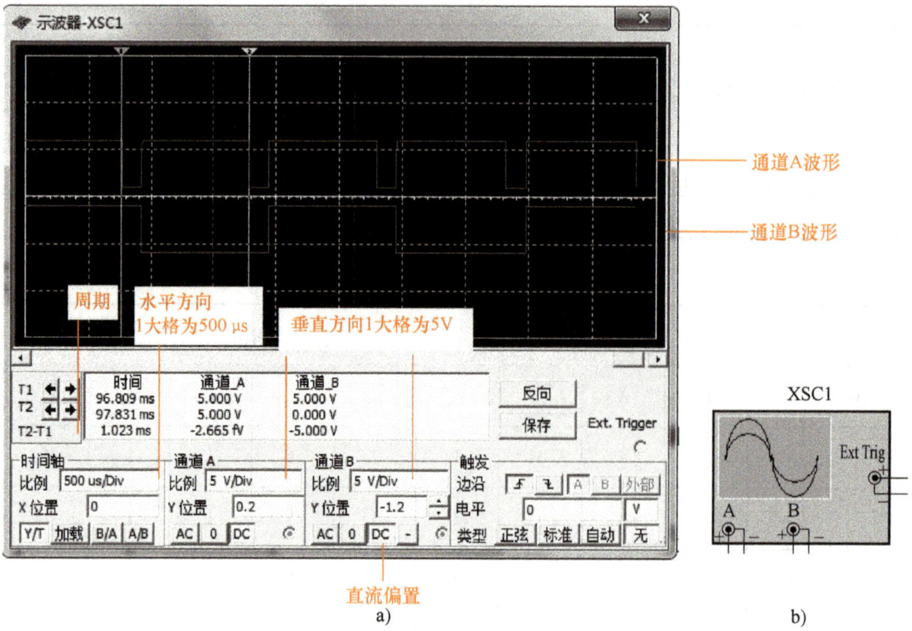

a) b)

图 5-11 双通道示波器的面板和图标

a）面板 b）图标

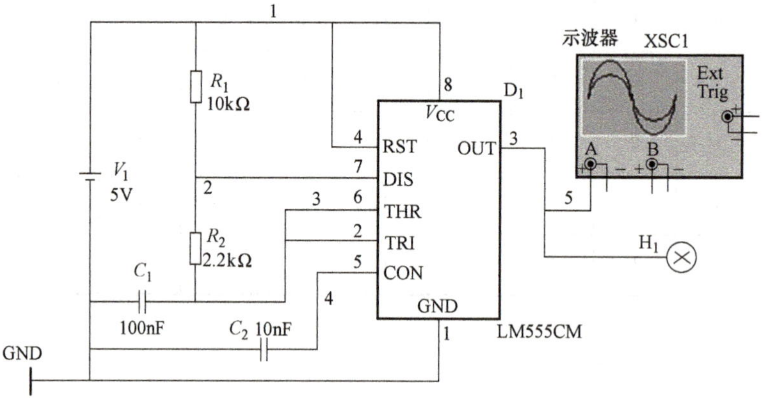

图 5-12 用示波器测量电路输出

5.2.4 使用字信号发生器提供信号

虚拟字信号发生器的使用

字信号发生器最多能够产生 32 位数字逻辑信号，是一个通用的数字输入编辑器，共有 34 个端子，其图标如图 5-13 所示。0~15 端为低 16 位数字信号输出端，16~31 端为高 16 位数字信号输出端，R 为数据准备端，T 为外触发信号端。

双击图标即可打开仪表面板，其面板如图 5-14 所示。面板右侧是字信号显示区，左侧可以对输出控制方式、字信号显示方式、触发方式和输出频率进行设置。面板下方是字信号输出显示。

输出控制方式分三种。

1）循环：在已经设置好的初始值和终止值之间循环输出字符。

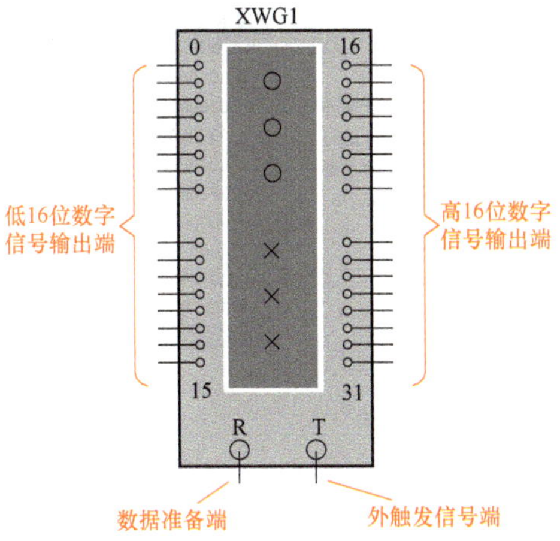

图 5-13　字信号发生器图标

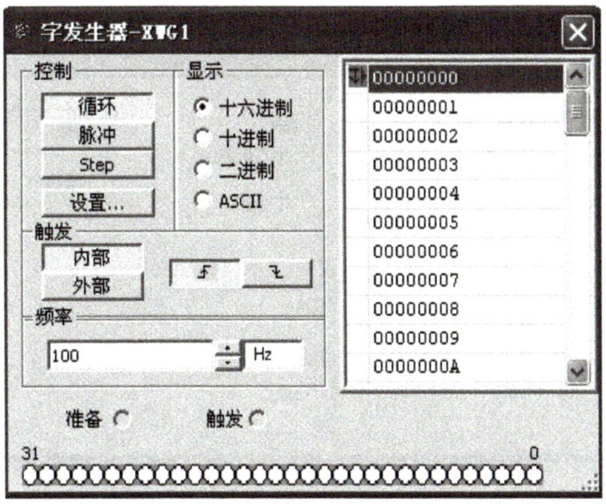

图 5-14　“字发生器”面板

2）脉冲：每单击一次，字发生器将输出一次从初始值开始到终止值之间的逻辑字符。

3）Step（单步）：每单击一次，输出一条字信号。

输出信号有四种显示方式：十六进制、十进制、二进制和 ASCII。

触发方式有两种：内部触发和外部触发。

创建图 5-15 所示的电路，74LS47D 芯片是 BCD-7 段数码译码器/驱动器，其功能是将 BCD 码转换成数码管能显示的数字，它直接和数码管相连。图中，XWG1 为字信号发生器，使用它的低四位输出；数码管为共阳极，公共端 CA 接 5V 电源。字发生器为数码驱动器 D_1 输入信号，用共阳极数码管 D_2 观察输出。

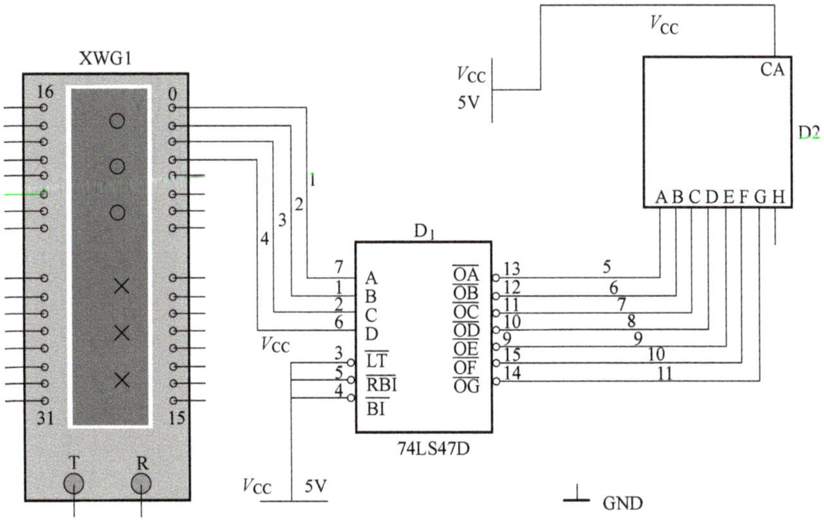

图 5-15　字信号发生器电路

单击图 5-14 所示“字发生器”面板中“控制”选项组中的“设置”按钮，将字信号发生器输出控制按图 5-16 所示设置，“预制模式”设置为“加计数”；“显示类型”设置为“十六进制”；“缓冲区大小”设置为“000A”；单击“确认”按钮。回到“字发生器”面板，如图 5-17 所示，输出控制方式为循环，触发方式选择内部触发，输出频率选择 100Hz，在面板右侧字信号显示区显示“00000000～00000009”。设置完毕后，打开仿真开关运行，数码管从 0～9 循环显示。

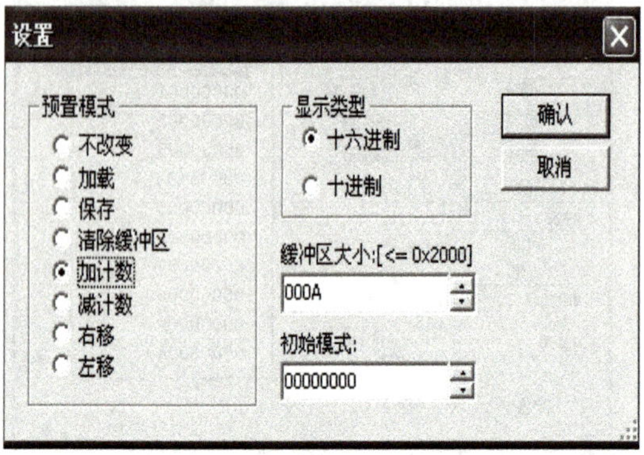

图 5-16 控制方式设置

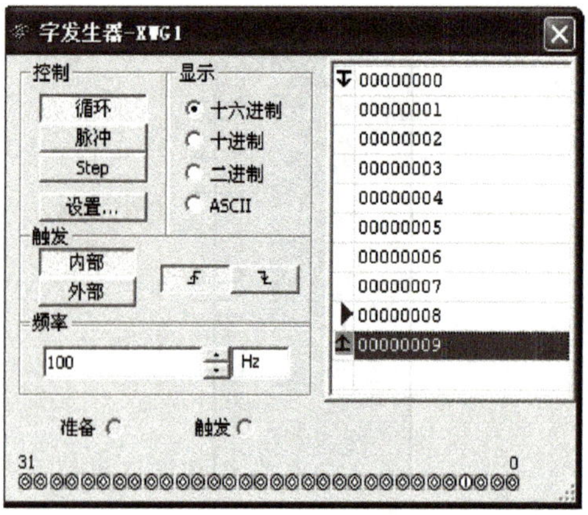

图 5-17 字发生器设置

5.2.5 使用测量探针

测量探针是 Multisim 提供的最为便捷的虚拟仪器，只需将它拖放至被测支路，就可以实时测量各种电信息。测量探针的测量结果根据电路理论计算得出，不对实际电路产生任何影响。图 5-18 所示为共射放大电路，图 5-19 所示为探针放置支路的测量数据，包括电路的电压和电流的峰-峰值、有效值和频率。

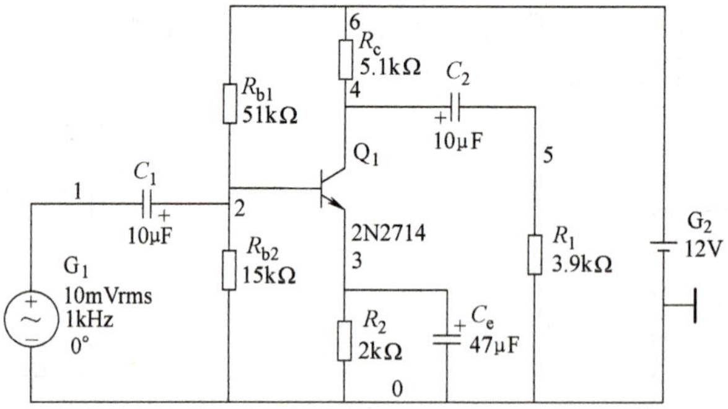

图 5-18 共射放大电路

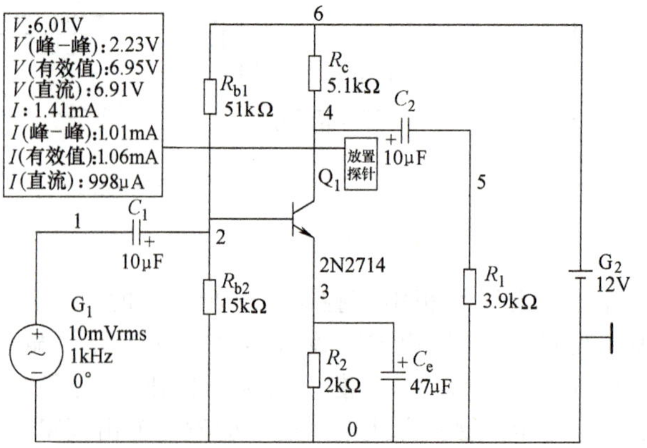

图 5-19 探针放置支路的测量数据

5.3 电路仿真的应用

5.3.1 直流电路中的应用

搭建图 5-20 所示的直流电路，根据需要选择合适的仪表，测量 a 点和 b 点之间的电压 U_{ab}、c 点和 d 点之间的电压 U_{cd}，以及 R_3 支路中的电流 I，并将测量结果和理论值比较。

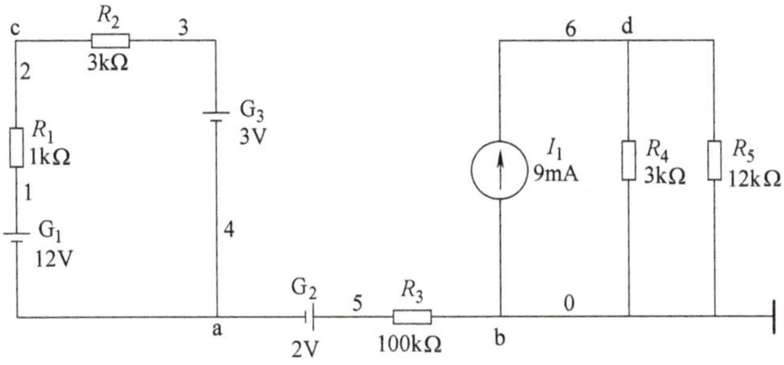

图 5-20 直流电路

测量仪表的放置如图 5-21 所示，万用表 XMM1 的两端分别接 a 点和 b 点，万用表 XMM1 上显示 a 点和 b 点之间的电压值；万用表 XMM2 的两端分别接 c 点和 d 点，万用表 XMM2 上显示 c 点和 d 点之间的电压值；万用表 XMM3 的两端分别接电阻 R_3 的右端和 b 点，即串联在支路中，万用表 XMM3 上显示流过电阻 R_3 的电流值。

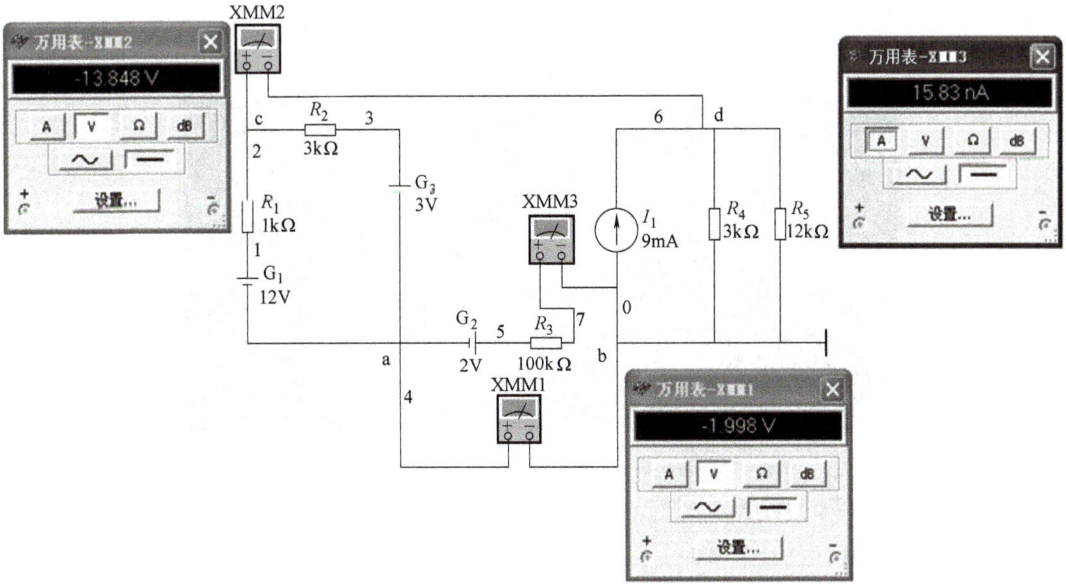

图 5-21 直流电路中测量仪表的放置

电阻 R_3 右端直接接地，所以 a 点和 b 点之间的电压值近似为−2V；R_3 支路上电流近似为 0A。

R_1 支路上的电流 $I=\dfrac{V_1-V_3}{R_1+R_2}=\dfrac{9}{4\times10^3}\text{mA}=2.25\text{mA}$；

R_1 上的压降为 2.25V；

c 点对地电压 $U_C=(12-2-2.25)\text{V}=7.75\text{V}$；

d 点对地电压 $U_D=9\times\frac{3\times12}{3+12}\text{V}=21.6\text{V}$；

所以，c 点和 d 点之间电压为（7.75−21.6）V=−13.85V。以上理论计算值和仪表实际测量值基本一致。

5.3.2　动态电路的变化过程

1. 积分电路的分析

电阻 R_1 与电容 C_1 的串联电路，将输入方波信号 u_i加至其两端，输入信号 u_i连接示波器的 A 通道，输出信号取自电容两端，如图 5-22 所示，输出信号 u_o 连接示波器的 B 通道。电路要求输入的方波信号周期远大于时间常数，时间常数为 R_1 和 C_1 的乘积。

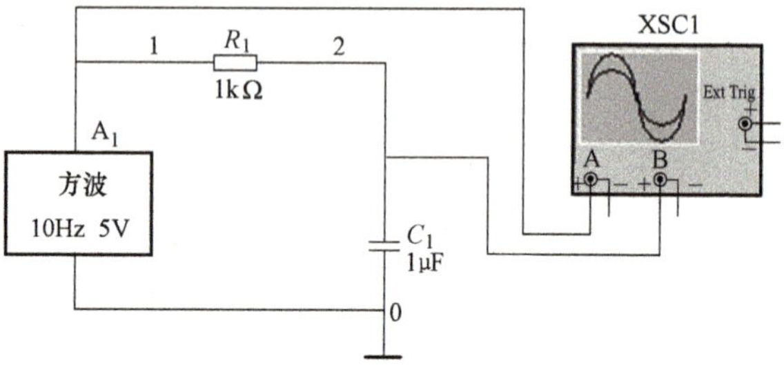

图 5-22　积分电路

电容两端输出电压 u_o 与输入电压 u_i 的关系为：$u_o=\frac{1}{R_1\times C_1}\int u_i(t)\,\mathrm{d}t$ 。

用示波器观察输入电压波形和电容两端输出电压波形，输入电压波形连接示波器 A 通道，电容两端输出电压波形连 B 通道，A、B 通道波形如图 5-23 所示。为了将两通道的波形区分开，通道 A 的 Y 位置偏移量设为 0.2，通道 B 的 Y 位置偏移量设为−1.2。

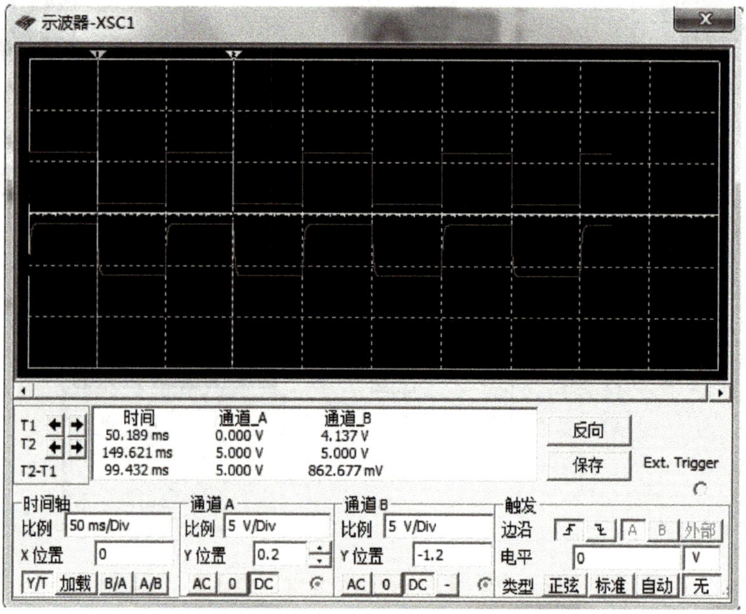

图 5-23　输入电压波形和电容两端输出电压波形

2. 微分电路的分析

电阻与电容串联，将输入方波信号加至其两端，输入信号接示波器的 A 通道，输出信号取自电阻两端，如图 5-24 所示，输出信号接示波器的 B 通道。要求输入的方波信号周期远大于时间常数，时间常数为 C_1 和 R_1 的乘积。C_1 和 R_1 的乘积为 10^{-5}，输入信号周期为 10^{-3}。显然，周期远大于时间常数。

电阻两端输出电压 u_o 与输入电压 u_i 的关系为 $u_o = R_1C_1[du_i(t)/dt]$。用示波器观察输入电压波形和电阻两端的输出电压波形，波形如图 5-25 所示。

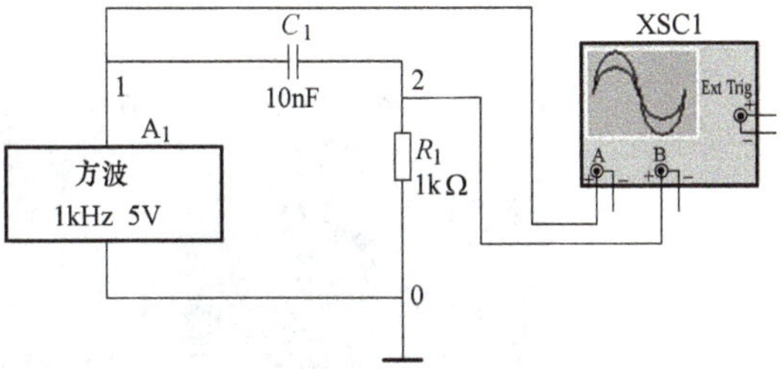

图 5-24　微分电路

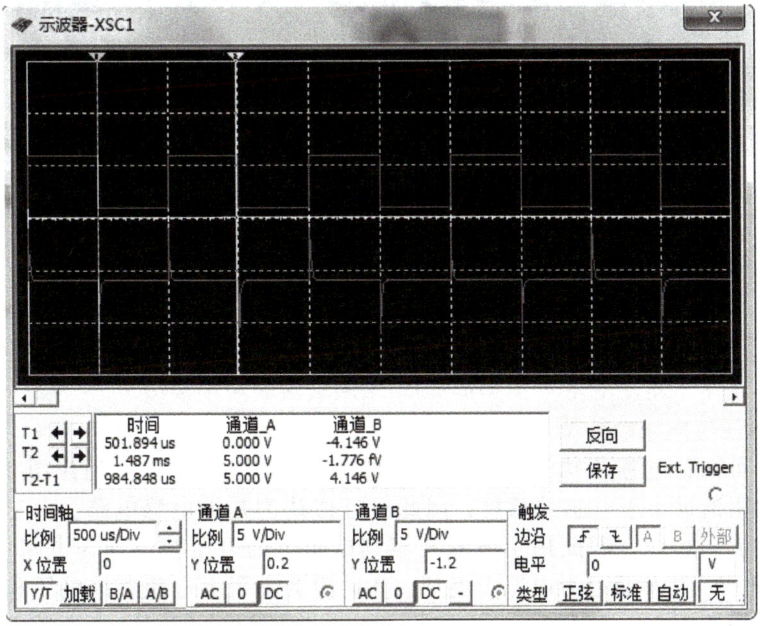

图 5-25　输入电压波形和电阻两端输出电压波形

5.3.3　交流电路中的应用

1. 电容上电压与电流的相位关系

虚拟仪器在交流电路中的应用

由理论分析可知，流过电容的电流相位超前电容两端电压 90°。创建图 5-26 所示电路，图中 V_1 为电压有效值 10V、频率为 100Hz 的正弦波。由于电路中电阻阻值远小于电容的容抗，因此可近似认为是纯电容电路。由于电阻上的电压与流过电阻的电流同相位，因此用示波器观察到电阻上的电压相位即为电路中电流的相位。其波形如图 5-27 所示，A 通道为电容上电压，B 通道为电阻上电压，该电压和流过电容的电流同相位，图中电源周期为 10ms（毫秒），两波形相位差为 2.5ms（毫秒），流过电容的电流相位超前电容两端电压 90°。

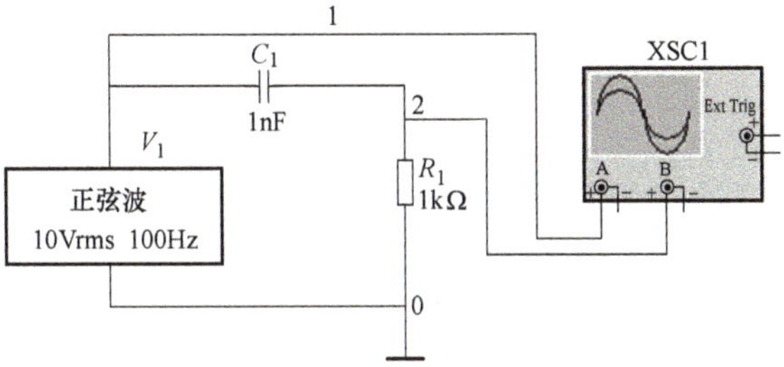

图 5-26　电容-电阻串联电路

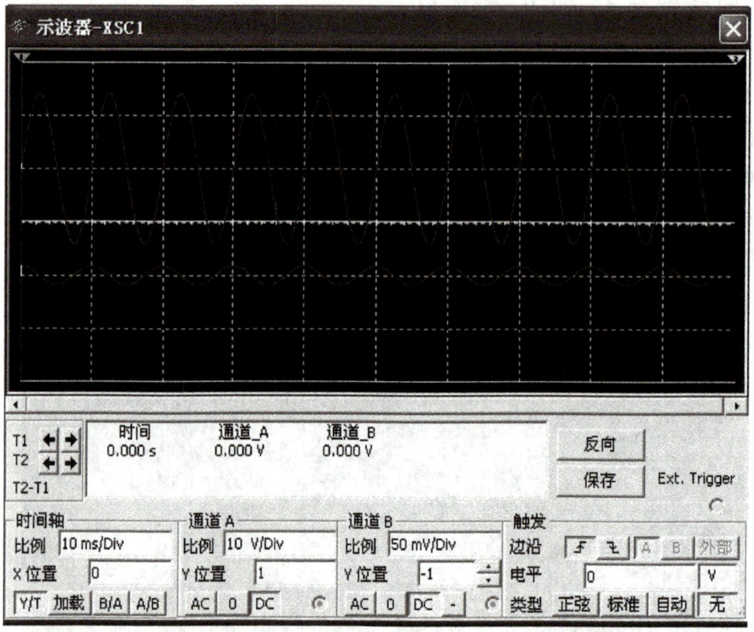

图 5-27　电容上电压与电流的相位关系波形图

2. 电感上电压与电流的相位关系

由理论分析可知，电感两端的电压相位超前流过电感电流 90°。创建图 5-28 所示电路，由于电路中电阻阻值远小于电感的感抗，因此可近似认为是纯电感电路。由于电阻上的电压与流过电阻的电流同相位，因此用示波器观察到电阻上的电压相位即为电路中电流的相位。其波形如图 5-29 所示，A 通道为电感上电压，B 通道为电阻上电压，该电压和流过电感的电流同相位，电源周期为 10μs（微秒），两波形相位差为 2.5μs（微秒），电感上的电压超前电流 90°。

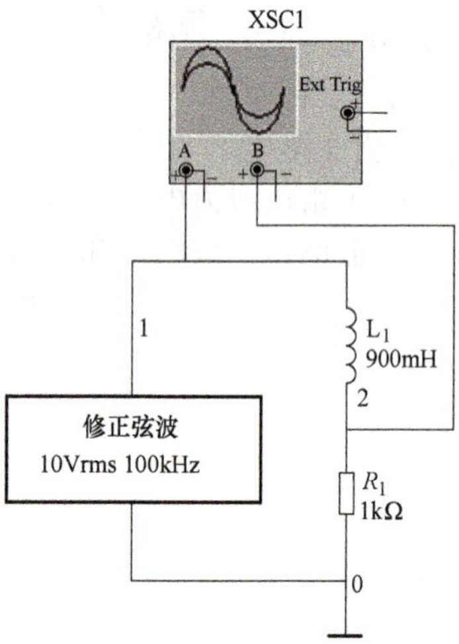

图 5-28　电感-电阻串联电路

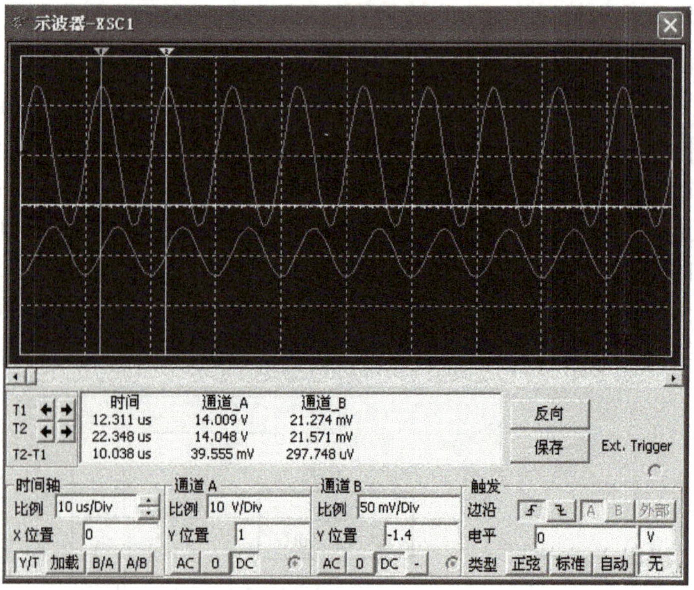

图 5-29　电感上电压与电流的相位关系波形图

5.3.4　集成运算放大电路中的应用

虚拟仪器在集成运算放大电路中的应用

创建图 5-30 所示电路，741 的 6 引脚输出反馈给 2 引脚反向输入端，构成负反馈，所以该电路为放大电路。741 的 4 引脚接-15V 电源，7 引脚接+15V 电源，2 引脚为反向输入端，3 引脚为正向输入端，分别接开关控制电路。对于开关 S_1，按下字母 A，则开关接入 G_1，再按下字母 A，则开关接地；同样对于开关 S_2，按下字母 B，则开关接入-G_2，再按下字母 B，则开关接地。通过开关的不同组合方式，构成不同的电路结构，完成对 D_1 的 6 引脚输出端的测量，将测量结果填入表 5-4。

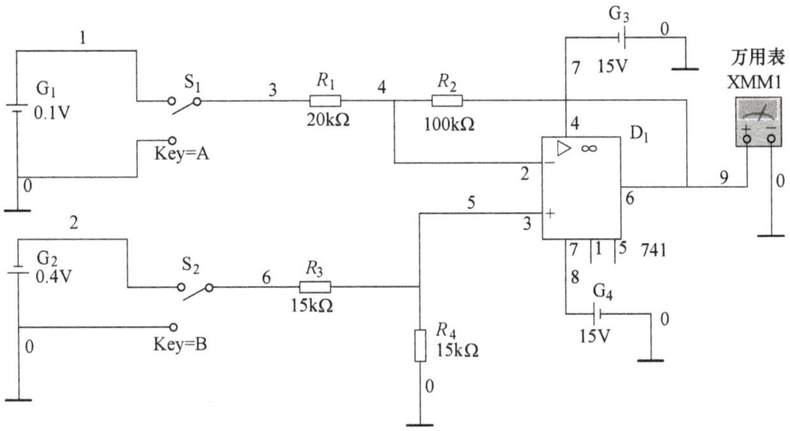

图 5-30　集成运算放大电路

表 5-4　集成运算放大电路输出

序号	S_1 状态	S_2 状态	U_o 计算值	U_o 测量值
1	G_1	0		
2	0	-G_2		
3	G_2	-G_2		

第一种情况，S_1 连 G_1，S_2 接地，根据短路和断路的概念，$U_+=U_-$，$i_+=i_-=0$，741 的 3 引脚电压为 0V，则 741 的 2 引脚电压也为 0V，R_1 上的电流为 (0.1/20)mA，则 $U_0=-(0.1/20)\times100\text{V}=-0.5\text{V}$。

第二种情况，S_1 接地，S_2 连-G_2，根据短路和断路的概念，$U_+=U_-$，$i_+=i_-=0$，741 的 3 引脚电压经过分压为-0.2V，则 741 的 2 引脚电压也为-0.2V，R_1 上的电流为 (0.2/20)mA，则 $U_o=-(0.2/20)\times100\text{V}=-1\text{V}$。

第三种情况，S_1 连 G_1，S_2 连-G_2，根据短路和断路的概念，$U_+=U_-$，$i_+=i_-=0$，741 的 3 引脚电压经过分压-0.2V，则 741 的 2 引脚电压也为-0.2V，R_1 上的电流为((0.1-(-0.2))/20)mA，则 $U_o=-(0.3/20)\times100\text{V}-0.2\text{V}=-1.7\text{V}$。

虚拟仪器在组合逻辑电路中的应用

5.3.5　组合逻辑电路中的应用

创建图 5-31 所示的 3 线-8 线译码器电路，74LS138D 芯片为 3 线-8 线译码器，S_1、S_2、S_3

为双刀双掷开关，按下 A、B、C，S_1、S_2、S_3 开关分别接通地和电源，$H_1 \sim H_8$ 为指示灯，通过开关的控制，观察 $H_1 \sim H_8$ 的亮灭，将结果填入表 5-5 中。

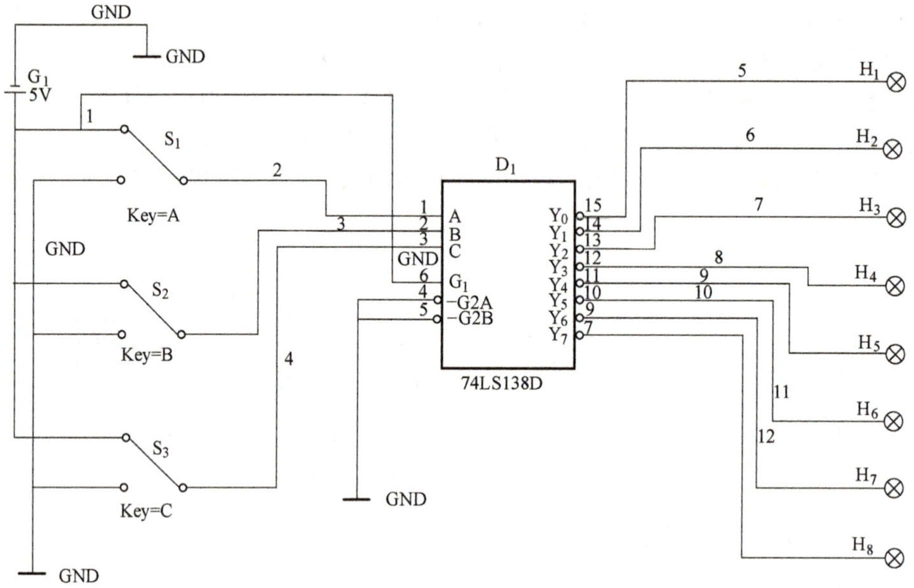

图 5-31　3 线-8 线译码器电路

表 5-5　3 线-8 线译码器表

序号	输入端			输出端							
	C	B	A	Y_0	Y_1	Y_2	Y_3	Y_4	Y_5	Y_6	Y_7
1	0	0	0								
2	0	0	1								
3	0	1	0								
4	0	1	1								
5	1	0	0								
6	1	0	1								
7	1	1	0								
8	1	1	1								

5.3.6　时序逻辑电路中的应用

创建图 5-32 所示时序逻辑电路，A 是频率为 10Hz、幅值为 5V 的信号，74LS194D 芯片为 4 位双向移位寄存器，字信号发生器 XWG1 的设置如图 5-33 所示，控制模式的设置如图 5-34 所示，通过对开关 S_1、S_2 的控制，观察 $H_1 \sim H_4$ 指示灯的亮灭情况，确定 74LS194D 的 SL、SR 的作用。

虚拟仪器在时序逻辑电路中的应用

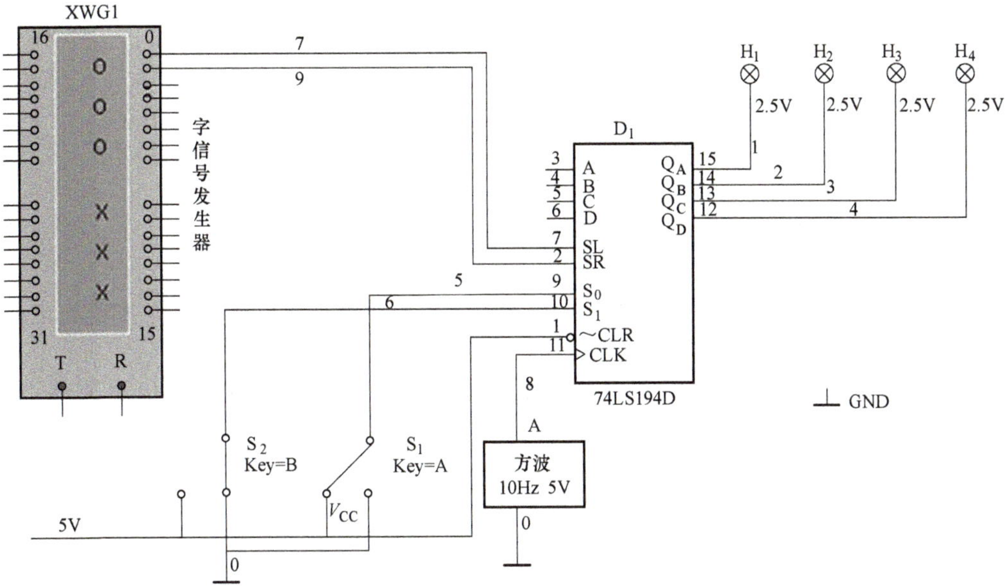

图 5-32 时序逻辑电路

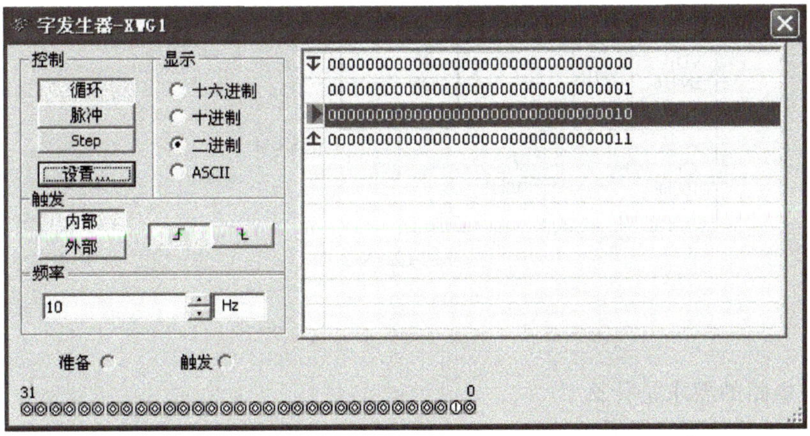

图 5-33 字信号发生器 XWG1 的设置

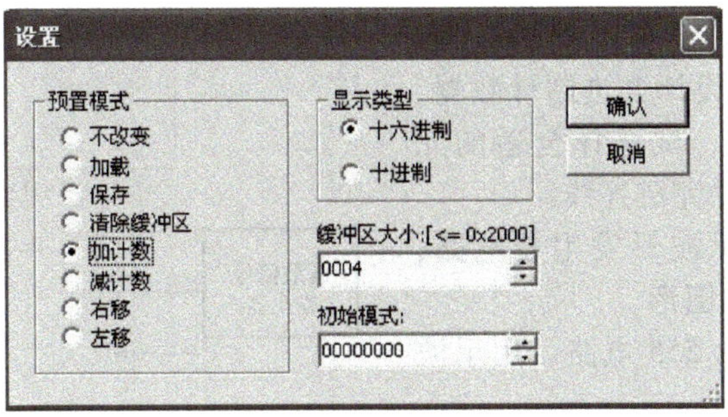

图 5-34 控制模式的设置

5.4　习题

1. Multisim 10 的基本功能是什么？
2. 如何用 Multisim 10 软件创建电路？
3. 数字万用表的测量选项有哪些？
4. 示波器的功能是什么？
5. 字信号发生器的输出控制方式分哪几种？
6. 测量探针的功能是什么？
7. 在图 5-8 中增加两块数字万用表，用以测量该电路中静态集电极电流 I_c 和静态电压 U_{ce} 的值，注意测量选项与信号类型的选择及表的正确连接方法。
8. 图 5-35 为占空比可调的多谐振荡器电路，正确连接以下电路，画出示波器上的波形图。

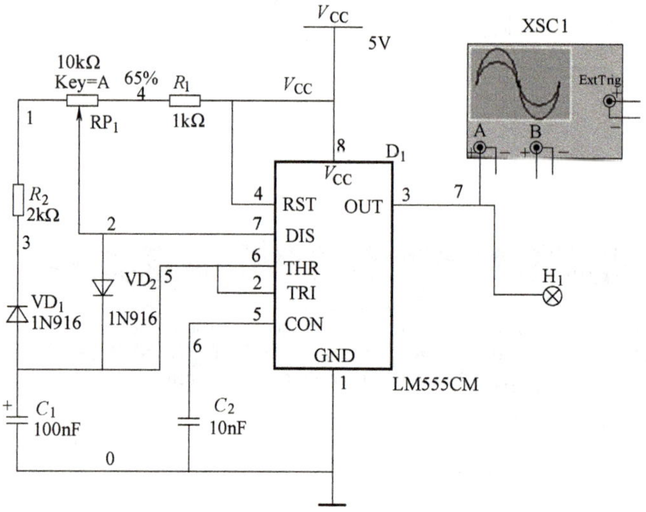

图 5-35　占空比可调的多谐振荡器电路

9. 对积分电路的要求是什么？
10. 对微分电路的要求是什么？
11. 用集成运算如何构成放大电路？
12. 字信号发生器的输出信号有哪几种显示方式？
13. 用预置数清零法设计九进制计数器，74LS160D 的输出接绿灯，试选择合适的元器件将图 5-36 补充完整并完成连线。
14. 绘制图 5-37 所示波形发生器电路，用示波器观测两个通道的图形。
15. 绘制图 5-38 所示 555 电路，用示波器观测输出图形。

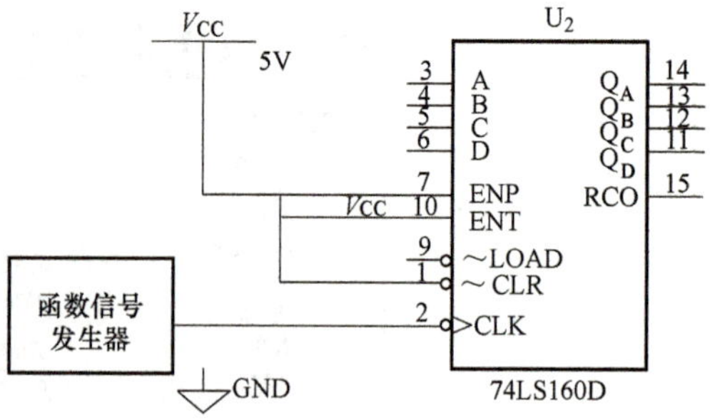

图 5-36　九进制计数器电路

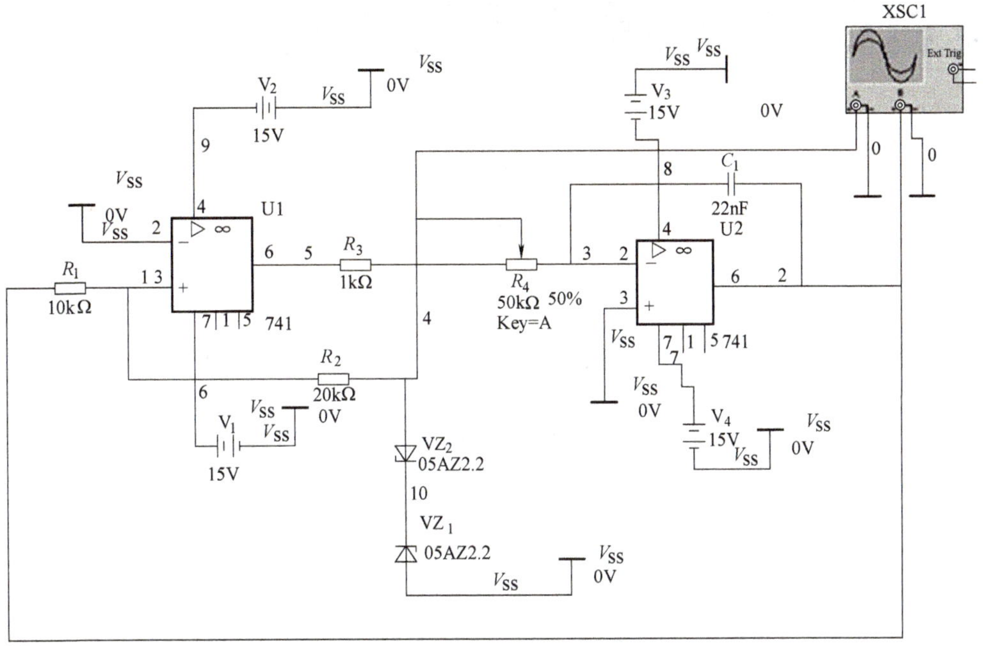

图 5-37　波形发生器电路

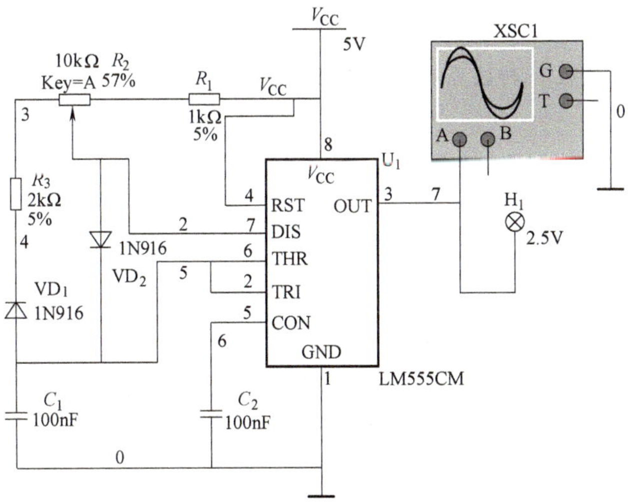

图 5-38　555 电路

项目6 传感器产品的测试

一直以来，人类借助于感觉器官获取外界信息，现今在研究自然现象和规律以及生产活动中，人类的感觉器官就远远不够用了。为适应这种情况，传感器应运而生。传感器（transducer/sensor）是一种检测装置，能感受到被测量的信息，并能将感受到的信息按一定规律变换成为电信号或其他所需形式的信息输出，以满足信息的传输、处理、存储、显示、记录和控制等要求。可以说，传感器是人类五官的延展，因此又称之为“电五官”。

传感器早已渗透到诸如超高温、超低温、超高压、超高真空、超强磁场、超弱磁场等工业生产、宇宙开发、海洋探测、环境保护、资源调查、医学诊断、生物工程，甚至文物保护等极其广泛的领域。可以毫不夸张地说，从茫茫的太空，到浩瀚的海洋，各种复杂的工程系统，每一个现代化项目，都离不开各种各样的传感器。

学习目标

1. 熟悉霍尔传感器、光电传感器和半导体传感器的原理
2. 了解传感器的应用
3. 熟悉传感器的非线性、转换系数、灵敏度参数

素养目标

1. 培养爱国情怀
2. 培养自主学习新知识能力
3. 培养乐观向上意识

前导小知识：手机中的传感器

摇动手机就可以控制赛车方向；拿着手机在操场散步，就能记录行走的步数，这些越来越熟悉的场景，都少不了天天伴你身旁的智能手机。而手机能完成以上任务，主要都是靠内部安装的传感器。

你知道手机中的传感器有多少种？又是依靠哪些原理来运行的？

1. 光线传感器（Ambient Light Sensor）

光线传感器类似于手机的眼睛。人类的眼睛能在不同光线的环境下，调整进入眼睛的光线，例如进入电影院，瞳孔会放大来让更多光线进入眼睛。而光线传感器则可以让手机感测环境光线的强度，用来调节手机屏幕的亮度。而因为屏幕通常是手机最耗电的部分，因此运用光线传感器来协助调整屏幕亮度，能进一步达到延长电池寿命的作用。光线传感器也可搭配其他传感器一同来侦测手机是否被放置在口袋中，以防止误触。

2. 距离传感器（Proximity Sensor）

透过红外线 LED 灯发射红外线，被物体反射后由红外线探测器接收，借此判断接收到

红外线的强度来判断距离，有效距离在 10m 左右。它可感知手机是否被贴在耳朵上讲话，若是则会关闭屏幕以节省电量；距离传感器也可以运用在部分手机支持的手套模式中，用来解锁或锁定手机。

3. 重力传感器（G-Sensor）

重力传感器内部由一块重物与压电片整合在一起，通过正交两个方向产生的电压大小，来计算出水平的方向。运用在手机中时，可用来切换横屏与直屏方向；运用在赛车游戏中时，则可透过水平方向的感应，来改变行车方向。

4. 加速度传感器（Accelerometer Sensor）

加速度传感器的作用原理与重力传感器相同，它是通过三个维度来确定加速度方向的，功耗小、精度低。运用在手机中可用来计步、判断手机朝向等。

5. 磁（场）传感器（Magnetism Sensor）

测量电阻变化来确定磁场强度，使用时需要摇晃手机才能准确判断，大多运用在指南针、导航中。

6. 陀螺仪（Gyroscope）

陀螺仪能够测量沿一个轴或几个轴动作的角速度，是补充加速度传感器功能的理想工具。事实上，如果结合加速度计和陀螺仪这两种传感器，设计人员可以跟踪并捕捉 3D 空间的完整动作，为终端用户提供更真实的用户体验、精确的导航系统等功能。手机中的“摇一摇”、体感技术、VR 视角的调整与侦测，都是陀螺仪的具体应用。

7. 全球定位系统（Global Positioning System，GPS）

地球上方特定轨道上运行着 24 颗 GPS 卫星，它们会不停地向全世界各地广播自己的位置坐标与时间戳（timestamp，指格林尼治标准 1970 年 1 月 1 日 00：00 分 00 秒到现在为止的总秒数），手机中的 GPS 模块通过卫星的瞬间位置来起算，以卫星发射坐标的时间戳与接收时的时间差来计算出手机与卫星之间的距离。可实现定位、测速、测量距离、导航等。

6.1　霍尔传感器产品的原理及测试

霍尔传感器是一种磁传感器，可以用于检测磁场及其变化，它可在各种与磁场有关的场合中使用，如图 6-1 所示，图 6-1a 为霍尔传感器在无刷直流电动机中的应用，图 6-1b 为霍尔传感器在转速测量中的应用，图 6-1c 为霍尔传感器在电流测量中的应用。这一现象是霍尔（A. H. Hall，1855—1938）于 1879 年在研究金属的导电机构时发现的。后来还发现半导体、导电流体等也有这种效应，而半导体的霍尔效应比金属强得多。

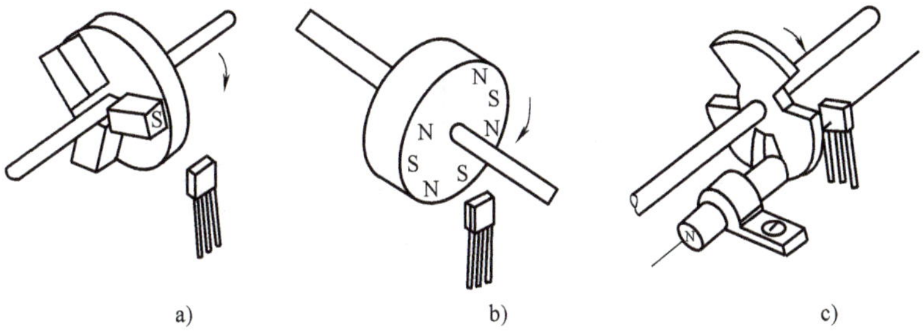

图 6-1　霍尔传感器应用场合

a）无刷直流电动机　b）霍尔转速传感器　c）霍尔电流传感器

6.1.1　认识霍尔效应和霍尔元件

认知霍尔元件和霍尔传感器

霍尔效应从本质上讲是运动的带电粒子在磁场中受洛仑兹力作用而引起的偏转。当带电粒子（电子或空穴）被约束在固体材料中时，这种偏转就导致在垂直电流和磁场方向上产生正负电荷的聚积，从而形成附加的横向电场，即霍尔电场 U_H。霍尔元件是应用霍尔效应的半导体，一般用于测定电动机中转子的转速，如录像机的磁鼓、计算机中的散热风扇等的转速，霍尔元件是一种基于霍尔效应的磁传感器，它已发展成一个品种多样的磁传感器产品族，并已得到广泛的应用。

1. 霍尔效应

霍尔效应在 1879 年被物理学家霍尔发现，它定义了磁场和感应电压之间的关系，这种效应和传统的电磁感应完全不同。当电流通过一个位于磁场中的导体的时候，磁场会对导体中的电子产生一个垂直于电子运动方向上的作用力，从而在垂直于导体与磁感线的两个方向上产生电势差。如图 6-2 所示，在半导体薄片两端通以控制电流 I，并在薄片的垂直方向施加磁感应强度为 B 的匀强磁场，则在垂直于电流和磁场的方向上，将产生电势差为 U_H 的霍尔电压，它们之间的关系为：$U_H=k\dfrac{IB}{d}$。式中，d 为薄片的厚度，k 称为霍尔系数，它的大小与薄片的材料有关。

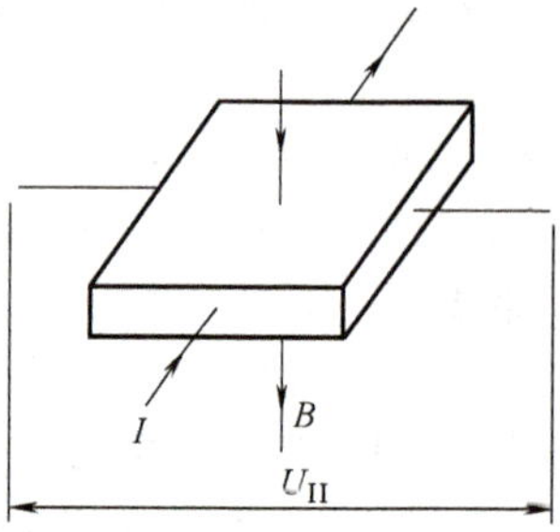

图 6-2　霍尔效应

上述效应称为霍尔效应，它是德国物理学家霍尔研究载流导体在磁场中受力的性质时发现的。

2. 霍尔元件

根据霍尔效应，人们用半导体材料制成的元件叫霍尔元件。它具有对磁场敏感、结构简单、体积小、频率响应宽、输出电压变化大和使用寿命长等优点，因此，在测量、自动化、计算机和信息技术等领域得到广泛的应用。

（1）霍尔元件的结构

霍尔元件的结构简单，由半导体薄膜、引线和壳体三部分组成。霍尔元件有四根引线，分别是：控制电流端引线 1 和 1′、霍尔电压输出端引线 2 和 2′，外形如图 6-3a 所示。半导体薄膜一般采用 N 型的锗、硅、锑化铟和砷化铟等半导体单晶材料制成，霍尔元件的壳体由不具有导磁性的金属、陶瓷或环氧树脂封装而成，其结构示意图如图 6-3b 所示。

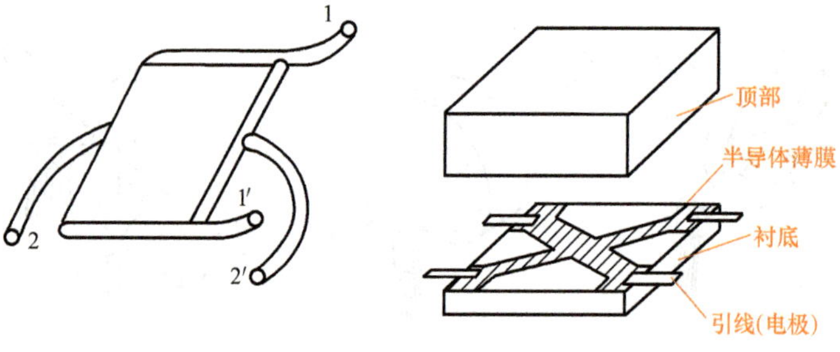

a)　　b)

图 6-3　霍尔元件

a）外形　b）结构示意图

（2）霍尔元件的基本测量电路

霍尔元件的基本测量电路如图 6-4a 所示。在电路中，霍尔元件可以用图 6-4b 所示的两种结构示意图表示。控制电流 I 由电源 E 供给，调节电阻 RP 可以调节控制电流的大小。霍尔输出端接负载电阻 R_L，R_L 可以是一般电阻，也可以是放大器的输入电阻或表头内阻。

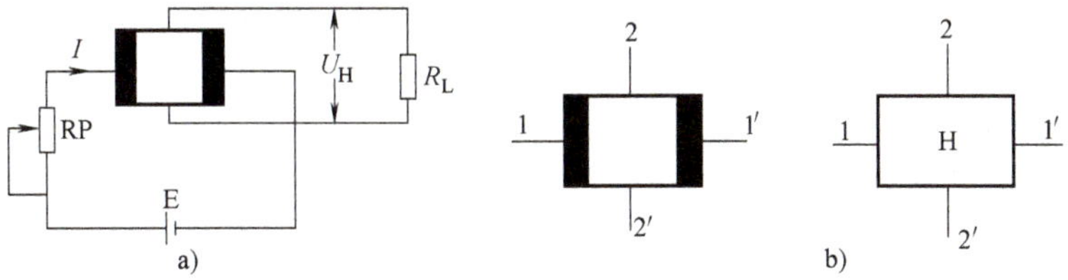

图 6-4　霍尔元件的基本测量电路

a）电路　b）结构示意图

（3）霍尔元件的连接

在实际使用中，为了获得较大的输出霍尔电动势，可以将几片霍尔元件连接起来使用。当元件工作在直流状态时，可以把霍尔元件的电压输出极串联起来，但控制电流极必须并联，如图 6-5a 所示，通过调节可调电阻 RP_1、RP_2 的阻值使两个元件输出电动势相等，则 C、D 端的输出电压就等于单个霍尔元件的输出电压的两倍。这种连接方式虽然增加了输出电动势，但输出内阻也随之增加了。将霍尔元件串联使用时，注意不要将霍尔元件连接成图 6-5b 所示，因为控制电流极串联使得霍尔电压输出极短接，导致元件不能正常工作。

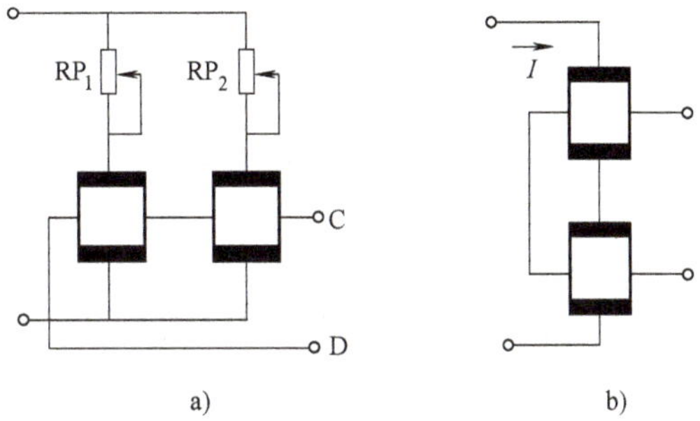

图 6-5　霍尔元件的连接

a）正确连接　b）错误连接

6.1.2　霍尔元件的特性

1. 霍尔元件的主要技术参数

（1）霍尔系数（又称霍尔常数）R_H

在磁场不太强时，霍尔电势差 U_H 与激励电流 I 和磁感应强度 B 的乘积成正比，与霍尔片的厚度 δ 成反比，即 $U_H=R_H \times I \times B/\delta$。式中，$R_H$ 称为霍尔常数，它表示霍尔效应的强弱。另外，$R_H=\mu \times \rho$，即霍尔常数等于霍尔片材料的电阻率 ρ 与电子迁移率 μ 的乘积。

（2）霍尔灵敏度 K_H（又称霍尔乘积灵敏度）

霍尔灵敏度与霍尔系数成正比，与霍尔片的厚度 δ 成反比，即 $K_H=R_H/\delta$，它通常可以表征霍尔常数。

（3）霍尔额定激励电流

当霍尔元件自身温升 10℃时所流过的激励电流称为额定激励电流。

（4）霍尔最大允许激励电流

以霍尔元件允许最大温升为限制所对应的激励电流称为最大允许激励电流。

（5）霍尔输入电阻

霍尔激励电极间的电阻值称为输入电阻。

（6）霍尔输出电阻

霍尔输出电极间的电阻值称为输出电阻。

（7）霍尔元件的电阻温度系数

在不施加磁场的条件下，环境温度每变化1℃，电阻的相对变化率，用 α 表示，单位为%/℃。

（8）霍尔不等位电势（又称霍尔偏移零点）

在没有外加磁场和霍尔激励电流的情况下，在输出端空载测得的霍尔电势差称为不等位电势。

（9）霍尔输出电压

在外加磁场和霍尔激励电流为 I 的情况下，在输出端空载测得的霍尔电势差称为霍尔输出电压。

（10）霍尔电压输出比率

霍尔不等位电势与霍尔输出电势的比率，即霍尔电压输出比率。

（11）霍尔寄生直流电势

在外加磁场为零、霍尔元件用交流激励时，霍尔电极输出除了交流不等位电势外，还有直流电势，称寄生直流电势。

（12）霍尔不等位电势

在没有外加磁场和霍尔激励电流的情况下，环境温度每变化1℃时，不等位电势的相对变化率。

（13）霍尔电势温度系数

在外加磁场和霍尔激励电流为 I 的情况下，环境温度每变化1℃时，不等位电势的相对变化率。它同时也是霍尔系数的温度系数。

（14）热阻 R_t

霍尔元件工作时功耗每增加1W，霍尔元件升高的温度值称为它的热阻。热阻反映了元件散热的难易程度，单位为℃/W。

2. 霍尔元件的误差

使用霍尔元件时，有很多因素影响测量精度，它们在输出的霍尔电动势中叠加各种误差电动势，对测量结果造成不良影响。产生这些误差电动势的主要原因既有半导体本身固有的特性和制造工艺问题，又有现场环境温度的变化以及实际使用时存在的各种不良因素，它们都会影响霍尔元件的性能，从而带来误差。霍尔元件的主要误差有零位误差和温度误差。

（1）零位误差

霍尔元件的零位误差主要有不等位电动势、寄生直流电动势、感应零电动势和自激场零电动势。

1）不等位电动势。

当霍尔元件在额定控制电流作用下，不加外磁场（$B=0$）时，霍尔元件输出端之间的空载电动势称为不等位电势。不等位电势是霍尔零位误差中最主要的一种。产生的原因有：

- 霍尔电极安装位置不对称或不在同一等电位面上；
- 半导体材料不均匀造成了电阻率不均匀或几何尺寸不均匀；
- 激励电极接触不良造成激励电流不均匀分布等。

以上这些因素都会导致两个霍尔电极不处在同一等电位面上，从而产生不等位电动势，如图6-6所示。

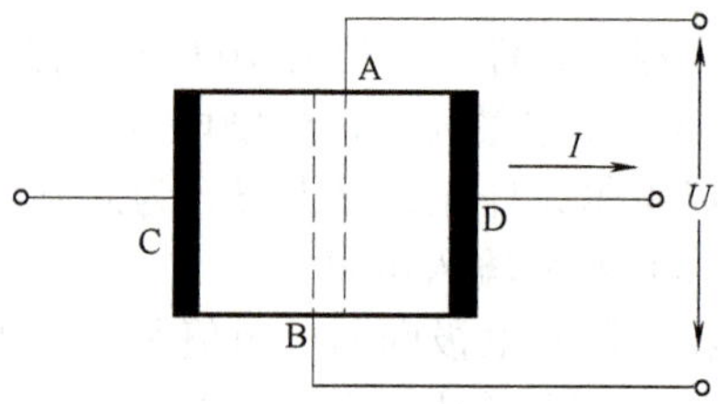

图6-6 不等位电动势示意图

把霍尔元件等效为一个电桥，如图6-7所示。假设各桥臂电阻分别为 R_1、R_2、R_3、R_4，理想状态下，霍尔电极 A、B 处在同一等位面上，$R_1=R_2=R_3=R_4$，电桥平衡，元件的不等位电动势为零，但在实际使用时，霍尔电极 A、B 一般都不处在同一等电位面上，桥臂电阻 R_1、R_2、R_3、R_4 不再相等，电桥失去平衡，元件产生不等位电动势。可根据 A、B 两点的电位高低，在某一桥臂上并联一定的电阻 R_P，使电桥平衡，从而使元件的不等位电动势为零。常见的补偿电路有 3 种，如图 6-8 所示。

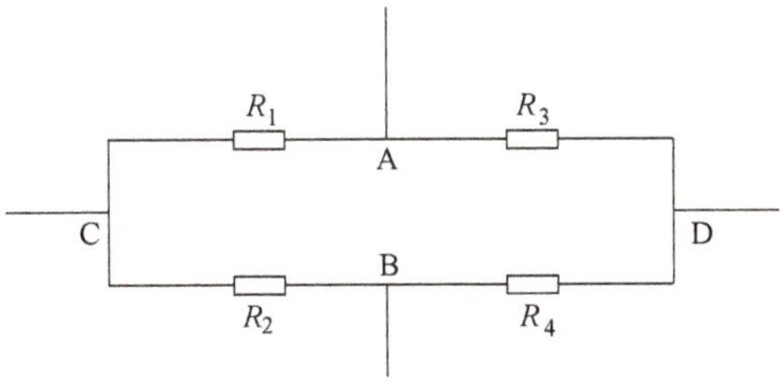

图 6-7　霍尔元件的等效电路

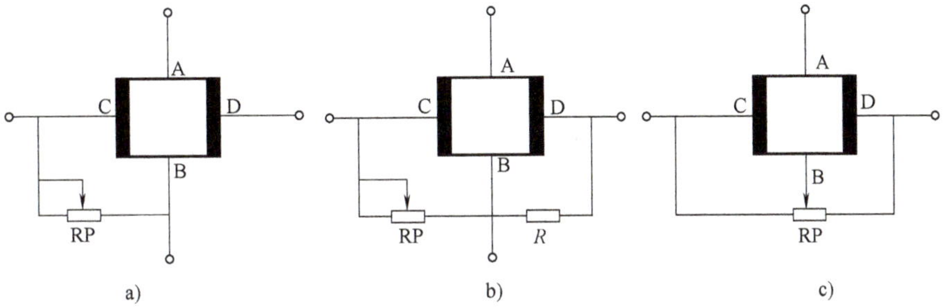

图 6-8　零位电动势补偿电路

a）B、C 极之间加可调电阻　b）D、C 极之间加可调电阻和固定电阻　c）B、D、C 之间加可调电阻

2）寄生直流电动势。

霍尔元件在通以交流控制电流而不加外磁场的情况下，除了输出交流不等位电动势外，还有直流电动势分量输出，此直流电动势称为寄生直流电动势。寄生直流电动势产生的原因有：

- 激励电极与霍尔电极接触不良，形成非欧姆接触，造成整流效果；
- 两个霍尔电极大小不对称，则两个电极点的热容不同，散热状态不同形成极向温差电势。寄生直流电势在 1mV 以下，它是影响霍尔片温漂的原因之一。因此在元件制作和安装时，应尽量使电极呈欧姆接触，保持散热良好，以减少寄生电动势的影响。

3）感应零电动势。

霍尔元件在交流或脉冲磁场中工作时，即使不加控制电流，霍尔端也会有输出，这个输出就是感应零电动势。感应零电动势产生的原因主要是霍尔电极的引线不合理。

4）自激场零电动势。

当霍尔元件通以控制电流时，此电流就产生磁场，该磁场称为自激场，此时的输出为自激场零电动势。自激场零电动势产生的原因是控制电流引线弯曲不当。

（2）温度误差及其补偿

霍尔元件是采用半导体材料制成的，因此它们的许多参数都具有较大的温度系数。当温度变化时，霍尔元件的载流子浓度、迁移率、电阻率及霍尔系数都将发生变化，因此，霍尔元件的输入电阻、输出电阻、灵敏度等也将受到温度变化的影响，从而给测量带来较大的误差。

为了减小霍尔元件的温度误差，除选用温度系数小的元件或采用恒温措施外，也可以采取恒流源供电、选取合适的负载电阻和采用热敏元件等温度补偿措施。

采取恒流源供电的温度补偿电路如图 6-9 所示。在控制电流恒定的情况下，对于具有正温度系数的霍尔元件，可在其输入回路中并联电阻来进行补偿。这个电阻起分流作用。当温度升高时，霍尔元件的霍尔电动势和内阻 R_i 都随之增加。由于补偿电阻 R_1 的存在，在 I 为定值时，通过霍尔元件的电流 I_H 减小，通过补偿电阻 R_1 的电流 I_0 的增加，从而使霍尔电动势的温度误差得到补偿。

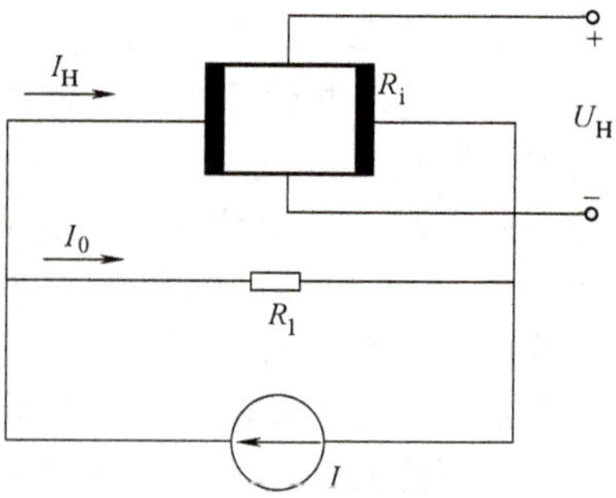

图 6-9 温度补偿电路

6.1.3 霍尔集成电路

利用硅集成电路工艺，把霍尔元件、放大器、稳压电源、功能电路及输出电路等集成在同一芯片内，构成独立的霍尔传感器。这种霍尔集成电路体积小，价格便宜，而且带有补偿电路，有助于减小误差，改善稳定性，广泛应用于测量领域。

霍尔传感器以霍尔效应为其工作基础，是由霍尔元件和附属电路组成的集成传感器。霍尔传感器广泛应用于工业自动化技术中，同时在工业生产、交通运输及日常生活中也有着非常广泛的应用。

由于霍尔元件产生的电势差很小，通常将霍尔元件与放大器电路、温度补偿电路及稳压电源电路等集成在一个芯片上，称之为霍尔传感器。

霍尔传感器也称为霍尔集成电路，其外形较小，图 6-10 所示是其中一种 TO-92 封装的外形图。其尺寸为 3mm×4mm×1. 57mm。图中，1 引脚为电源+，2 引脚为电源-，3 引脚为输出。

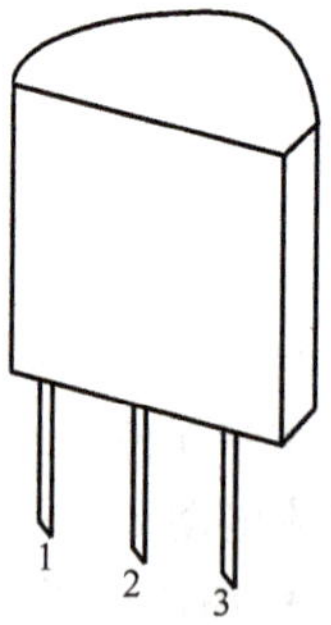

图 6-10 霍尔传感器

按照霍尔元件的功能不同，可将霍尔集成型霍尔传感器分为线性型霍尔传感器和开关型霍尔传感器。前者输出模拟量，后者输出数字量。

1. 线性型霍尔传感器

线性型霍尔传感器是一种输出模拟信号的磁传感器，输出电压随输入的磁力密度线性变化。线性型霍尔传感器 IC 的电压输出会精确跟踪磁通密度的变化。在静态（无磁场）时，从理论上讲，输出应等于在工作电压及工作温度范围内的电源电压的一半。增加 S 极磁场将增加来自其静态电压的电压。增加 N 极磁场也将增加来自其静态电压的电压。这些部件可测量电流、接近性、运动及磁通量。它们能够以磁力驱动的方式反映机械事件。线性型霍尔传感器能直接检测出受检测对象本身的磁场或磁特性，一般应用于调速、测电压、电流、功率、厚度、线圈匝数等。单端输出的线性型霍尔传感器电路结构如图 6-11 所示。

线性型霍尔传感器的输出电压与外加磁场强度呈线性关系，如图 6-12 所示，可见，在

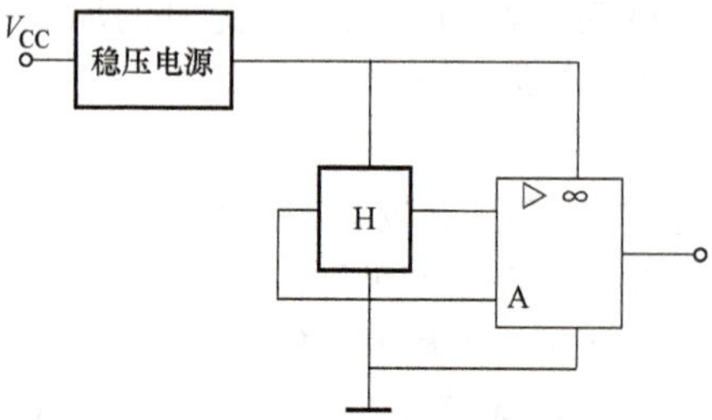

图 6-11 单端输出的线性型霍尔传感器电路结构

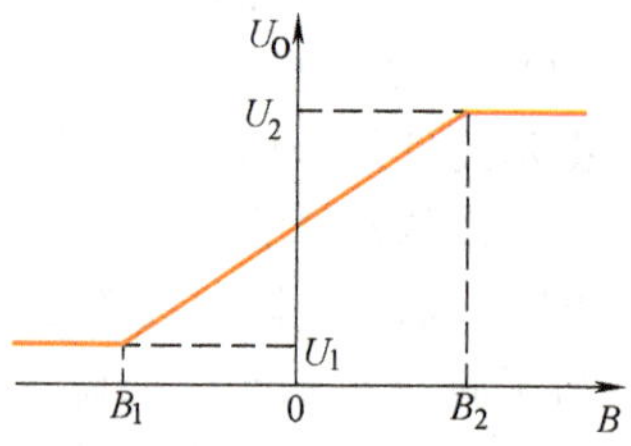

图 6-12 输出电压与外加磁场强度关系

$B_1 \sim B_2$ 的磁感应强度范围内，有较好的线性度，若磁感应强度超出此范围，传感器则呈现饱和状态。

线性型霍尔传感器可进行角度探测，其特性及典型应用见表 6-1。

表 6-1 线性型霍尔传感器特性和典型应用

型号	工作电压/V_{DD}/V	磁场范围/Gs	输出电压 VOT/V	灵敏度 S/(mV/Gs)	工作温度/℃	封装形式	典型应用
HAL95A	4.5~10.5	+/-670	0.5~4.5	3.125	-40~150	TO-92S	角度探测，如汽车油门
HAL49E	3.0~6.5	+/-100	0.8~4.25	1.4	-40~100	TO-92S	角度测量，如电动自行车车把

2. 开关型霍尔传感器

(1) 开关型霍尔传感器的结构和工作原理

开关型霍尔传感器是利用霍尔元件与集成电路技术结合而制成的一种磁敏传感器。它能感知一切与磁信息有关的物理量，并以开关的形式输出。开关型霍尔传感器具有使用寿命长、无触点磨损、无火花干扰、无转换抖动、工作频率高、温度特性好、能适应恶劣环境等优点。图 6-13 所示是开关型霍尔传感器的内部结构框图。它主要由稳压电源、霍尔元件、放大器、整形电路、输出电路组成。

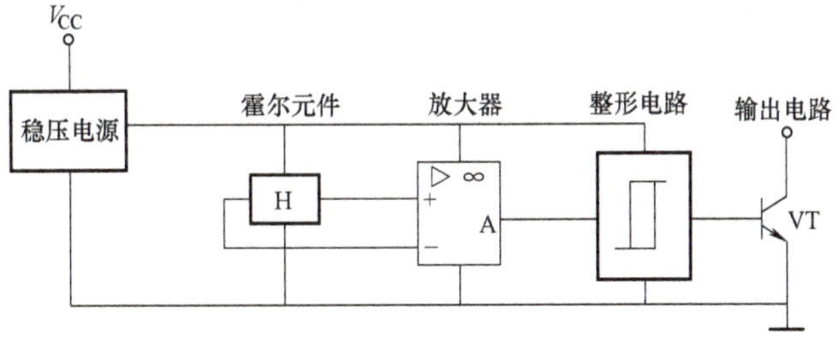

图 6-13 开关型霍尔传感器的内部结构框图

开关型霍尔传感器的工作原理：当变化的磁场作用在传感器上时，根据霍尔效应原理，霍尔元件输出霍尔电压 U_H，该电压经放大器放大后，送至施密特触发整形电路。当磁场较强时，放大后的电压 U_H 大于施密特触发器的“开启”阈值电压时，施密特触发整形电路翻转，输出高电平，使晶体管 VT 导通，开关型霍尔传感器进入开状态；当磁场减弱时，霍尔元件输出霍尔电压 U_H 变小，经放大后的电压 U_H 值仍小于施密特触发器“关闭”阈值电压时，施密特触发整形电路再次输出翻转，输出低电平，使晶体管 VT 截止，开关型霍尔传感器进入关状态。这样，一次磁场强度变化，使传感器对应地完成一次开关动作。

(2) 开关型霍尔传感器的工作特性

如图 6-14 所示，B_{OP} 为工作点“开”的磁感应强度，B_{RP} 为释放点“关”的磁感应强度。当外加的磁感应强度超过动作点 B_{OP} 时，传感器输出低电平；当磁感应强度降到动作点 B_{OP} 以下时，传感器输出电平不变；一直要降到释放点 B_{RP} 时，传感器才由低电平跃变为高电平。B_{OP} 与 B_{RP} 之间的滞后使开关动作更为可靠。

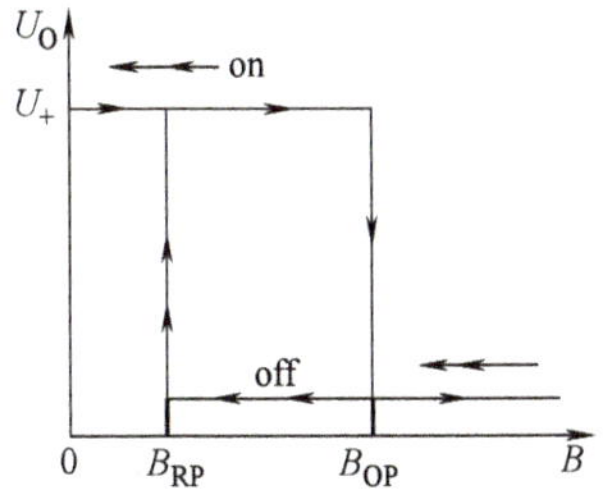

图 6-14 开关型霍尔传感器特性图

另外还有一种“锁键型”（或称“锁存型”）开关

型霍尔传感器，其特性如图 6-15 所示。当磁感应强度超过动作点 B_{OP} 时，传感器输出由高电平跃变为低电平，而在外磁场消失后，其输出状态保持不变（即锁存状态），必须施加反向磁感应强度达到 B_{RP} 时，才能使电平产生变化，即由低电平跃变为高电平。

按照感应方式分，可将开关型霍尔传感器分为单极性开关型霍尔传感器、双极性开关型霍尔传感器和全极性开关型霍尔传感器。

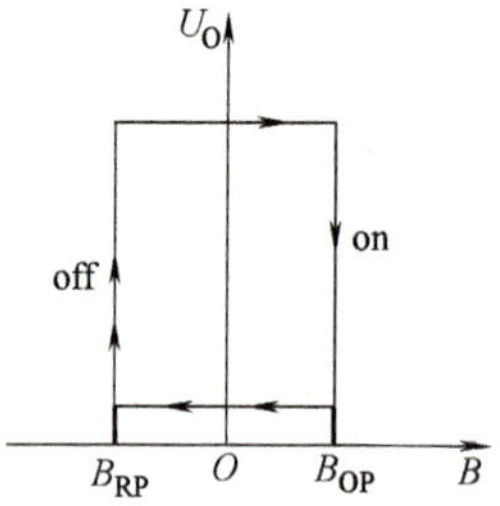

图 6-15　锁键型开关型霍尔传感器特性

单极性开关型霍尔传感器的感应方式：磁场的一个磁极靠近它时，输出低电位电压（低电平）或关的信号，磁场磁极离开它时输出高电位电压（高电平）或开的信号。但要注意的是，单极性开关型霍尔传感器会指定某磁极感应才有效，一般是正面感应磁场 S 极，反面感应磁场 N 极。

双极性开关型霍尔传感器的感应方式：因为磁场有两个磁极 N、S，所以两个磁极分别控制双极性开关型霍尔传感器的开和关（高低电平），它一般具有锁定的作用，也就是说，当磁极离开后，霍尔输出信号不发生改变，直到另一个磁极感应。另外，双极性开关型霍尔传感器的初始状态是随机输出的，有可能是高电平，也有可能是低电平。

全极性开关型霍尔传感器的感应方式：全极性开关型霍尔传感器的感应方式与单极性开关型霍尔传感器的感应方式相似，区别在于，单极性开关型霍尔传感器会指定磁极，而全极性开关型霍尔传感器不会指定磁极，任何磁极靠近都输出低电平信号，离开则输出高电平信号。

单极性开关型霍尔传感器有多种用途，其特性及典型应用见表 6-2。

表 6-2　单极性开关型霍尔传感器的特性和典型应用

型号	工作电压 V_{DD}/V	工作电流 I_{DD}/mA	工作点 B_{OP}/Gs	释放点 B_{RP}/Gs	工作温度 T_A/℃	封装形式	典型应用
HAL202	4～20	3.5	180	60	−40～85	TO-92S	位置检测、转速检测
HAL3134	4.5～24	10	110	20	−40～150	TO-92S	舞台灯光、车速仪表、空调电动机等
HAL3144E	3.8～30	4	250	230	−40～85	TO-92S	舞台灯光、车速仪表、空调电动机等
HAL44E	3.5～24	5	80～160	30～110	−40-125	SOT-23	电动机、无触点开关
HAL131	3.8～30	3.2	45	40	−40～125	TO-92S	霍尔接近开关传感器、转速探测
HAL43A	3.8～30	3.2	180	50	−40～150	TO-92S	速度和 RPM 传感器、转速计等
HAL43F	3.8～30	4.0	200	170	−40～150	TO-92S	速度和 RPM 传感器、转速计等
HAL58	3.5～24	2.5	180	137	−40～150	SOT-23	电动机、无触点开关
HAL543	3.5～24	5	160	110	−40～150	SOT-89B	无触点开关、位置检测、转速计
AD3144E	4.5～24	10	110	20	−40～85	TO-92S	舞台灯光、车速仪表、空调电动机等
AH3144L	4.5～24	10	110	20	−40～150	TO-92S	舞台灯光、车速仪表、空调电动机等
AH543	4.5～24	10	200	30	−40～150	SOT-89	无触点开关、位置检测、转速计

双极性锁存型霍尔传感器可用于直流无刷电动机、转速检测等，其特性及典型应用见表 6-3。

表 6-3 双极性锁存型霍尔传感器的特性和典型应用

型号	工作电压 V_{DD}/V	工作电流 I_{DD}/mA	工作点 B_{OP}/Gs	释放点 B_{RP}/Gs	工作温度 T_A/℃	封装形式	典型应用
HAL41F	3.8~30	4	120	120	-40~150	TO-92S	直流无刷电动机、转速检测
HAL732	2.5~24	2.5	18	-18	-40~150	SOT-23	高灵敏无触点开关、无刷电动机
HAL1881	2.4~24	2.5	30	-30	-40~150	SOT-23	高灵敏无触点开关、无刷电动机
HAL513	3.5~30	4	70	-70	-40~150	SOT-89	高灵敏无触点开关、无刷电动机
AH512	4.5~24	10	60	-60	-40~125	TO-92	高灵敏无触点开关、无刷电动机

全极性霍尔传感器可用作无触点开关、无刷电动机，其特性及典型应用见表 6-4。

表 6-4 全极性霍尔传感器的特性和典型应用

型号	工作电压 V_{DD}/V	工作电流 I_{DD}/mA	工作点 B_{OP}/Gs	释放点 B_{RP}/Gs	工作温度 T_A/℃	封装形式	典型应用
HAL149	2.5~3.5	1.1	45	32	-40~125	TO-92S	高灵敏无触点开关、无刷电动机
HAL13S	2.4~5.5	0.009	55	25	-40~85	SOT-23	低功耗数码产品：如手机
HAL148	2.4~5.5	0.005	45	32	-40~125	TO-92S	低功耗数码产品：如电筒
HAL148L	1.8~3.5	0.005	45	32	-40~125	SOT-23	玩具

按被检测对象的性质不同，可将霍尔元件的应用分为直接应用和间接应用。前者是直接检测出受检测对象本身的磁场或磁特性，后者是检测受检对象人为设置的磁场，这个磁场作为被检测信息的载体，将许多非电非磁的物理量（例如力、力矩、压力、应力、位置、位移、速度、加速度、角度、角速度、转数、转速）以及工作状态发生变化的时间等，转变成电量来进行检测和控制。

6.1.4 测试霍尔传感器

1. 测试霍尔传感器在静态测量中的应用

基本原理：霍尔传感器是由两个环形磁钢组成的梯度磁场和位于梯度磁场中的霍尔元件组成的。当霍尔元件通过恒定电流时，霍尔元件在梯度磁场中上下移动，输出的霍尔电势 V 取决于其在磁场中的位移量 X，所以测得霍尔电势的大小便可获知霍尔元件的静位移。

旋钮初始位置：将差动放大器增益旋钮旋到最小，将电压表置 20V 档，将直流稳压电源置 2V 档，主、副电源关闭。

具体测试步骤如下。

1）了解霍尔传感器的结构（如图 6-16a 所示），熟悉它在实验仪上的安装位置及霍尔片在实验面板上的符号。霍尔片安装在实验仪的振动圆盘上，两个半圆永久磁钢固定在实验仪的顶板上，两者组合成霍尔传感器。

2）开启主、副电源将差动放大器调零后，增益最小，关闭主电源，根据图 6-16b 接线，W_1、R 组成电桥单元的直流电桥平衡网络。

3）装好测微头，调节测微头与振动台，使霍尔片置于半圆磁钢上下正中位置。

4）开启主、副电源，调整 W_1 使电压表指示为零。

5）上下旋动测微头，记下电压表的读数，建议每 0.5mm 读一个数，将读数填入表 6-5。

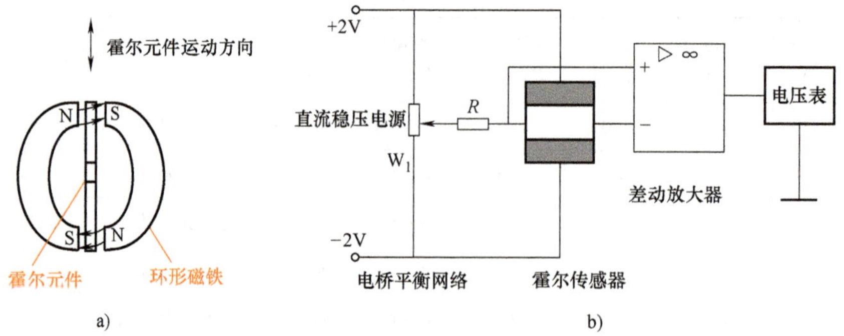

图 6-16 霍尔传感器的结构和接线图

a）结构 b）接线图

表 6-5 霍尔传感器应用

X/mm								
V/V								

绘制 *V-X* 曲线，指出线性范围，求出灵敏度，关闭主、副电源。

可见，本测试测出的实际上是磁场情况，磁场分布为梯度磁场，位移测量的线性度和灵敏度与磁场分布有很大关系。

6）测试完毕后关闭主、副电源，将各旋钮置于初始位置。

注意事项：

- 由于磁路系统的气隙较大，应使霍尔片尽量靠近磁极头，以提高灵敏度。
- 一旦调整好后，测量过程中不能移动磁路系统。
- 激励电压不能超过 2V，以免损坏霍尔片。

2. 测试霍尔传感器在电动自行车调速中的应用

测试电动车调速转把

霍尔传感器广泛应用在航空航天、医疗、交通运输、工业等诸多领域。目前应用比较活跃的就是电动自行车领域。这一切都归功于霍尼韦尔的高质量线性霍尔元件。高灵敏度霍尔效应锁存器采用的是双霍尔或者单霍尔元件，这使得它对封装应力非常敏感，而线性霍尔元件则使这些传感器更加稳定和出色。这些新型的高灵敏度锁存器是专门为无刷直流电动机设计的。它的特点有：宽温度范围，高灵敏度，紧凑型设计（有 SOT-23 和 TO-92 两种封装供客户选择），双极锁存型磁性元件（在整个使用温度范围内均能保持性能稳定），宽电压范围，内置反向电压功能，符合 ROHS 标准的材料。这些优良特性对各类工业应用中的无刷直流电动机都十分重要。霍尼韦尔传感器配有可靠的高磁灵敏度开关，其霍尔元件也未使用斩波稳定技术。霍尼韦尔拥有的这些特性使得传感器能够输出完整的信号，缩短锁存响应时间至 20μs。

电动自行车的调速部件是一种线性调速部件，样式很多，但工作原理是一样的。它一般位于电动自行车的右边，即骑行时右手的方向，电动自行车车把转动角度范围在 0°～30°之间。电动自行车速度控制信号的特征体现在速度控制的形式、信号特征及信号改制三方面。

电动自行车的调速部件有 3 根引线，分别是电源线、地线和调速信号线。电动自行车调速部件的供电电源为+5V，电源线颜色为红色，地线颜色为黄色，调速信号作线性连续变化，其信号线颜色为绿色。电动自行车调速引线如图 6-17 所示。电动自行车上使用的调速部件有光电调速部件和霍尔调速部件两种，目前采用霍尔调速部件的占绝大多数。霍尔调速部件采用以下常见型号线性霍尔元件：AH3503、AH49E 、A3515、A3518、SS495。如 AH3503 线性霍尔电路由电压调整器、霍尔电压发生器、线性放大器和射极跟随器组成，其输入是磁感应强度，输出是和输入量成正比的电压。静态输出电压是电源电压的一半左右。S 磁极出现在霍尔传感器标记面时，将驱动输出正电压；N 磁极将驱动输出负电压；瞬时和比例输出电压取决于器件最敏感面的磁场强度。提高电源电压可增加灵敏度。产品特点：体积小、精确度高、灵敏度高、线性好、温度稳定性好、可靠性高。霍尔调速部件输出电压的大小取决于霍尔元件周围的磁场强度。转动调速部件改变了霍尔元件周围的磁场强度，也就改变了霍尔调速部件的输出电压。

图 6-17　电动自行车的调速引线

电动自行车调速部件的输入电压分两种：正把 5V 供电，反把 5V 供电。电动车上使用的霍尔调速部件输出电压有以下几种：单霍尔调速信号 1—4.2V（最多）/4.2—1V（少量）；单霍尔调速信号 2.6—3.7V（极少）/3.7—2.6V；单霍尔调速信号 1—2.5V /2.5—1V；单霍尔调速信号 2.5—4V /4—2.5V；双霍尔调速信号 0—5V/5—0V；光电调速信号 0—5V（少量）/5—0V。其中最常用的是以下两种调速信号：1—4.2V（俗称正把），4.2—1V（俗称反把）。两种调速信号中，1—4.2V 的调速信号占绝大多数，其他调速信号的调速部件在目前市场中存在很少，已成为事实中的非标产品。这种非标的调速部件在早期的电动自行车上使用比较多。因此目前市场上通用的控制器绝大多数是识别 1—4.2V 调速信号的产品。当电动自行车的调速部件或控制器需要维修更换时，一旦遇到调速信号与控制器不匹配的情况，就需要对调速部件进行改制，使其输出信号能匹配控制器。调速输出信号改制方法：将调速部件拆开，改变调速部件里面磁钢工作面的极性，就可以改变调速部件输出的电位。如果调速部件内有两个磁钢，分别将两个磁钢都转 180°，再装好；如果调速部件内只有一个磁钢，将磁钢取出，反转 180°后，装好调速部件，这样就改变了调速部件内霍尔元件工作磁场的起始位置，从而实现了调速部件输出信号的改制。锁定调速部件内加一个机械开关按钮，可以在控制器的控制下作为模式转换按钮，用于 1∶1 助力、电动、定速、故障自检的模式转换。

调速信号是电动自行车电动机旋转的驱动信号，刹车信号是电动机停止转动的制动信号。电动自行车标准要求电动自行车在刹车制动时，控制器应能自动切断对电动机的供电。因此电动自行车闸把上应该有位置传感元件，在有刹车动作时，将刹车信号传给控制器，控制器接收到刹车信号后，立即停止对电动机的供电。

电动自行车闸把的位置传感元件有机械式微动开关（分机械常开和机械常闭两种）和开关型霍尔元件（分刹车低电位和刹车高电位）两种。机械式微动开关型有两条引线：一条接电源负极，另一条接断电线，适用于低电平刹车控制器。支持高电平刹车的控制器有两条引线：一条接+12V 电源，另一条接断电线。开关型霍尔元件的三条引出线分别是：刹车线（蓝色，+5V）、电源负极（黑色），以及断电线。常见单极性开关型霍尔传感器的型号有：

AH41、AH3144、A3144、A3282。

一般，机械常开的刹车信号是常高电位，当刹车时，刹车手柄内部的微动开关闭合，其信号变成低电位。机械常闭的刹车信号是常低电位，当刹车时，刹车手柄内部的微动开关打开，其信号变成高电位。电子低电位刹车手柄的刹车信号是常高电位，当刹车时，刹车手柄内部的霍尔元件信号翻转，其信号变成低电位。电子高电位刹车手柄的刹车信号是常低电位。刹车信号高低电位的变化，是控制器识别电动车是否处于刹车状态，从而判断控制器是否给电动机供电。当电动车的闸把或控制器需要维修更换时，会遇到闸把信号与控制器不匹配的情况，这就需要对刹车手柄进行改制，使其输出信号能匹配控制器。因此在维修实践中，不论刹车手柄的形式如何，也不论控制器识别何种刹车信号，应做到能对各种形式的刹车信号进行适当改进，以匹配成控制器能识别的信号。

下面以检修电动自行车为例，介绍检测霍尔传感器的具体操作方法。

（1）检测电压

打开控制器，找到控制器的电源插头，如图 6-18 所示，一般是黑、红粗线和一根橙色细线的插头，用万用表的 200V 档检测黑、红粗线电压，大于 48V 说明电瓶正常，然后检测黑粗线和橙色细线的电压，发现打开钥匙电压为 48V，关闭钥匙电压为 0V。

（2）判断控制器和电动机好坏

找到转把和刹车的 4 线插头，如图 6-19 所示，一般绿色是调速线，白色是刹车线，红色和黑色线是 5V 电源的正负极，拔开插头，用导线短接红、绿线，如果电动机转，说明控制器和电动机没有问题，如果不转，要进一步检查控制器和电动机。

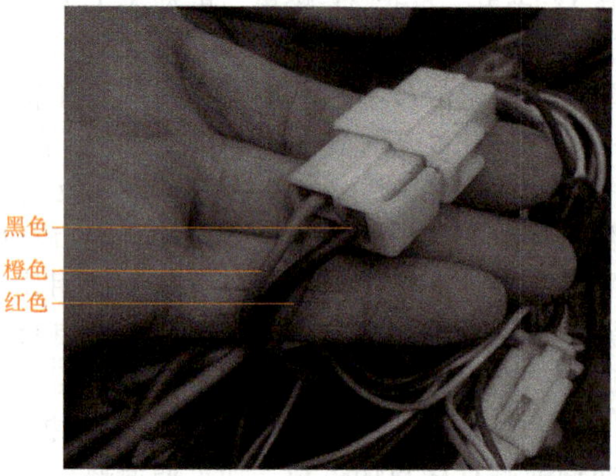

图 6-18　控制器电源插头

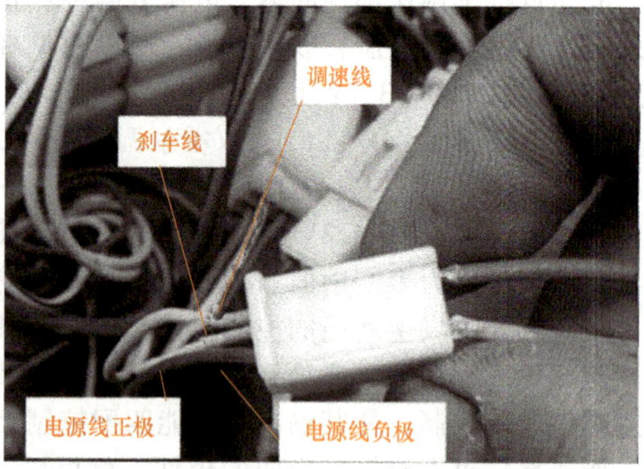

图 6-19　转把和刹车的 4 线插头

（3）判断电动机是否断路

拔开电动机的三根主线，分别短接黄线和蓝线，黄线和绿线，如图 6-20 所示，同时转动后轮，后轮的转动应该有沉重感，如果没有，就是电动机断路了。

（4）判断霍尔传感器好坏

找到霍尔传感器的 5 线插头，用万用表分别检测黑线和黄、绿、蓝线之间的电压，同时慢慢转动后轮，万用表应该在 0~5V 之间不断变化，如果始终为 0 或 5V，说明霍尔传感器损坏了。

图 6-20　短接电动机的三根主线

6.2　光电传感器的原理及测试

光电传感器是采用光电元件作为检测元件的传感器。它首先把被测量的变化转换成光信号的变化，然后借助光电元件进一步将光信号转换成电信号。

光电传感器具有测量精度高、灵敏度高、体积小、重量轻、调试简单等特点。光电传感器可以用于监控烟尘污染、条形码扫描、产品计数、转速测量、亮度控制、激光武器、自动抄表系统等检测技术、自动化控制及智能控制领域。在工业、医疗、船舶、机床等多个行业都有一定的应用。

6.2.1　认识光电元件和光电传感器

认识光电元件和光电传感器

光电元件的理论基础是光电效应。光可以认为是由一定能量的粒子（光子）所形成，每个光子具有的能量 $h\gamma$ 正比于光的频率 γ，即光的频率越高，其光子的能量就越大。用光照射某一物体，可以看作物体受到一连串能量为 $h\gamma$ 的光子轰击，组成这物体的材料吸收光子能量而发生相应电效应的物理现象称为光电效应。通常把光电效应分为三类：外光电效应、内光电效应和光生伏特效应。根据这些光电效应可制成不同的光电转换器件（光电器件），如光电管、光电倍增管、光敏电阻、光电二极管、光电晶体管、光电池等。

1. 光电效应

（1）外光电效应

光照射于某一物体上，使电子从这些物体表面逸出的现象称为外光电效应，也称光电发射。逸出来的电子称为光电子。外光电效应可由爱因斯坦光电效应方程来描述：

$$\frac{1}{2}mv^2 = h\gamma - A$$

式中　m——电子质量；

v——电了逸出物体表面时的初速度；

h——普朗克常数，$h = 6.626\times10^{-34}$ J · s（焦耳 · 秒）；

γ——入射光频率；

A——物体逸出功。

根据爱因斯坦假设，一个光子的能量只能给一个电子，因此一个单个的光子把全部能量传给物体中的一个自由电子，使自由电子能量增加 $h\gamma$。这些能量一部分用于克服逸出功 A，另一部分作为电子逸出时的初动能 $\frac{1}{2}mv^2$。

由于逸出功与材料的性质有关，当材料选定后，要使物体表面有电子逸出，入射光的频率 γ 有一个最低的限度，当 $h\gamma$ 小于 A 时，即使光通量很大，也不可能有电子逸出，这个最低限度的频率称为截止频率，相应的波长称为极限波长。当 $h\gamma$ 大于 A（入射光频率超过截止频率）时，光通量越大，逸出的电子数目也越多，电路中光电流也越大。

基于外光电效应的光电器件有光电管和光电倍增管。

（2）内光电效应

光照射于某一物体上，使其导电能力发生变化，这种现象称为内光电效应，也称光电导效应。许多金属硫化物、硒化物、碲化物等半导体材料，如硫化镉、硒化镉、硫化铅、硒化铅在受到光照时均会出现电阻下降的现象。另外，电路中反向的 PN 结在受到光照时也会在该

PN 结附近产生光生载流子（电子-空穴对），从而对电路构成影响。

基于内光电效应的光电器件有光敏电阻、光电二极管、光电晶体管和光控晶闸管等。

（3）光生伏特效应

在光线作用下，物体产生一定方向电动势的现象称为光生伏特效应。具有该效应的材料有硅、硒、氧化亚铜、硫化镉、砷化镓等。例如在一块 N 型硅半导体上，用扩散的方法掺入一些 P 型杂质，而形成一个大面积的 PN 结，由于 P 层做得很薄，从而使光线能穿透到 PN 结上。当一定波长的光照射 PN 结时，就产生电子-空穴对，在 PN 结内电场的作用下，空穴移向 P 区，电子移向 N 区，从而使 P 区带正电，N 区带负电，于是 P 区和 N 区之间产生电压，即光生电动势。

基于光生伏特效应的光电器件有光电池等。

2. 光电器件

（1）光电管和光电倍增管

一种常见的光电管的外形如图 6-21 所示。金属阳极 A 和阴极 K 封装在一个玻璃壳内，当入射光照射在阴极时，光子的能量传递给阴极表面的电子，当电子获得的能量足够大时，就有可能克服金属表面对电子的束缚（称为逸出功）而逸出金属表面形成电子发射，这种电子称为光电子。在光照频率高于阴极材料截止频率的前提下，溢出电子数取决于光通量，光通量越大，则溢出电子越多。当在光电管阳极与阴极间加适当正向电压（数十伏）时，从阴极表面溢出的电子被具有正向电压的阳极所吸引，在光电管中形成电流，称为光电流。光电流 I_ϕ 正比于光电子数，而光电子数又正比于光通量。光电管的图形符号及测量电路如图 6-22 所示。

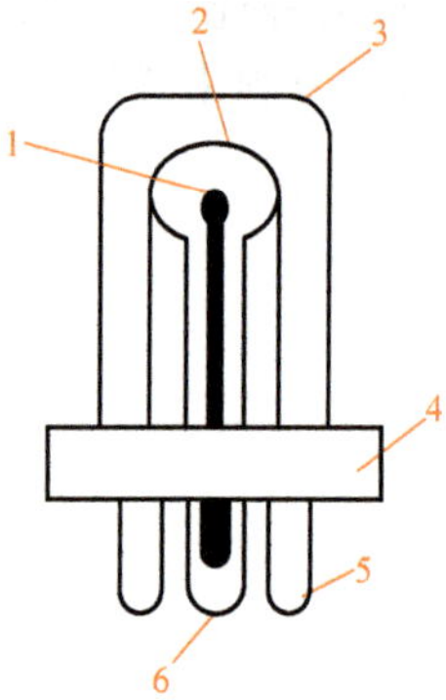

图 6-21　一种常见的光电管外形

1—阳极 A　2—阴极 K　3—玻璃外壳

4—管座　5—电极引脚　6—定位销

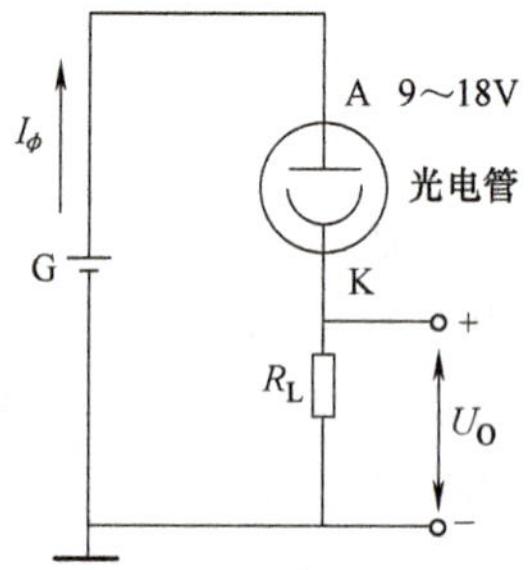

图 6-22　光电管的图形符号及测量电路

光电倍增管有放大光电流的作用，灵敏度非常高，信噪比大，线性好，多用于微光测量。图 6-23 所示是光电倍增管的结构示意图。

从图 6-23 中可以看到，光电倍增管也有一个阴极 K 和一个阳极 A。与光电管不同的是，在它的阴极和阳极间设置了多个二次发射电极 D_1、D_2、……，它们又被称为第一倍增极、第二倍增极……，相邻电极间通常加上 100V 左右的电压，其电位逐级升高，阴极电位最低，阳极电位最高，两者之差一般为 600～1200V。

当微光照射阴极 K 时，从阴极 K 上逸出的光电子被第一倍增极 D_1 所加速，以很高的速度轰击 D_1，入射光电子的能量传递给 D_1 表面的电子使它们从 D_1 表面逸出，这些电子称为二次电子，一个入射光电子可以产生多个二次电子。D_1 发射出来的二次电子被 D_1、D_2 间的电场加速，射向 D_2，并再次产生二次电子发射，得到更多的二次电子。这样逐级前进，一直到最后达到阳极 A 为止。若每级的二次电子发射倍增率为 δ，共有 n 级（通常可达 9～11 级），则光电倍增管阳极得到的光电流比普通光电管大 $\delta \cdot n$ 倍，因此光电倍增管灵敏度极高。其光电特性基本上是一条直线。

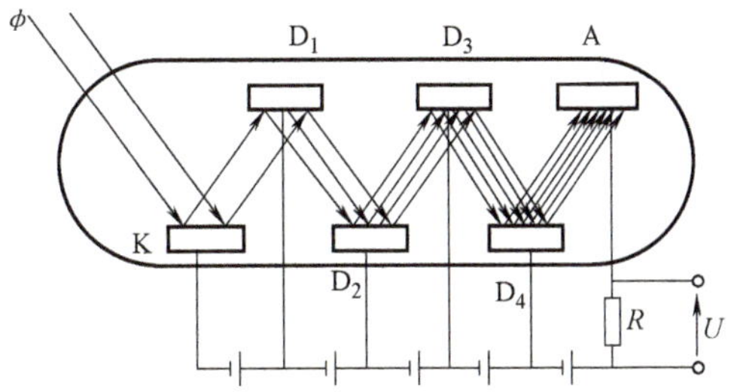

图 6-23　光电倍增管的结构示意图

A—阳极　K—阴极　D_1—第一倍增极

D_2—第二倍增极　D_3—第三倍增极

1）光照特性。

加在光电管阳极的电压一定时，流过光电管电流 I_ϕ 与入射的光通量 ϕ 之间的关系称为光电管光照特性。如图 6-24 所示，图中直线 1 表示氧铯阴极光电管的光照特性，其光电流 I_ϕ 随光通量 ϕ 的增加而增加，呈线性关系。曲线 2 为锑铯阴极光电管的光照特性，当光通量ϕ<0. 5lm（lm 是光通量单位）时，光电流 I_ϕ 随光通量 ϕ 变化迅速，之后变化缓慢，两者呈非线性关系。

图 6-25 所示是光电倍增管的光照特性曲线。当光通量 $\phi<10^{-2}$lm 时，阳极电流 I_ϕ 和光通量 ϕ 呈良好的线性关系；但当光通量 $\phi>10^{-2}$lm 时，光照特性曲线呈现较强的非线性，光电倍增管灵敏度下降。

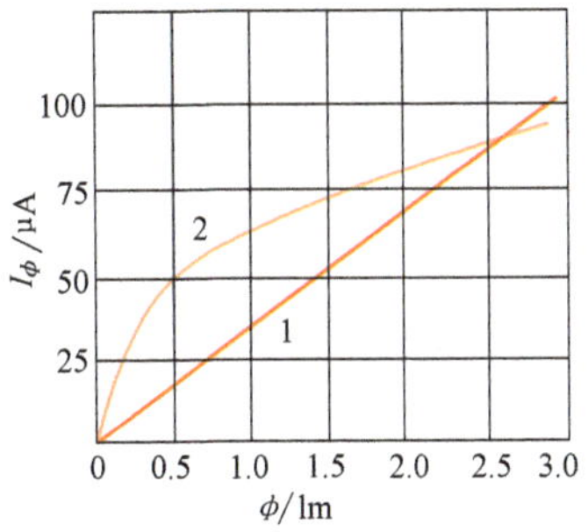

图 6-24　光电管的光照特性

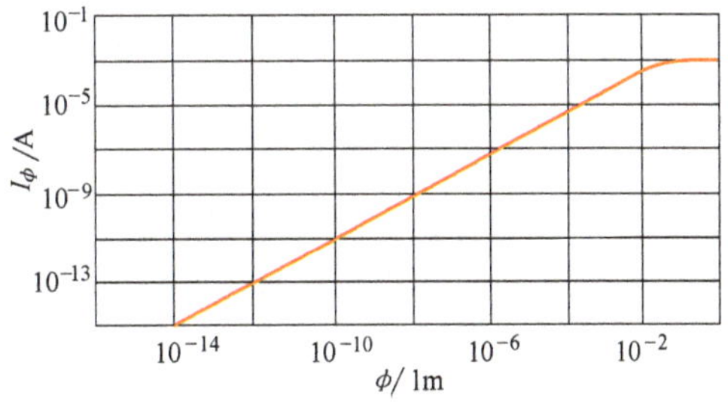

图 6-25　光电倍增管的光照特性

2）光谱特性。

当不同波长的入射光分别照射光电管时，光电管所产生的光电流（一般以最大值的百分数表示）与入射光波长之间的关系曲线称为光谱特性曲线。图 6-26 所示为锑化铯、银氧铯不同阴极材料的光电管的光谱特性曲线和人眼视觉的光谱特性曲线对照图。特性曲线峰值对应的波长为峰值波长，特性曲线占据的波长范围为光谱响应范围。

如图 6-26 所示，阴极材料对入射光的波长是有选择的，不同的阴极材料对同一波长的光有不同的灵敏度，即使同一种阴极材料，对不同波长的光，也有不同的灵敏度。因此，选择光电管时，应使其最大灵敏度在需要检测的光谱范围内，这样使用效果才好。

光电倍增管的光谱特性与相同材料的光电管的光谱特性相似，不再描述。

3）伏安特性。

在给定的光通量或照度下，流过光电管的光电流 I_ϕ 与光电管两端的电压 U 之间的关系称为伏安特性，如图 6-27 所示。在不同的光通量照射下，伏安特性是几条相似的曲线。当极间电压高于 20V 时，所有的光电子都到达阳极，光电流进入饱和状态。真空光电管一般工作在伏安特性的饱和区，此时内阻达几百兆欧。

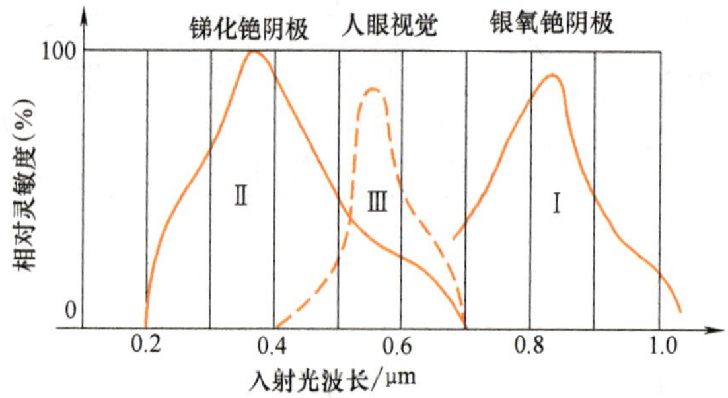

图 6-26 光电管的光谱特性曲线

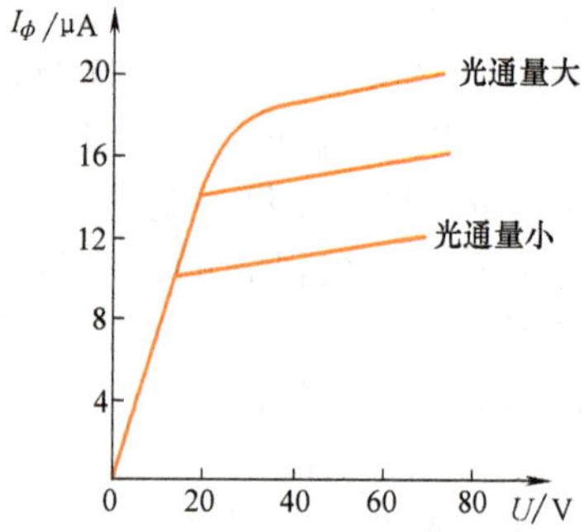

图 6-27 光电管的伏安特性曲线

4）暗电流。

在全暗条件下，在光电管极间加上工作电压时，光电流并不等于零，此电流称为暗电流。在微弱光强精密测量时，它的影响很大，因此应选用暗电流较小的光电管。

光电倍增管产生暗电流的主要原因是光电阴极和倍增极的热电子发射，它随温度增加而增加。光电倍增管的暗电流对于测量微弱的光强和确定器件灵敏度的影响很大。

5）频率特性。

当入射光强度以不同的正弦交变频率调制时，光电管输出的光电流 I_ϕ（或灵敏度）与频率 f 的关系称为频率特性。由于光电发射是瞬间的，因此真空光电管的调制频率可达兆赫级。

光电倍增管比光电管的灵敏度高，频率特性好，其频率高达 10^8 Hz 以上，但工作时须接高压直流电源。光电倍增管也有一些缺点，如价格高，体积大，耐机械冲击能力差。此外，因其灵敏度很高，如果承受强光照射，会导致器件损毁。

（2）光敏电阻

1）光敏电阻的工作原理。

光敏电阻的工作原理是基于内光电效应，因此又把光敏电阻称为光导管。光敏电阻没有极性，是纯电阻元件，使用时既能加直流电压也能加交流电压。无光照射时，光敏电阻的阻值很大，电路中的电流很小，随光照度的增加，在光子能量的激发下产生电子-空穴对，光敏电阻导电性增强，阻值急剧减小，电路中电流迅速增大。光照停止后，光生电子-空穴对逐渐复合，光敏电阻阻值恢复原值。

光敏电阻的结构比较简单，图 6-28a 所示为金属封装的硫化镉光敏电阻的结构图。在玻璃底板上均匀地涂上一层薄薄的半导体物质，形成光导层。为防止周围介质的影响，在光导层上覆盖一层漆膜，其作用可使光导层在最敏感的波长范围内透射率最大。半导体的两端装有金属电极，金属电极与引线端连接，将其封装在带有透明窗的管壳里就构成光敏电阻。光敏电阻原理图如图 6-28b 所示，光敏电阻通过引线端接入电路，从而实现将光信号转化为电信号，电路中光敏电阻的阻值随光照强度变化而变化，结果电路中电流 I_ϕ 也随之变化。为提高灵敏度，光敏电阻的电极一般采用梳状，如图 6-28c 所示。光敏电阻的图形符号如图 6-28d 所示。

构成光敏电阻的材料有金属的硫化物、硒化物、碲化物等半导体。半导体的导电能力完全取决于半导体内载流子数目的多少。当光敏电阻受到光照时，若光子能量 $h\gamma$ 大于该半导体材料的禁带宽度，则价带中的电子吸收一个光子能量后跃迁到导带，就产生一个电子-空穴对，

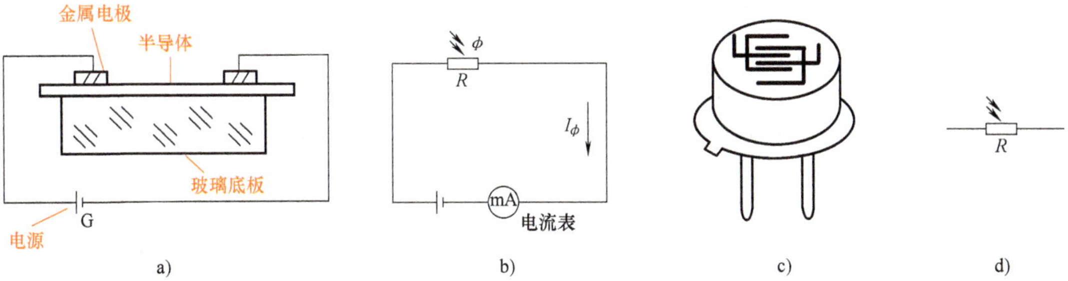

图 6-28 光敏电阻的结构示意图、原理图、外形图及图形符号

a）结构示意图 b）原理图 c）外形图 d）图形符号

使电阻率变小。光照越强，阻值越低。入射光消失，电子-空穴对逐渐复合，电阻也逐渐恢复原值。

2）光敏电阻的主要特性。

- 光电流：在室温条件下，光敏电阻在不受光照射时的阻值称为暗电阻，此时流过光敏电阻的电流称为暗电流。光敏电阻受光照射时的电阻称为亮电阻，此时流过的电流称为亮电流。亮电流和暗电流之差即为光电流。通常希望暗电阻越大越好，亮电阻越小越好，此种光敏电阻的灵敏度较高。光敏电阻的暗电阻一般是兆欧数量级，常超过 1MΩ，甚至高达 100MΩ，而亮电阻在几千欧以下。暗电阻与亮电阻之比在 $10^2 \sim 10^6$ 之间，由此可见，光敏电阻的灵敏度很高。
- 光照特性：在一定外加电压下，光敏电阻的光电流 I_ϕ 和光通量 ϕ 之间的关系，称为光照特性。不同材料的光敏电阻，其光照特性不同，且多数呈非线性，在光通量 $\phi<0.8$lm 时，光电流 I_ϕ 随光通量 ϕ 的变化迅速变化，之后变化缓慢。它们的曲线形状大多与图 6-29 所示的硫化镉光敏电阻的光照特性曲线相似。由于光敏电阻的光照特性呈非线性，因此它们不宜做线性检测元件，自动控制系统中光敏电阻一般用作开关式光电信号传感元件。
- 光谱特性：光敏电阻的光谱特性与材料有关。不同波长的光，光敏电阻的灵敏度是不同的，且不同材料的光敏电阻光谱响应曲线也不同。图 6-30 所示是几种不同材料光敏电阻的光谱特性曲线，其中硫化铅光敏电阻在较宽的光谱范围内均有较高的灵敏度，因可见光的波长范围在 380~780nm 之间，硫化铅光敏电阻的峰值在红外区域；硫化镉光敏电阻、硫化铊光敏电阻的峰值在可见光区域。因此，在选用光敏电阻时，应把光敏电阻的材料和光源的种类

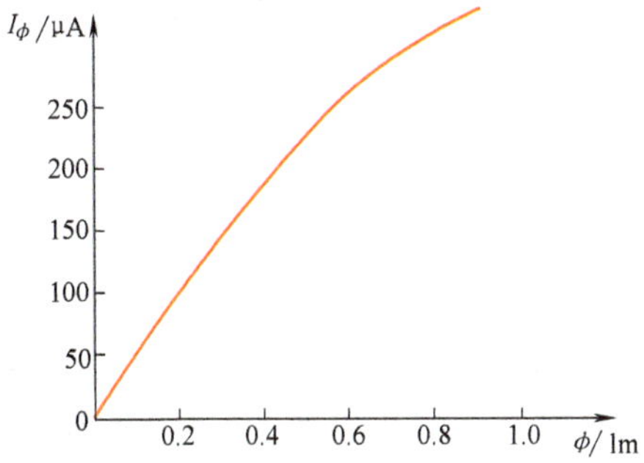

图 6-29 光敏电阻的光照特性曲线

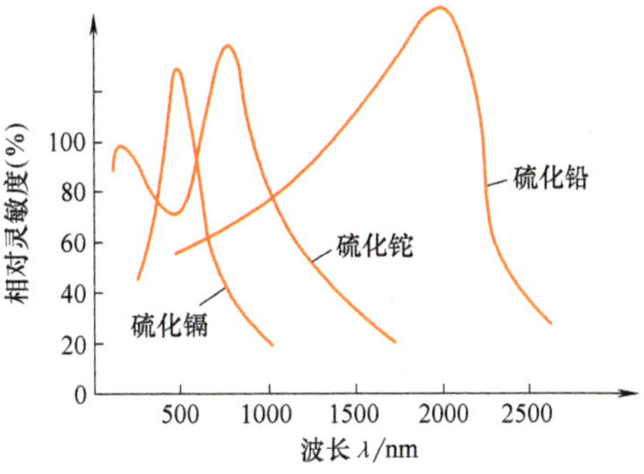

图 6-30 光敏电阻的光谱特性曲线

结合起来考虑，才能获得满意的效果。

- 伏安特性：在一定照度下，光电流 I_Φ 与光敏电阻两端所加电压 U 的关系，称为光敏电阻的伏安特性。如图 6-31 所示，直线 1、2 分别表示照度为零及照度为某值时的伏安特性。由图可知，在一定的光照度下，所加的电压越大，光电流越大，而且无饱和现象。但在实际使用中，光敏电阻的电压是不能无限地增大的，因为任何光敏电阻都受额定功率、最高工作电压和额定电流的限制。超过最高工作电压和最大额定电流，将导致光敏电阻永久性损坏。
- 频率特性：使用脉冲光照射光敏电阻，有光时元件的电流并不立刻上升到最大饱和值，无光时其电流也不立刻下降为零，而是具有一定的惰性，所以光敏电阻的调制性较差，这也是光敏电阻的缺点之一。光敏电阻的频率特性比光电管差很多。
- 温度特性：光敏电阻和其他半导体一样，对温度变化比较敏感，当温度升高时，它的暗电阻阻值和灵敏度都会下降，同时温度变化也会对光谱特性产生很大影响。如硫化铅光敏电阻，随着温度的升高，其光谱特性向短波方向移动，为了稳定测量系统的灵敏度，应用时须采取温度补偿措施。

（3）光电二极管

光电二极管是一种利用 PN 结单向导电性的结型光电器件，它与一般半导体二极管的不同在于其 PN 结装在透明管壳的顶部，以便接受光照。光电二极管的结构示意图及图形符号如图 6-32a 所示，光电二极管在电路中处于反向偏置状态，如图 6-32b 所示。

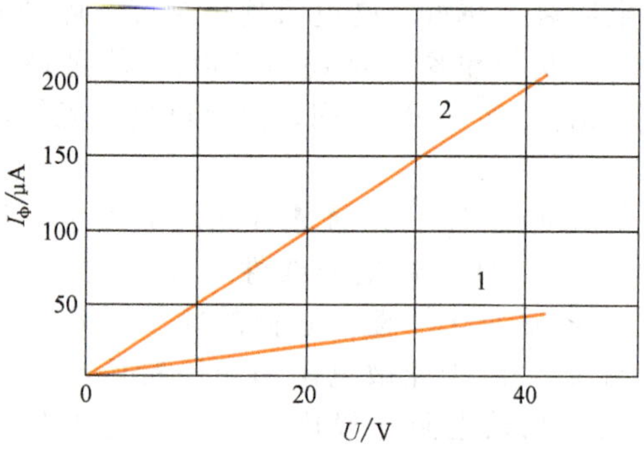

图 6-31 光敏电阻的伏安特性

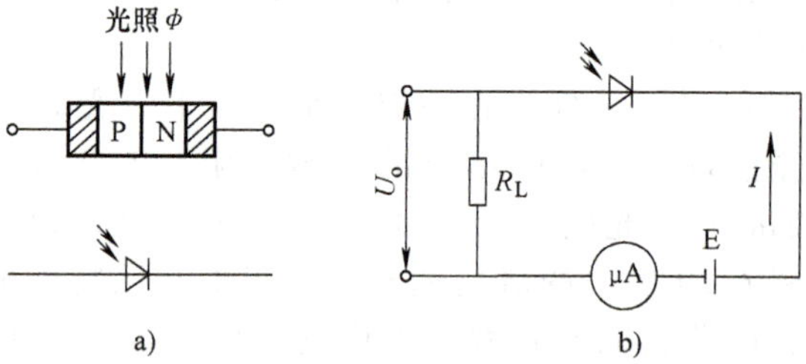

图 6-32 光电二极管原理

a）结构示意图及图形符号 b）基本应用电路

在没有光照时，由于二极管反向偏置，因此反向电流很小，这时的电流称为暗电流。当光照射在二极管的 PN 结上时，在 PN 结附近产生电子-空穴对，并在外电场的作用下，漂移越过 PN 结，产生光电流。入射光的照度增强，光产生的电子-空穴对的数量也随之增加，光电流也相应增大，光电流与光照度成正比。

目前还研制出一种雪崩式光电二极管（APD）。由于 APD 利用了二极管 PN 结的雪崩效应（工作电压达 100V 左右），因此灵敏度极高，响应速度极快，可达数百兆赫，可用于光纤通信及微光测量。

（4）光电晶体管

光电晶体管有两个 PN 结，从而可以获得电流增益。它的结构示意图、等效电路、图形符号及应用电路分别如图 6-33a～d 所示。光线通过透明窗口落在集电结上，当电路按图 6-33d 连接时，集电结反偏，发射结正偏。与光电二极管相似，入射光在集电结附近产生电子-空穴对，电子受集电结电场的吸引流向集电区，基区中留下的空穴构成“纯正电荷”，使基区电压升高，致使电子从发射区流向基区，由于基区很薄，因此只有一小部分从发射区来的电子与基区的空穴结合，而大部分的电子穿越基区流向集电区，这一段过程与普通晶体管的放大作用相似。集电极电流 I_c 是原始光电流的 β 倍，因此光电晶体管比光电二极管灵敏度高许多倍。有时生产厂家还将光电晶体管与另一只普通晶体管制作在同一个管壳内，连接成复合管形式，如图 6-33e 所示，称为达林顿型光电晶体管。它的灵敏度更大（$\beta=\beta_1\cdot\beta_2$）。但是达林顿型光电晶体管的漏电（暗电流）较大，频响较差，温度漂移也较大。

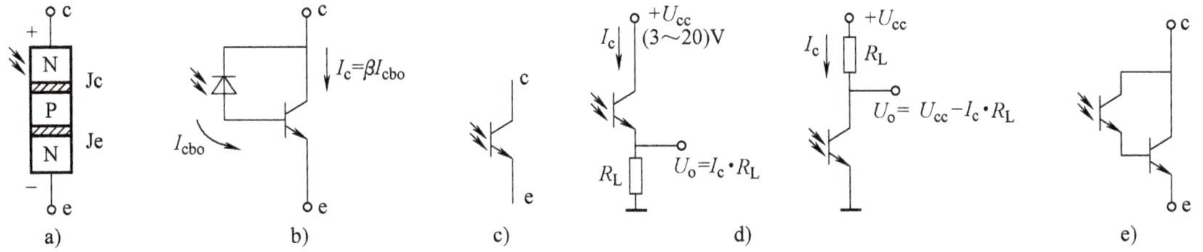

图 6-33　光电晶体管

a）结构示意图　b）等效电路　c）图形符号　d）应用电路　e）达林顿型光电晶体管

（5）光电池

1）光电池的工作原理和结构。

光电池的工作原理是基于光生伏特效应，当光照射在光电池上时，可以直接输出电动势及光电流。

图 6-34a 所示是硅光电池的结构示意图。通常是在 N 型底板上覆一薄层 P 型层作为光照敏感面。当入射光子的数量足够大时，P 型区每吸收一个光子就产生一对光生电子-空穴对。光生电子-空穴对的浓度从表面向内部迅速下降，形成由表及里扩散的自然趋势。PN 结的内电场使扩散到 PN 结附近的光生电子-空穴对分离，电子被拉到 N 型区，空穴被拉到 P 型区，故 N 型区带负电，P 型区带正电。如果光照是连续的，经短暂的时间（μs 级），新的平衡状态建立后，PN 结两侧就有一个稳定的光生电动势输出。图 6-34b 为光电池图形符号。

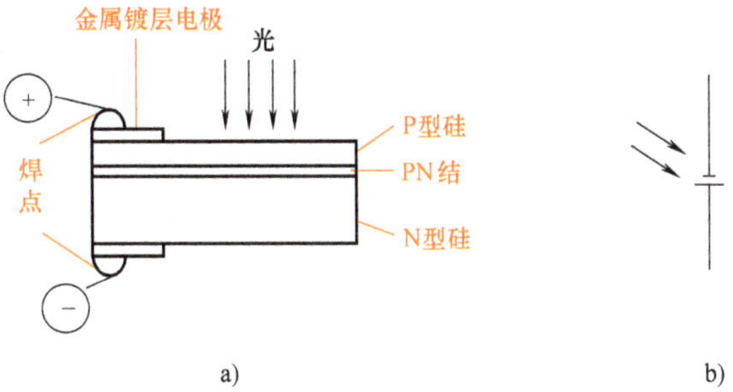

图 6-34　硅光电池的结构示意图和图形符号

a）结构示意图　b）图形符号

光电池的种类很多，有硅、砷化镓、硒、氧化铜、锗、硫化镉等材料的光电池。其中应用最广的是硅光电池，这是因为它有一系列优点：性能稳定、光谱范围宽、频率特性好、传递效率高、能耐高温辐射、价格低等。砷化镓光电池是光电池中的后起之秀，它在效率、光谱特性、稳定性、响应时间等多方面均有许多长处，今后会逐渐得到推广应用。

2）光电池的主要特性。

- 光照特性：光电池在不同光照度下，照度与光生电流、光生电动势之间的关系称为光照特性。图 6-35 所示是硅光电池的光照特性曲线。光生电动势（即开路电压）与照度之间的关系称为开路电压曲线；短路电流与照度之间的关系称为短路电流曲线。从图中可以看出，短路电流与光照强度呈线性关系，而开路电压与光照强度的关系则是非线性的，并且在照度为约 3000lx 时趋于饱和。因此光电池用作电源时，应把它作为电压源使用。光电池用作测量元件时，应把它作为电流源使用。

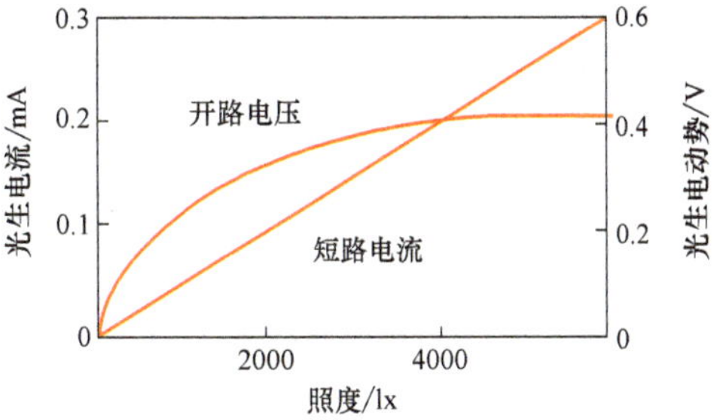

图 6-35　硅光电池的光照特性曲线

- 光谱特性：光电池的光谱特性取决于所用材料，而且对于不同波长的光，其灵敏度是不同的。图 6-36 所示为硅光电池和硒光电池的光谱特性。不同材料的光电池，光谱响应峰值所对应的入射光波长是不同的，硅光电池波长在 900nm 附近，硒光电池在 600nm 附近。硅光电池的光谱响应范围为 400～1300nm，而硒光电池的光谱响应范围为 380～950nm，可见，硅光电池应用范围较宽。实际使用时，应根据光的波长来选择光电池材料。还应该注意温度对光电池的影响，光电池与光敏电阻一样，它的光谱峰值也随温度变化而变化。

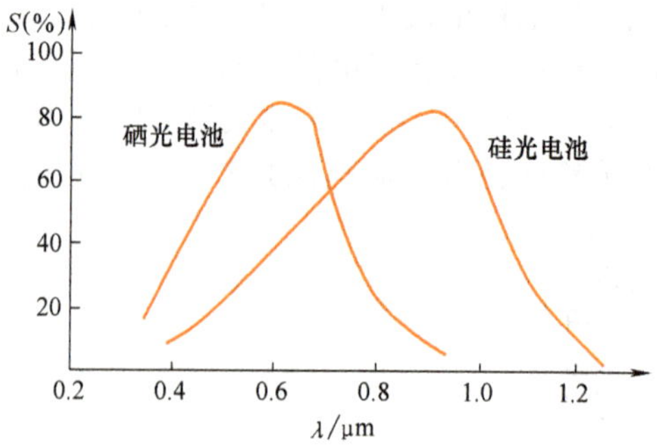

图 6-36 硅光电池和硒光电池的光谱特性

- 频率特性：图 6-37 所示为硅光电池和硒光电池的频率特性曲线，图中，横坐标 f 表示光的调制频率。由图可见，硅光电池的频率响应特性较稳定，硒光电池的相对光电流随频率提高呈下降趋势。
- 温度特性：由于光电池为半导体器件，其开路电压和短路电流受温度影响的温度特性曲线是光电池的重要特性之一。硅光电池的温度特性如图 6-38 所示。从图中看出，开路电压随温度升高而下降，而短路电流随温度升高而增大，可见温度对光电池的工作影响很大，因此把它作为测量元件使用时，应保证温度恒定或采取温度补偿措施。

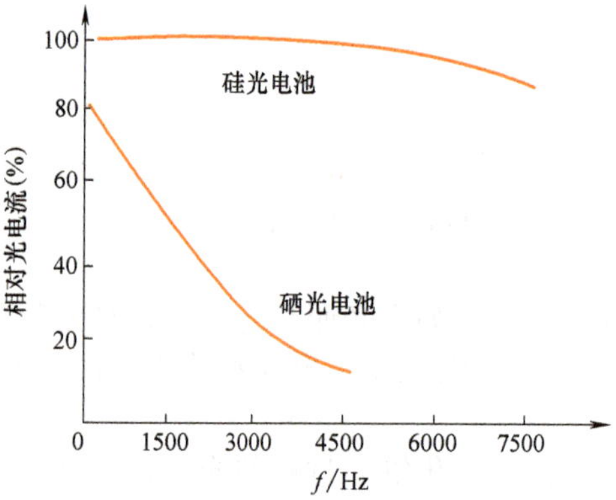

图 6-37 硅光电池和硒光电池的频率特性曲线

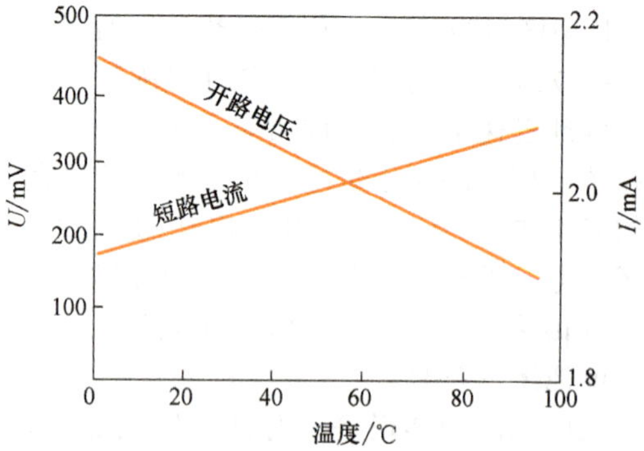

图 6-38 硅光电池的温度特性

（6）光电耦合器

将发光器件与光敏器件集成在一起便可构成光电耦合器，图 6-39 所示为其典型结构示意图。图 6-39a 为窄缝透射式，可用于片状遮挡物体的位置检测，或码盘、转速测量；图 6-39b 为反射式，可用于反光体的位置检测，对被测物不限制厚度；图 6-39c 为全封闭式，用于电路的隔离。

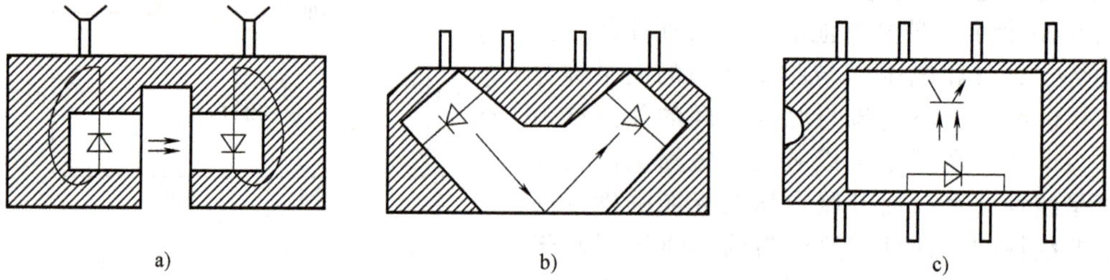

图 6-39 光电耦合器典型结构

a）窄缝透射式 b）反射式 c）全封闭式

除第三种封装形式为不受环境光干扰的电子器件外，第一、第二种本身就可作为传感器使用。若必须严格防止环境光干扰，透射式和反射式光电耦合器都可选红外波段的发光器件和光敏器件。

一般来说，目前常用的光电耦合器里的发光器件多半是发光二极管，而光敏器件多为光电二极管和光电晶体管，少数采用达林顿型光电晶体管或光控晶闸管。

封装形式不限于双列直插式，也有金属壳体封装及大尺寸的块状器件。

对于光电耦合器的特性，应注意以下各项参数。

1）电流传输比。

在直流工作状态下，光电耦合器的输出电流（若为光电晶体管，输出电流就是 I_C）与发光二极管的输入电流 I_F 之比，称为电流传输比，用符号 β 表示。

必须注意的是，光电耦合器的输出端若不是达林顿管或晶闸管的话，一般它的 β 总是小于 1，它的任务并不在于放大电流而在于隔离，这和晶体管不一样。

通常在 0℃ 以下时，β 值随环境温度升高而增大，但在 0°C 以上时，β 值随环境温度升高而减小。

2）输入输出间的绝缘电阻。

光电耦合器在电子线路中常用于隔离，因而也有光电隔离器之称。显然，发光和光敏两部分电路之间的绝缘电阻是十分重要的指标。

一般，该绝缘电阻在 $10^9 \sim 10^{18}\Omega$ 之间，它比普通小功率变压器的原边和副边间的电阻大得多，所以隔离效果较好。此外，光电耦合器还比变压器体积小、损耗小、频率范围宽，对外无交变磁场干扰。

3）输入输出间的耐压。

通常，电子线路里并无高电压，但在特殊情况下要求输入输出两部分电路间承受高压，这就必须把发光器件和光敏器件间的距离加大，但是这往往会使电流传输比 β 下降。

4）输入输出间的寄生电容。

在高频电路里，该电容应尽可能小。尤其是为了抑制共模干扰而用光电隔离时，倘若该寄生电容过大，就起不了隔离作用。

一般光电耦合器输入输出间的寄生电容只有几微法，中频以下不会有明显影响。

5）最高工作频率。

在恒定幅值的输入电压之下改变频率，当频率提高时，输出幅值会逐渐下降，当下降到最大值的 70.7%时，所对应的频率就称为光电耦合器的最高工作频率（或称截止频率）。

当负载电阻减小时，截止频率提高。而且截止频率的大小与光敏器件上反向电压的高低有关，与输出电路的接法有关，一般可达数百千赫。

6）脉冲上升时间和下降时间。

输入方波脉冲时，光电耦合器的输出波形总要有些失真，其脉冲前沿自 0 升高到稳定值的 90%所经历的时间为上升时间，用 t_r 表示。脉冲后沿自 100%降到 10%的时间为下降时间，用 t_f表示。一般 $t_r>t_f$。

由于光电耦合器的 t_r 和 t_f都不可能为零，经过光电隔离以后的电脉冲相位滞后于输入波形，而且波形会失真，在电源电压为 5V 时尤为明显，这是必须注意的。

3. 光电传感器

光电传感器是通过把光强度的变化转换成电信号的变化来实现控制的。光电传感器在一般情况下，由三部分构成：发送器、接收器和检测电路。发送器对准目标发射光束，发射的光束一般来源于半导体光源，即发光二极管（LED）、激光二极管或红外发射二极管。光束不间断地发射，或者改变脉冲宽度。接收器由光电二极管、光电晶体管和光电池组成。在接收器的前面，装有透镜和光圈等光学元器件。在其后面是检测电路，它能滤出有效信号并应用该信号。此外，光电开关的结构元件中还有发射板和光导纤维。发射板由很小的三角锥体反射材料组成，它可以在与光轴成 0°~25°的范围内改变发射角，使光束几乎是从一根发射线发出，经过反射后，还是从这根发射线方向返回。

光电传感器可分为槽型、对射型和反光板型，其工作方式分别如下。

（1）槽型光电传感器

槽型光电传感器把一个光发射器和一个接收器面对面地装在一个槽的两侧。发光器能发出红外光或可见光，在无阻碍情况下光接收器能收到光。但当被检测物体从槽中通过时，光被遮挡，光电开关便动作，输出一个开关控制信号，切断或接通负载电流，从而完成一次控制动作。槽型开关的检测距离因为受整体结构的限制一般只有几厘米。

（2）对射型光电传感器

若把对射型光电传感器的发光器和收光器分离开，就可使检测距离加大。由一个发光器和一个收光器组成的光电传感器就称为对射分离式光电传感器，简称对射型光电传感器。它的检测距离可达几米乃至几十米。使用时把发光器和收光器分别装在检测物通过路径的两侧，检测物通过时阻挡光路，收光器就动作输出一个开关控制信号。

（3）反光板型光电传感器

把发光器和收光器装入同一个装置内，在它的前方装一块反光板，利用反射原理完成光电控制作用的光电传感器称为反光板型（或反射镜型）光电传感器。正常情况下，发光器发出的光被反光板反射回来并被收光器收到；一旦光路被检测物挡住，收光器收不到光，光电开关就动作，输出一个开关控制信号。它的检测头里也装有一个发光器和一个收光器，但前方没有反光板。正常情况下，发光器发出的光收光器是找不到的。当检测物通过时挡住了光，并把光部分反射回来，收光器就收到光信号，输出一个开关信号。

6.2.2 测试硅光电池

测试光电池和光敏电阻

硅光电池是一种直接把光能转换成电能的半导体器件。它的结构很简单，核心部分是一个大面积的 PN 结，把一只透明玻璃外壳的点接触型二极管与一块微安表接成闭合回路，当二极管的管芯（PN 结）受到光照时，就会看到微安表的表针发生偏转，显示回路里有电流，这个现象称为光生伏特效应。硅光电池的 PN 结面积要比二极管的 PN 结大得多，所以受到光照时产生的电动势和电流也大得多。

图 6-40 所示是硅光电池组成的光控开关电路。按照图 6-40 所示接线，试用万用表的 V/Ω 档测试硅光电池正极的对地电压。

无光照时，9013 截止，当硅光电池受到光照射后，产生正向电压，9013 导通，继电器线圈得电，常开触点闭合，发光二极管 VL_1 点亮。

图 6-40 中，VD_1 是锗普通型二极管，它是点接触型二极管，正向导通电压低，约为 0.1V，结电容小，适用于高频检波及小电流（10mA 左右）的整流；VD_2 是硅半导体普通型二极管，它是面接触型二极管，正向导通电压较高，约为 0.7V，结电容相对较大，适用于小电流（100mA 以下）的整流。

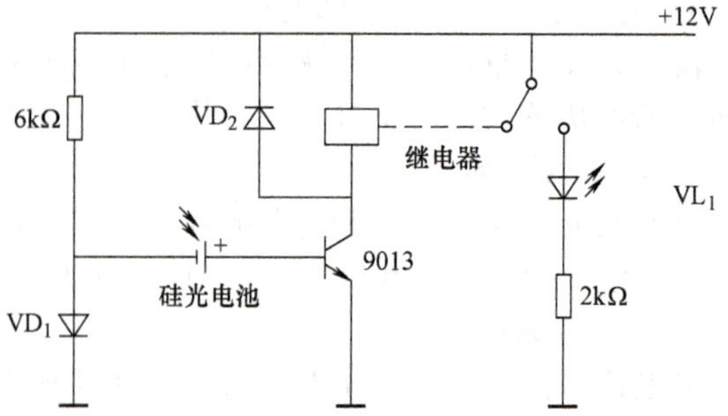

图 6-40 硅光电池组成的光控开关电路

6.2.3　测试光敏电阻

光敏电阻又称光敏电阻器，是利用半导体的光电效应制成的一种电阻值随入射光的强弱而改变的电阻器；入射光强，电阻减小，入射光弱，电阻增大。光敏电阻器一般用于光的测量、光的控制和光电转换（将光的变化转换为电的变化）。常用的光敏电阻器是硫化镉光敏电阻器，它是由半导体材料制成的。光敏电阻器的阻值随入射光线（可见光）的强弱变化而变化，在黑暗条件下，它的阻值可达1~10MΩ，在强光条件（100lx）下，它的阻值仅有几百至数千欧姆。光敏电阻器对光的敏感性与人眼对可见光（0.4~0.76μm）的响应很接近，只要人眼可感受的光，都会引起它的阻值变化。设计光控电路时，都用白炽灯泡（小电珠）光线或自然光线作控制光源，使设计大为简化。

图6-41是由光敏电阻组成的光控灯电路。按照图6-41接线，分别在有光照和无光照的情况下测试光敏电阻RP两端的电阻值并观察发光二极管VL_1的亮灭情况。光控灯电路应用范围很广，如自动路灯、走廊灯等，图6-41是一个简单实用的光控灯电路，利用光敏电阻RP的感光效应（光越强，阻值越小）控制VT_1、VT_2的导通与截止，实现灯的亮灭自动开关。

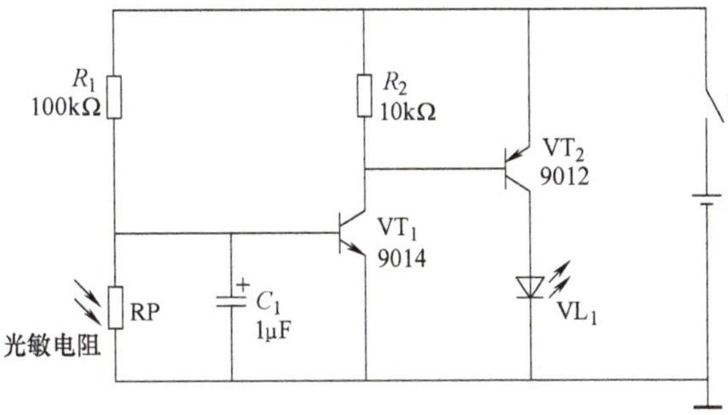

图6-41　光控灯电路

图6-41所示电路的工作原理如下：当有光照射到光敏电阻RP上时，其阻值减小（几十千欧），VT_1基极电压被拉低而截止，VT_2基极电压升高而截止，发光二极管VL_1灭；反之，光敏电阻没有光照时，其阻值增大（几兆欧），VT_1基极电压升高并使其导通，VT_2基极电压降低，VT_2饱和导通，发光二极管VL_1得电发光。

半导体传感器

6.3　半导体传感器的原理及测试

6.3.1　认识压电元件和半导体传感器

半导体传感器（Semiconductor Transducer）是利用半导体材料的各种物理、化学和生物学特性制成的传感器。所采用的半导体材料多数是硅以及Ⅲ-Ⅴ族和Ⅱ-Ⅵ族元素化合物。半导体传感器种类繁多，它利用近百种物理效应和材料的特性，具有类似于人眼、耳、鼻、舌、皮肤等多种感觉的功能。

1. 压电材料及压电元件的结构

压电材料是受到压力作用时会在两端面间出现电压的晶体材料。1880年，法国物理学家P. 居里和J. 居里兄弟发现，把重物放在石英晶体上，晶体某些表面会产生电荷，电荷量与压力成比例。这一现象被称为压电效应。随即，居里兄弟又发现了逆压电效应，即在外电场作用下压电体会产生形变。压电效应的机理是：具有压电性的晶体对称性较低，当受到外力作用发生形变时，晶胞中正负离子的相对位移使正负电荷中心不再重合，导致晶体发生宏观极化，而晶体表面电荷面密度等于极化强度在表面法向上的投影，所以压电材料受压力作用形变时两端面会出现异号电荷。反之，压电材料在电场中发生极化时，会因电荷中心的位移导致材料变形。

利用压电材料的这些特性可实现机械振动（声波）和交流电的互相转换。因而压电材料广泛用于传感器元件中。

压电效应：某些电介质，在沿一定方向上受到外力的作用而变形时，其内部会产生极化现象，同时在它的两个表面上生成符号相反的电荷，当外力去掉后，它又会恢复到不带电状态，这种现象称为压电效应。具有这种压电效应的物体称为压电材料或压电元件。常见的压电单晶体有石英、酒石酸钾钠等。明显呈现压电效应的敏感功能材料叫压电材料。常见的压电材料有石英、钛酸钡等。

石英晶体是最常用的压电晶体之一。其化学成分为 SiO_2，是单晶体结构。它理想的几何形状为正六面体，如图 6-42 所示。

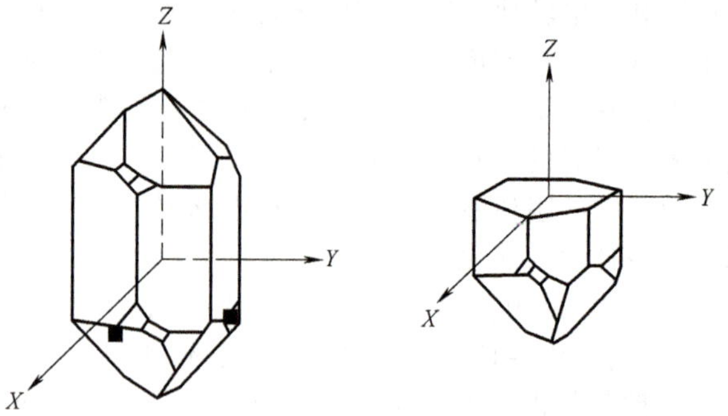

图 6-42 石英晶体

经过正六面体（两相对）棱线且垂直于光轴的 X 轴称为电轴；与 X 轴和 Z 轴同时垂直的 Y 轴称为机械轴，如图 6-42 所示。通常把电轴方向的力作用下产生电荷的压电效应称为“纵向压电效应”；把机械轴方向的力作用下产生电荷的压电效应，称为“横向压电效应”。作用力为剪切力时称为“切向压电效应”。

压电材料的种类很多。从取材方面看，分天然的和人工合成的，有机的和无机的。从晶体结构方面分，有单晶的和多晶的。

具有压电性的单晶体统称为压电晶体。石英晶体是最典型的压电晶体。它们常用于精度和稳定性要求高的场合，用来制作标准传感器。

压电陶瓷的特点是：压电系数大，灵敏度高；制造工艺成熟，可通过合理配方、掺杂等人工控制来达到所要求的性能；成形工艺性好，成本低廉，利于广泛应用。

1968 年以来出现了多种压电半导体，如硫化锌 ZnS、碲化镉 CdTe、氧化锌 ZnO、硫化镉 CdS、碲化锌 ZnTe 和砷化镓 GaAs 等，这些材料的显著特点是既具有压电特性，又具有半导体特性。因此既可用其压电性研制传感器，又可用其半导体特性制作电子器件，也可以两者结合，集元件与线路于一体，研制成新型集成压电传感器测试系统。

压电式传感器的工作原理是基于某些介质材料的压电效应，是典型的双向有源传感器。当材料受力作用而变形时，其表面会有电荷产生，从而实现非电量测量。

压电式传感器具有体积小、重量轻、工作频带宽等特点，因此在各种动态力、机械冲击与振动的测量，以及声学、医学、力学、宇航等方面都得到了非常广泛的应用。

当压电传感器中的压电晶体承受被测机械应力的作用时，在它的两个极面上出现极性相反但电量相等的电荷。可把压电传感器看成一个静电发生器，如图 6-43a 所示。也可把它视为两极板上聚集异性电荷、中间为绝缘体的电容器，如图 6-43b 所示。也可等效为一个电荷源 Q 和一个电容器 C_a 的并联电路，如图 6-43c 所示，压电传感器可等效为电压源 U 和一个容器 C_a

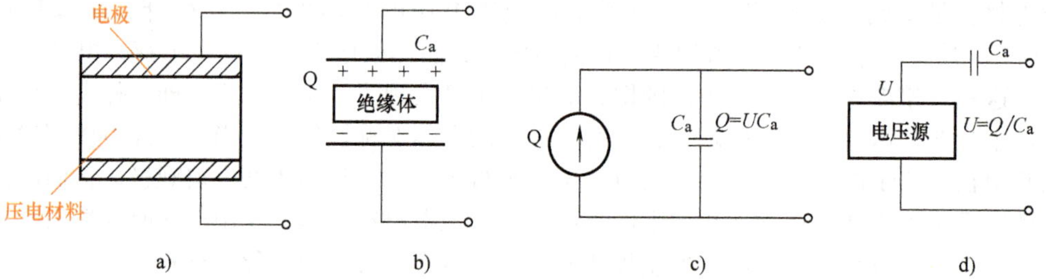

图 6-43 压电传感器

a）静电发生器 b）电容器 c）电压等效电路 d）电荷等效电路

的串联电路，如图 6-43d 所示。

其电容量为

$$C_a=\frac{\varepsilon S}{h}=\frac{\varepsilon_r\varepsilon_0 S}{h}$$

式中　S——压电片极板面积；

h——压电片厚度；

ε_r——压电材料的相对介电常数；

ε_0——空气介电常数，$\varepsilon_0=8.85\times10^{-12}$F/m。

当两极板聚集异性电荷时，两极板呈现一定的电压，其大小为

$$U=\frac{Q}{C_a}$$

2. 温度传感器

半导体温度传感器分为两类：接触型温度传感器和非接触型温度传感器。接触型温度传感器又分为热敏电阻温度传感器与 PN 结温度传感器两种。

随着温度的变化，半导体感温元器件电阻会发生较大的变化，这种元器件称为热敏电阻。常用的热敏电阻为陶瓷热敏电阻，分为负温度系数（NTC）热敏电阻、正温度系数（PTC）热敏电阻和临界温度热敏电阻（CTR）。热敏电阻一般指 NTC 热敏电阻。

PN 结温度传感器是一种利用半导体二极管、晶体管的特性与温度的依赖关系制成的温度传感器。非接触型温度传感器可检出被测物体发射电磁波的能量。传感器可以是将放射能直接转换为电能的半导体物质，也可以先将放射能转换为热能，使温度升高，然后将温度变化转换成电信号而检出。这可用来测量一点的温度，如果要测温度分布，则需进行扫描。

由于硅 PN 结温度传感器具有优良的性能和低廉的价格，在常温区正在逐步替代原有的传统测温器件。PN 结温度传感器的输出特性接近于线性关系，如图 6-44 所示。而且精度高、体积小、使用方便、易于集成化，因此被广泛应用于家电、医疗器械、食品、化工、冷藏、粮库、农业和科研等领域。

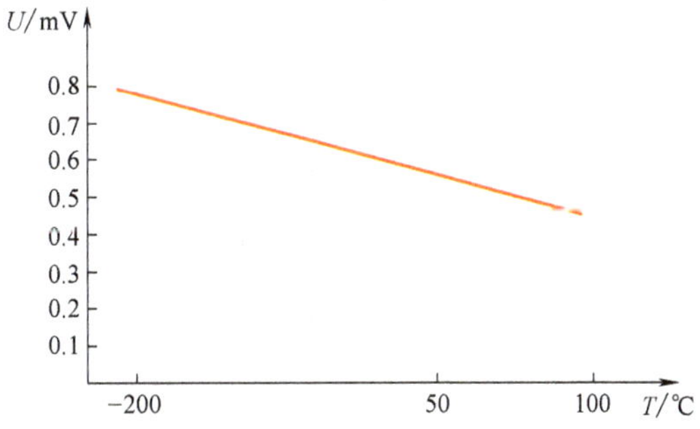

图 6-44　PN 结温度传感器的输出特性

PN 结温度传感器的工作原理是基于半导体 PN 结的结电压随温度变化的特性进行温度测量。例如硅管的 PN 结的结电压在温度每升高 1℃就下降约 2mV，利用这种特性，把晶体管和激励电路、放大电路、恒流电路以及补偿电路等集成在一个芯片上就构成了集成温度传感器。

当对象温度低、只能发射红外线时，须检出其红外线。磁传感器主要基于霍尔效应和磁阻效应的原理。利用霍尔效应的器件称为霍尔器件。

半导体磁传感器体积小、重量轻、灵敏度高、可靠性高、寿命长，在电子学领域得到应用。此外，还可利用磁效应制作长度与重量传感器、高分辨（0.01°）的倾斜传感器，利用磁效应还可以测定液体流量等。

集成温度传感器实质上是一种半导体集成电路，内部集成了温度敏感元器件和调理电路，具有线性好、精度适中、灵敏度高、体积小、使用方便等优点。虽然它因 PN 结有耐热性能和特性范围的限制而只能用来测量 150℃以下的温度，但也在许多领域得到了广泛应用。目前集成温度传感器主要分为三大类：电压输出型集成温度传感器、电流输出型集成温度传感器、数字输出型集成温度传感器。电流输出型集成温度传感器的典型产品如 AD590，灵敏度为

1μA/℃；电压输出型集成温度传感器的产品如 ICL8073，灵敏度为 1mV/℃。集成温度传感器的测温精度一般为±0.1℃，测温范围为-50～+150℃。随着集成技术和计算机技术的发展，能和微处理器直接接口的数字输出型温度传感器也正在迅速发展，如 DS18B20。

3. 磁电传感器

磁电感应式传感器又称磁电传感器，是利用电磁感应原理将被测量信号（如振动、位移、转速等）转换成电信号的一种传感器。它不需要辅助电源，就能把被测对象的机械量转换成易于测量的电信号，是一种有源传感器。由于它输出功率大，且性能稳定，具有一定的工作带宽（10～1000Hz），因此得到了普遍应用。

根据电磁感应定律，当导体在均匀磁场中沿垂直磁场方向运动时，导体内产生的感应电势为

$$e=\left|\frac{\mathrm{d}\Phi}{\mathrm{d}t}\right|=Bl\frac{\mathrm{d}x}{\mathrm{d}t}=Blv$$

式中　B——均匀磁场的磁感应强度；

l——导体有效长度；

v——导体相对磁场的运动速度。

当一个 W 匝线圈相对静止地处于随时间变化的磁场中时，设穿过线圈的磁通量为 ϕ，则线圈内的感应电势 e 与磁通变化率 $\mathrm{d}\Phi/\mathrm{d}t$ 有如下关系：

$$e=-W\frac{\mathrm{d}\Phi}{\mathrm{d}t}$$

根据以上原理，人们设计出两种磁电传感器结构：变磁通式磁电传感器和恒定磁通式磁电传感器。变磁通式磁电传感器又称为磁阻式磁电传感器，图 6-45 所示是变磁通式磁电传感器的结构图，它用来测量旋转物体的角速度。

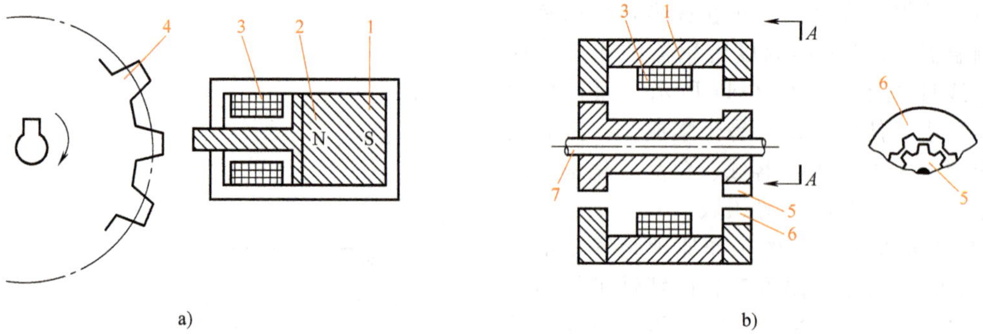

图 6-45　变磁通式磁电传感器的结构图

a）开磁路　b）闭磁路

1—S 极　2—N 极　3—线圈　4—齿轮　5—内齿轮　6—外齿轮　7—永久磁铁

图 6-45a 所示为开磁路变磁通式磁电传感器的结构。线圈、磁铁静止不动，测量齿轮安装在被测旋转体上，随被测体一起转动。每转动一个齿，齿的凹凸引起磁路磁阻变化一次，磁通也就变化一次，线圈中产生感应电势，其变化频率等于被测转速与测量齿轮上齿数的乘积。这种传感器结构简单，但输出信号较小，且因高速轴上加装齿轮较危险而不适用于高转速的场合。

图 6-45b 所示为闭磁路变磁通式磁电传感器的结构。它由装在转轴上的内齿轮与外齿轮、永久磁铁和感应线圈组成，内外齿轮齿数相同。当转轴连接到被测转轴上时，外齿轮不动，内齿轮随被测轴转动，内、外齿轮的相对转动使气隙磁阻产生周期性变化，从而引起磁路中

磁通的变化，使线圈内产生周期性变化的感应电动势。显然，感应电势的频率与被测转速成正比。

图6-46所示为恒定磁通式磁电传感器的结构图。恒定磁通式磁路系统产生恒定的直流磁场，磁路中的工作气隙固定不变，因而气隙中磁通也是恒定不变的。其运动部件可以是线圈（动圈式），如图6-46a所示；也可以是磁铁（动铁式），如图6-46b所示。

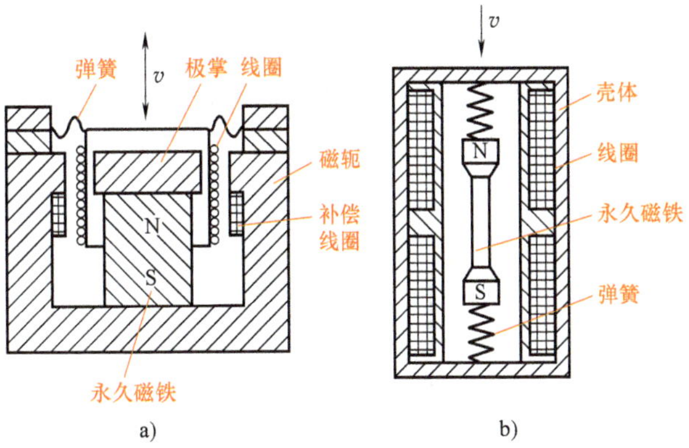

图6-46　恒定磁通式磁电传感器结构图

a）动圈式　b）动铁式

当壳体随被测振动体一起振动时，由于弹簧较软，运动部件质量相对较大，当振动频率足够高（远大于传感器固有频率）时，运动部件惯性很大，来不及随振动体一起振动，近乎静止不动，振动能量几乎全被弹簧吸收，永久磁铁与线圈之间的相对运动速度接近于振动体振动速度，磁铁与线圈的相对运动切割磁力线，从而产生感应电势为

$$e=-B_0 lWv$$

式中　B_0——工作气隙磁感应强度；

l——每匝线圈平均长度；

W——线圈在工作气隙磁场中的匝数；

v——相对运动速度。

4. 气敏传感器

气敏传感器是一种检测特定气体的传感器，能将检测到的气体（特别是可燃气体）的成分、浓度等的变化转化为电阻、电压、电流的变化，其原理如图6-47所示。

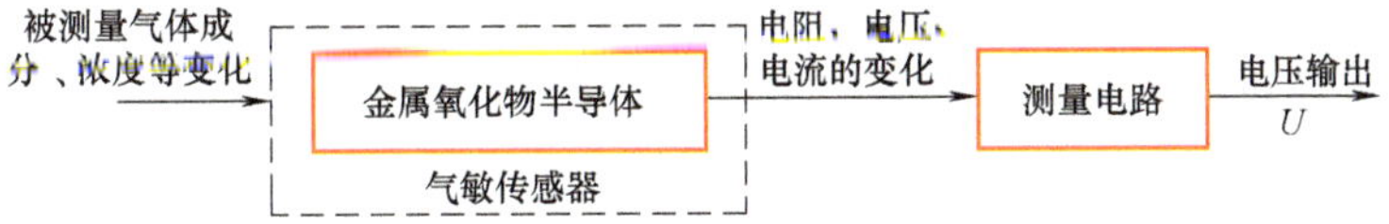

图6-47　气敏传感器的原理

气敏传感器是一种利用被测气体与气敏元件发生的化学反应或物理效应等机理，把被测气体的成分或浓度的变化转化成气敏元件输出电压或电流的变化。半导体电阻式气敏传感器则是利用气体吸附在半导体上而使半导体的电阻值随着可燃气体浓度的变化而变化的特性来实现对气体的成分和浓度的判断。

半导体电阻式气敏传感器（以下所介绍的均为此类传感器）的核心部分是金属氧化物，主要有SnO_2、ZnO等。当周围环境达到一定温度时，金属氧化物能吸附空气中的氧，形成氧的负离子吸附，使半导体材料中电子的密度减小，电阻值增大。当遇到可燃性气体或毒气时，原来吸附的氧就会脱附，而可燃性气体或毒气以正离子状态吸附在半导体材料的表面，在脱附和吸附过程中均放出电子，使电子密度增大，从而使电阻值减小。

6.3.2　磁电式传感器的测试

磁电式传感器是一种能将非电量的变化转化为感应电动势的传感器，所以也称为感应式传感器。根据磁电感应定律，W匝线圈中的感应电动势e的大小取决于穿过线圈的磁通量ϕ

的变化率：$e=W\mathrm{d}\phi/\mathrm{d}t$。磁电式传感器由动衔铁与感应线圈组成，永久磁钢做成的动衔铁产生恒定磁场，当动衔铁与线圈相对运动时，线圈在磁场中转动会产生感应电动势。这是一种动态传感器。

本测试利用低频振荡器产生低频的交流信号，通过振动台上的激振线圈使振动台产生振动，带动磁电式传感器中的动铁运动，低频振荡器原理如图 6-48 所示。

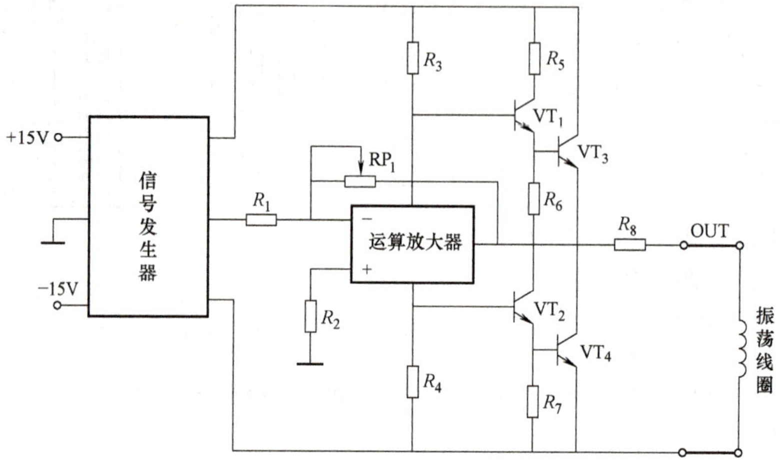

图 6-48 低频振荡器原理

磁电式传感器产生的感应电动势通过差动放大器后输出到示波器，如图 6-49 所示。

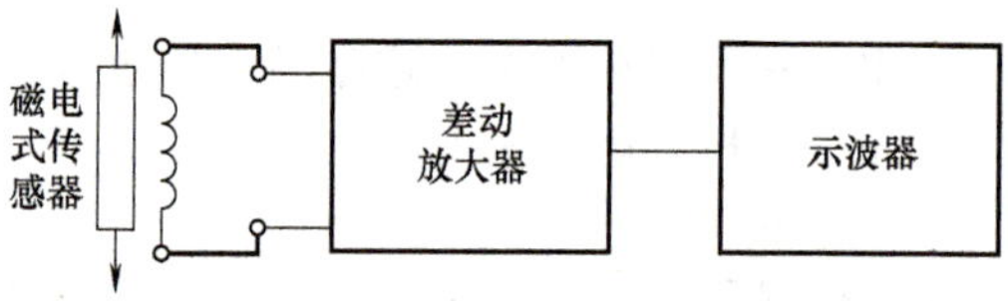

图 6-49 磁电式传感器测试图

具体测试步骤如下。

1）将磁电式传感器置于台架上固定好。

2）将低频振荡器输出接振动台小板上的振荡线圈，磁电式传感器输出接差动放大器，差动放大器输出接示波器。接通电源，调节低频振荡器的振荡频率和振幅以及差动放大器增益，观察输出波形。

3）将振动台小板上的振荡线圈和磁电式传感器接线互换，接通电源观察波形，并与上一步骤的波形进行比较。

6.4 习题

1. 什么是霍尔效应？
2. 霍尔电动势的大小、方向与哪些因素有关？
3. 试说明霍尔元件产生误差的原因。
4. 什么是霍尔元件的不等位电势？如何补偿？
5. 如何区分单极性霍尔开关、双极性霍尔开关和全极性霍尔开关？
6. 线性型霍尔传感器的特性是什么？
7. 开关型霍尔传感器的特性是什么？
8. 光电效应分哪几类？列举几种利用光电效应制成的光电转换器件。
9. 基于内光电效应的光电器件有哪些？
10. 光电管的光谱特性是什么？
11. 光电管的伏安特性是什么？

12. 简述光电二极管原理。
13. 简述光电晶体管原理。
14. 简述光电池原理。
15. 光电耦合器的典型结构有哪些?
16. 什么是压电晶体的压电效应?叙述压电式传感器的工作原理。
17. AD590 型集成温度传感器的特点是什么?
18. 半导体气敏传感器分哪几类?

项目7 基于STM32的智能测试和远程测试

许多工业应用场合都需要进行智能测试和远程测试，基于 Cortex-M3 内核的 STM32 单片机具有处理能力强、片内设备丰富，易于移植等优点，所以被广泛应用。

学习目标

1. 了解数码管显示原理
2. 了解数码管的静态、动态显示原理
3. 理解矩阵键盘电路设计原理
4. 理解计算器编程原理
5. 理解电机正反转的工作原理
6. 理解串口通信原理
7. 了解 OLED 硬件结构和显示原理
8. 理解温湿度传感器的编程原理

素养目标

1. 工匠精神培养
2. 敬业精神培养
3. 自我管理意识培养

前导小知识：STM32

STM32 是一种由意法半导体公司（STMicroelectronics）推出的 32 位微控制器产品。它基于 ARM Cortex ® -M0，M0+，M3，M4 和 M7 内核，按内核架构分为三种：主流产品（STM32F0、STM32F1、STM32F3）、超低功耗产品（STM32L0、STM32L1、STM32L4、STM32L4+）、高性能产品（STM32F2、STM32F4、STM32F7、STM32H7）。

STM32 具有如下特点。

1）高集成：STM32 芯片集成了微控制器所需的各种外设，如多个定时器、计数器、PWM 输出、ADC、DAC、PWM、UART、SPI、I^2C 等。这减少了外部元件的数量，降低了系统的复杂性，提高了系统的稳定性，进而帮助开发人员实现各种不同的应用需求。

2）低功耗：STM32 芯片采用了低功耗技术，使其在高性能运行的同时保持低功耗。这有助于延长电池续航时间，减小系统散热问题，提高了系统的可靠性。

3）高性能：STM32 芯片采用了 ARM Cortex-M 内核，具有出色的处理性能和运行速度，具有较大的 Flash 存储器和 SRAM 存储器，具有高速度、高精度的数据处理能力，可以轻松处理复杂的应用程序。

4）低成本：STM32 芯片采用了先进的制造技术和晶圆级封装技术，能够实现低成本的生产。这使得 STM32 芯片在价格敏感的应用领域，如消费电子和低端工业控制领域，具有很大的优势。

STM32 因其高性能和低功耗等特点，广泛应用于工业控制、消费电子、智能家居、通信等领域。例如，在机器人、智能音箱、汽车导航、智能空调、蓝牙设备、血压计等产品中，都能见到 STM32 的身影。

7.1　基于 STM32 的数字钟测试

数字钟是一种基于数字电路技术的计时装置，显示时、分、秒。与机械钟相比，具有准确性高、直观性好、使用寿命长等特点，被广泛采用。数字钟的实现方法有许多种，可用中小规模集成电路组合设计，也可以利用 DS1302 专用时钟芯片加外围显示电路设计，还可以利用单片机来设计等。这些方法都各有其特点，其中利用单片机设计的数字钟具有编程灵活、功能易于扩展等优点。

7.1.1　定时器的 1 秒中断测试

图 7-1 为定时器的 Proteus 仿真图，图中，U1 为单片机 STM32，NRST 为异步复位引脚接电源，即不复位。PA2 为通用 GPIO，与电阻 R2、发光二极管 VL2 串联后接电源，PA2 为低电平时，点亮发光二极管 VL2。PA3 为通用 GPIO，与电阻 R1、发光二极管 VL1 串联后接电源，PA3 为低电平时，点亮发光二极管 VL1。

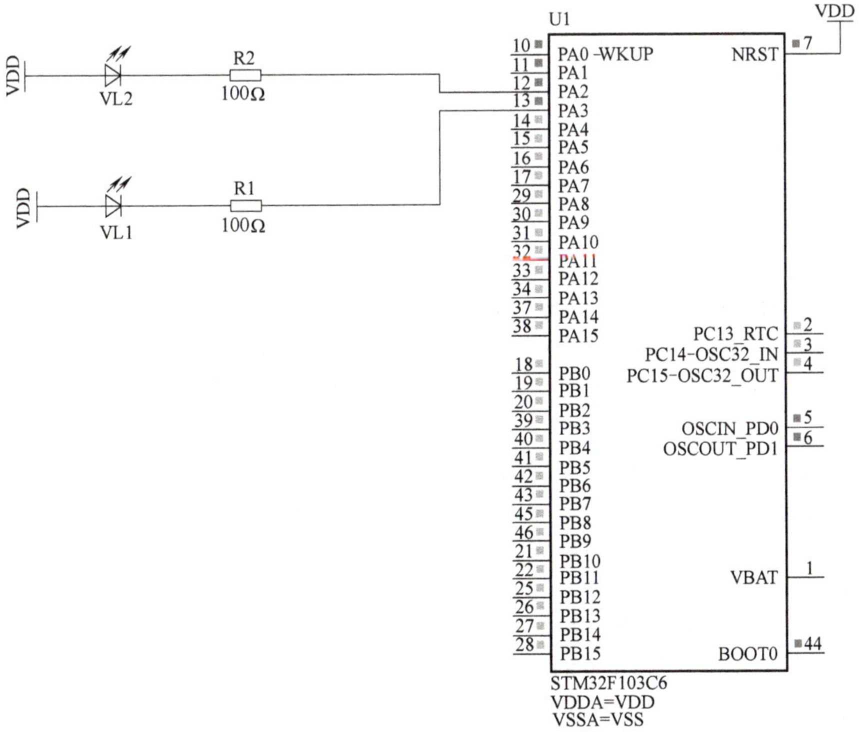

图 7-1　定时器 Proteus 仿真图

1. 定时器的计数模式

STM32 定时器由一个通过可编程预分频器（PSC）驱动的 16 位自动装载计数器（CNT）组成。计数器模式有向上计数、向下计数和向上向下双向计数三种。

（1）向上计数模式

在向上计数模式中，计数器从0计数到自动加载值（TIMx_ARR计数器的值），产生一个计数器上溢事件，并重新从0开始计数。在此模式下，TIMx_CR1中的DIR方向位为0。

（2）向下计数模式

在向下计数模式中，计数器从自动载入值（TIMx_ARR计数器的值）开始向下计数到0，产生一个计数器下溢事件，然后从自动装入的值重新开始计数。在此模式下，TIMx_CR1中的DIR方向位为1。

（3）向上向下双向计数模式（中央对齐模式）

在向上向下双向计数模式中，计数器从0计数到自动加载值（TIMx_ARR计数器的值）减1，产生一个计数器上溢事件，然后向下计数到1并且产生一个计数器下溢事件，再从0重新开始计数。在此模式下，TIMx_CR1中的DIR方向位不能赋值，其由硬件更新并指示当前的计数方向。

2. 定时器分类

中等容量的STM32F103xx增强型系列产品包含一个高级控制定时器、三个普通定时器，以及两个看门狗定时器和一个系统时基定时器。高级控制定时器和普通定时器的功能比较如表7-1所示。

表7-1 定时器功能比较

定时器	计数器分辨率	计数器类型	预分频系数	产生DMA请求	捕获/比较通道	互补输出
TIM1	16位	向上，向下，向上/下	1~65536的任意整数	可以	4	有
TIM2、TIM3、TIM4	16位	向上，向下，向上/下	1~65536的任意整数	可以	4	没有

（1）高级控制定时器（TIM1）

高级控制定时器（TIM1）可以被看成是分配到6个通道的三相PWM发生器，它具有带死区插入的互补PWM输出，还可以被当成完整的通用定时器。四个独立的通道可以用于输入捕获、输出比较、产生PWM（边缘或中心对齐模式）、单脉冲输出。

当配置为16位标准定时器时，它与通用定时器（TIMx）具有相同的功能。配置为16位PWM发生器时，它具有全调制能力（0~100%）。在调试模式下，计数器可以被冻结，同时PWM输出被禁止，从而切断由这些输出所控制的开关。

很多功能都与标准的TIM定时器相同，内部结构也相同，因此高级控制定时器可以通过定时器链接功能与TIM定时器协同操作，提供同步或事件链接功能。

（2）通用定时器（TIMx）

STM32F103xx增强型产品中，内置了多达三个可同步运行的标准定时器（TIM2、TIM3和TIM4）。每个定时器都有一个16位的自动加载递加/递减计数器、一个16位的预分频器和4个独立的通道，每个通道都可用于输入捕获、输出比较、PWM和单脉冲模式输出，在最大的封装配置中可提供最多12个输入捕获、输出比较或PWM通道。

它们还能通过定时器链接功能与高级控制定时器共同工作，提供同步或事件链接功能。在调试模式下，计数器可以被冻结。任一标准定时器都能用于产生PWM输出。每个定时器都有独立的DMA请求机制。

这些定时器还能够处理增量编码器的信号，也能处理1~3个霍尔传感器的数字输出。

（3）看门狗定时器

1）独立看门狗定时器。独立看门狗定时器基于一个12位的递减计数器和一个8位的预分频器，它由一个内部独立的40kHz的RC振荡器提供时钟，且此RC振荡器独立于主时钟，所以它可以运行于停机和待机模式。可以被当成看门狗用于在发生问题时复位整个系统，或作为一个自由定时器为应用程序提供超时管理。通过选项字节可以配置成由软件或硬件启动看门狗。在调试模式下，计数器可以被冻结。

2）窗口看门狗定时器。窗口看门狗定时器内有一个7位的递减计数器，并可以设置成自由运行状态。它可以被当成看门狗用于在发生问题时复位整个系统。它由主时钟驱动，具有早期预警中断功能；在调试模式下，计数器可以被冻结。

（4）系统时基定时器

这个定时器专用于实时操作系统，也可当成一个标准的递减计数器。它具有下述特性：

- 24位的递减计数器。
- 自动重加载功能。
- 当计数器为0时能产生一个可屏蔽系统中断。
- 可编程时钟源。

3. 微秒级延时函数

微秒级延时函数的作用是指定延时多少微秒，其参数m代表延时的微秒数，该函数代码如下：

```
void delay_us(int m)
{
  int i,j;
  for(i=0;i<m;i++)
    for(j=0;j<10;j++);
}
```

第二层for循环里面，j起始值为0，当j小于10的时候就执行“;”（空语句），然后j值加1，直到j等于10的时候循环结束，该循环实现1微秒延时。第一层for循环实现m微秒延时。

4. 毫秒级延时函数

毫秒级延时函数的作用是指定延时多少毫秒，其参数m代表延时的毫秒数，该函数代码如下：

```
void delayms(int m)
{
  int i,j;
  for(i=0;i<m;i++)
    for(j=0;j<10000;j++);
}
```

该函数体中包括两个for循环语句，实现了循环语句的嵌套。第一层for循环里面，i起始值为0，当i小于m的时候就执行第二层for循环；第二层for循环里面，j起始值为0，当j小于10000的时候就执行“;”（空语句），每做完一次循环j值加1，当j小于10000的时候就执行“;”（空语句），直到j为10000后i值加1，当i小于m的时候又执行第二层for循环，直到i等于m时结束循环。

5. LED初始化函数

LED初始化函数的主要功能是启动GPIO时钟，STM32中GPIO外设是挂载到APB2下的，所以程序中要开启APB2的时钟，同时定义点亮LED分配了哪些GPIO脚、GPIO速度和GPIO

的输出模式，该函数还定义了 LED 的初始状态，初始化时 LED 灯灭。LED 初始化函数代码如下。

```
void ledinit( )
 {
   GPIO_InitTypeDef   GPIO_LXQ;   //定义结构体变量
   RCC_APB2PeriphClockCmd( RCC_APB2Periph_GPIOA ,ENABLE);
   GPIO_LXQ. GPIO_Pin = GPIO_Pin_3|GPIO_Pin_2;
   GPIO_LXQ. GPIO_Speed = GPIO_Speed_50MHz;
   GPIO_LXQ. GPIO_Mode = GPIO_Mode_Out_PP;
   GPIO_Init( GPIOA,&GPIO_LXQ);
   LED1 = 1;
   LED2 = 1;
 }
```

LED 初始化函数中 GPIO_LXQ 为结构体变量，它有 3 个成员，分别是 GPIO 引脚、GPIO 速度和 GPIO 输入/输出模式，LED 初始化函数中定义 GPIO 引脚为输出推挽模式，即 GPIO_Mode_Out_PP。

6. 定时器 3 中断初始化函数

TIM3_Int_Init（ ）为定时器 3 中断初始化函数，该函数的主要功能是初始化定时器 3 和设置中断优先级 NVIC。定时器 3 中断初始化函数代码如下。

```
void TIM3_Int_Init(u16 arr,u16 psc)
 {
   TIM_TimeBaseInitTypeDef   TIM_TimeBaseStructure;  //定义用于配置定时器基本参数的结构体变量
   NVIC_InitTypeDef   NVIC_InitStructure;  //定义用于中断优先级管理的结构体变量 NVIC_InitStructure
   RCC_APB1PeriphClockCmd(RCC_APB1Periph_TIM3,ENABLE);//启动时钟
                                                      //定时器 TIM3 初始化
   TIM_TimeBaseStructure. TIM_Period = arr;        //自动重装载值,设置定时器的计数周期,决定定时器的
                                                   //溢出时间
   TIM_TimeBaseStructure. TIM_Prescaler =psc;    //定时器的预分频值,对定时器输入时钟进行分频,
                                                 //控制计数频率
   TIM_TimeBaseStructure. TIM_ClockDivision = TIM_CKD_DIV1;  //定时器的时钟分频,用于进一步分频
                                                             //计数器时钟
   TIM_TimeBaseStructure. TIM_CounterMode = TIM_CounterMode_Up;  //TIM 向上计数模式
   TIM_TimeBaseInit(TIM3,&TIM_TimeBaseStructure);       //根据指定的参数初始化 TIM3 的时间基数
                                                        //单位
   TIM_ITConfig(TIM3,TIM_IT_Update,ENABLE );            //启动指定的 TIM3 中断,允许更新中断,中断
                                                        //优先级 NVIC 设置
   NVIC_InitStructure. NVIC_IRQChannel = TIM3_IRQn;      //TIM3 中断
   NVIC_InitStructure. NVIC_IRQChannelPreemptionPriority = 0;   //抢占优先级 0 级
   NVIC_InitStructure. NVIC_IRQChannelSubPriority = 3;          //从优先级 3 级
   NVIC_InitStructure. NVIC_IRQChannelCmd = ENABLE;             //启动 IRQ 通道
   NVIC_Init(&NVIC_InitStructure);  //初始化 NVIC 寄存器
   TIM_Cmd(TIM3,ENABLE);        //启动 TIM3
 }
```

TIM3_Int_Init（ ）函数带两个参数，其中 arr 为计数器自动重装载值，psc 为预分频数。通用定时器 TIM3 挂在 APB1 总线上，所以该函数在初始化时要先启动 APB1 时钟。该函数定

义了 TIM_TimeBaseStructure 和 NVIC_InitStructure 两个结构体变量，两者都有 4 个成员，初始化时需对这些成员进行定义，定时器 3 中断初始化函数必须启动 TIM3。

7. 定时器 3 中断服务程序

单片机的定时器可以理解成一个杯子，假如将一个杯子装满水需要花费 10s 的时间，目前需要 5s 的定时，那么就可以先给已经有半杯水的杯子加满水，以实现 5s 的定时。时间一到就可以中断，这个叫作溢出中断，定时器 3 中断服务程序可以理解成溢出中断发生后要处理的事件。定时器 3 中断服务程序代码如下。

```
void TIM3_IRQHandler(void)    //TIM3 中断
{
  if(TIM_GetITStatus(TIM3,TIM_IT_Update) != RESET)   //检查 TIM3 更新中断是否发生
    {
        LED2=! LED2;
        TIM_ClearITPendingBit(TIM3,TIM_IT_Update);      //清除 TIM3 更新中断标志位
    }
}
```

以上代码指出，定时器 3 溢出中断发生后，LED2 对应的 VL2 的亮灭状态实现翻转；定时器 3 中断服务程序中，需要清除 TIM3 更新中断标志位。

8. 定时器的 1s 中断主程序

定时器的 1s 中断主程序实现了 1s 产生中断功能，主程序的 while 死循环中让 LED1 对应的 VL1 的亮灭状态每 25ms 翻转 1 次。定时器的 1s 中断测试主程序代码如下。

```
#include "stm32f10x.h"
#include "GPIOLIKE51.h"
#define LED1   PAout(3)
#define LED2   PAout(2)
int main(void)
{
  NVIC_PriorityGroupConfig(NVIC_PriorityGroup_2);//设置 NVIC 中断分组 2:2 位
                                                  //抢占优先级,2 位响应优先级
      ledinit();
      delayms(10);
      LED1=0;
  TIM3_Int_Init(999,7199);   //10kHz 的计数频率,计数到 1000 为 100ms
  while(1)
      {
        LED1=! LED1;
        delayms(25);          //25ms
      }
}
```

定时器的 1s 中断主程序定义了常量 LED1 和 LED2，分别接 PA3 和 PA2，PA3 和 PA2 都定义成输出引脚。主程序调用了 TIM3_Int_Init（ ）函数，TIM3_Int_Init（ ）函数带两个实参 999 和 7199，其中 7199 为预分频数，将 72MHz 系统时钟进行 7199+1 分频，得到 10kHz 的计数频率，计数器以此频率进行计数，当计数器计数值为 999+1 后，产生溢出中断，即产生 1s 溢出中断。

7.1.2　识读数字钟的 Proteus 仿真图

数字钟的 Proteus 仿真图如图 7-2 所示。该数字钟以 STM32F103C6 为核心控制芯片，带

分、时设置按钮和整点提醒功能，数字钟显示时、分和秒，三者之间用横线隔开。图中 H 为 8 位数码管，数码管的位选通信号由 STM32 单片机直接提供，数码管的段信号由 STM32 单片机提供，图中 74LS245 为驱动芯片。时、分设置信号需接 4.7kΩ 的上拉电阻，当时间为整点时，点亮发光二极管 VL1。以 STM32 单片机为核心芯片，时、分设置信号为输入，点亮发光二极管 VL1 的信号为输出，数码管的位选通信号和段信号为输出。

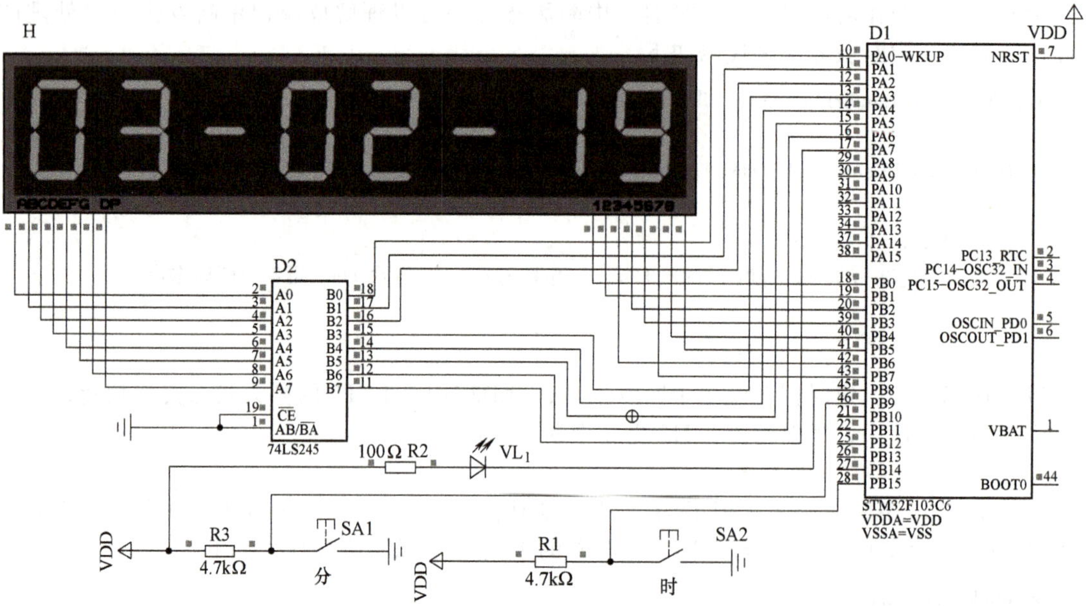

图 7-2　数字钟的 Proteus 仿真图

7.1.3　数字钟的测试

数字钟的测试

编写数字钟程序代码要调用延时函数和定时器 3 中断初始化函数 TIM3_Int_Init( )，延时函数和 TIM3_Int_Init( ) 前面已介绍，这里不再复述。

1. 数码管的字型码介绍

数码管分共阴和共阳两种，共阴数码管的公共端接地，共阳数码管的公共端接电源，所以共阴数码管由高电平点亮，共阳数码管由低电平点亮。共阴数码管的字型码 0~9 依次保存在数组 code［ ］中。

```
unsigned char code[ ] = {0x3F,0x06,0x5B,0x4F,0x66,0x6D,0x7D,0x07,0x7F,0x6F};
```

2. ledinit（ ）函数

LED 初始化函数的主要功能是定义 STM32 的 PB8 脚为输出，用于指示整点时刻，该脚连接 LED 指示灯并接上拉电阻。LED 初始化函数代码如下。

```
void ledinit( )
{
  GPIO_InitTypeDef   GPIO_sp;  //定义结构体变量
  RCC_APB2PeriphClockCmd( RCC_APB2Periph_GPIOB ,ENABLE);
  GPIO_sp.GPIO_Pin=GPIO_Pin_8;
  GPIO_sp.GPIO_Speed=GPIO_Speed_50MHz;
  GPIO_sp.GPIO_Mode=GPIO_Mode_Out_PP;
  GPIO_Init(GPIOB,&GPIO_sp);
  LED1=1;
}
```

LED 初始化函数中 GPIO_sp 为结构体变量，它有三个成员，分别是 GPIO 引脚、GPIO 速度和 GPIO 输入/输出模式，程序中需对这些成员进行定义，LED1 初始化时置“1”，即发光二极管 VL1 不亮。

3. 中断初始化函数

中断初始化函数的功能是声明数字钟的时、分设置采用中断方式，“时”设置按钮接 STM32 的 PB15 脚，“分”设置按钮接 STM32 的 PB9 脚，PB9 和 PB15 为外部中断的中断源。中断初始化函数代码如下。

```
void Int_init ( )
{
  NVIC_InitTypeDef   NVIC_I;  //中断优先级变量
  EXTI_InitTypeDef   EXTI_I;
  RCC_APB2PeriphClockCmd(RCC_APB2Periph_AFIO,ENABLE);        //设置外部中断的中断源,PB9、PB15
  GPIO_EXTILineConfig(GPIO_PortSourceGPIOB,GPIO_PinSource15);
  GPIO_EXTILineConfig(GPIO_PortSourceGPIOB,GPIO_PinSource9);//设置中断优先级参数
  NVIC_I. NVIC_IRQChannel=EXTI15_10_IRQn;
  NVIC_I. NVIC_IRQChannelPreemptionPriority=0x0;
  NVIC_I. NVIC_IRQChannelSubPriority=0x0f;
  NVIC_I. NVIC_IRQChannelCmd=ENABLE;
  NVIC_Init(&NVIC_I);
  NVIC_I. NVIC_IRQChannel=EXTI9_5_IRQn;
  NVIC_I. NVIC_IRQChannelPreemptionPriority=0x0;
  NVIC_I. NVIC_IRQChannelSubPriority=0x03;
  NVIC_I. NVIC_IRQChannelCmd=ENABLE;
  NVIC_Init(&NVIC_I);  //设置中断参数
  EXTI_I. EXTI_Line=EXTI_Line15|EXTI_Line9;        //EXTI_Line9 中断映射
  EXTI_I. EXTI_Mode=EXTI_Mode_Interrupt;           //中断
  EXTI_I. EXTI_Trigger=EXTI_Trigger_Falling;       //下降沿触发
  EXTI_I. EXTI_LineCmd=ENABLE;  //开中断
  EXTI_Init(&EXTI_I);
}
```

中断初始化函数定义了 NVIC_I 和 EXTI_I 两个结构体变量，两者各有 4 个成员，分别用来设置中断优先级参数和设置中断参数，外部中断用下降沿触发，即定义成 EXTI_Trigger_Falling。

4. 独立按键初始化函数

独立按键初始化函数的功能是定义“时”设置按钮和“分”设置按钮，分别接 STM32 的 PB15 和 PB9 脚。独立按键初始化函数的代码如下。

```
void keyinit( )
{
  GPIO_InitTypeDef   GPIO_XFY;
  RCC_APB2PeriphClockCmd( RCC_APB2Periph_GPIOB ,ENABLE);
  GPIO_XFY. GPIO_Pin=GPIO_Pin_15|GPIO_Pin_9;
  GPIO_XFY. GPIO_Speed=GPIO_Speed_50MHz;
  GPIO_XFY. GPIO_Mode=GPIO_Mode_IPU;
  GPIO_Init(GPIOB,&GPIO_XFY);
}
```

独立按键初始化函数首先启动 PB 口的时钟，接着对 GPIO_XFY 结构体的 3 个成员进行相应的定义。对 STM32 单片机而言，按键信号为输入。

5. 数码管初始化函数

数码管初始化函数的功能是定义 8 个数码管的选通信号和段信号，其中 PB0、PB1、PB2、PB3、PB4、PB5、PB6、PB7 接数码管的 a～g 段；PA0、PA1、PA2、PA3、PA4、PA5、PA6、PA7 接数码管的选通端。数码管初始化函数代码如下。

```
void smginit( )
{
  GPIO_InitTypeDef GPIO_XFY;  //定义端口配置结构体变量
  RCC_APB2PeriphClockCmd( RCC_APB2Periph_GPIOB  |
                          RCC_APB2Periph_AFIO  |
                          RCC_APB2Periph_GPIOA,ENABLE);
  GPIO_PinRemapConfig( GPIO_Remap_SWJ_JTAGDisable,ENABLE);
  GPIO_XFY. GPIO_Pin=GPIO_Pin_4;            //4 脚
  GPIO_XFY. GPIO_Speed=GPIO_Speed_50MHz;
  GPIO_XFY. GPIO_Mode=GPIO_Mode_Out_PP;     //推挽输出
  GPIO_Init( GPIOB,&GPIO_XFY);
  RCC_APB2PeriphClockCmd( RCC_APB2Periph_GPIOB ,ENABLE);//端口 B 时钟启动
  GPIO_XFY. GPIO_Pin=GPIO_Pin_0 | GPIO_Pin_1 | GPIO_Pin_2| GPIO_Pin_3|
                     GPGIO_Pin_5 | GPIO_Pin_6 | GPIO_Pin_7;
  GPIO_XFY. GPIO_Speed=GPIO_Speed_50MHz;
  GPIO_XFY. GPIO_Mode=GPIO_Mode_Out_PP;     //推挽输出
  GPIO_Init( GPIOB,&GPIO_XFY);
  GPIO_XFY. GPIO_Pin=GPIO_Pin_2 | GPIO_Pin_3 | GPIO_Pin_4|GPIO_Pin_5 |
                     GPIO_Pin_6 | GPIO_Pin_7| GPIO_Pin_0| GPIO_Pin_1;
  GPIO_XFY. GPIO_Speed=GPIO_Speed_50MHz;
  GPIO_XFY. GPIO_Mode=GPIO_Mode_Out_PP;     //推挽输出
  GPIO_Init( GPIOA,&GPIO_XFY);
}
```

数码管初始化函数首先启动 PA 口、PB 口的时钟，接着对 GPIO_XFY 结构体的 3 个成员进行相应的定义。8 个数码管的选通端有 8 个独立的引脚，8 个数码管共用段信号 a～g，对 STM32 单片机而言，数码管的选通端和段信号为输出。

6. 数码管八位显示函数

数码管八位显示函数的功能是显示八位，从左向右第一位数码管显示时的十位数，第二位显示时的个位数，第三位显示横线，第四位显示分的十位数，第五位显示分的个位数，第六位显示横线，第七位显示秒的十位数，第八位显示秒的个位数。数码管八位显示函数的代码如下。

```
void display_num( int num)
{
  int g,s,b,q,w,sw;
  g=num%10;
  s=num%100/10;
  b=num%1000/100;
  q=num%10000/1000;
  w=num%100000/10000;
  sw=num/100000;     //取十万位
```

```
    GPIO_Write(GPIOA,code[sw]);  //数据先有效
    W1=0;W2=1;W4=1;W5=1;W7=1;W8=1;
    delayms(1);
    W1=1;W2=1;W4=1;W5=1;W7=1;W8=1;
    delay_us(10);
    GPIO_Write(GPIOA,code[w]);
    W1=1;W2=0;W4=1;W5=1;W7=1;W8=1;
    delayms(1);
    W1=1;W2=1;W4=1;W5=1;W7=1;W8=1;
    delay_us(10);
    GPIO_Write(GPIOA,code[q]);
    W1=1;W2=1;W4=0;W5=1;W7=1;W8=1;
    delayms(1);
    W1=1;W2=1;W4=1;W5=1;W7=1;W8=1;
    delay_us(10);
    GPIO_Write(GPIOA,code[b]);
    W1=1;W2=1;W4=1;W5=0;W7=1;W8=1;
    delayms(1);
    W1=1;W2=1;W4=1;W5=1;W7=1;W8=1;
    delay_us(10);
    GPIO_Write(GPIOA,code[s]);
    W1=1;W2=1;W4=1;W5=1;W7=0;W8=1;
    delayms(1);
    W1=1;W2=1;W4=1;W5=1;W7=1;W8=1;
    delay_us(10);
    GPIO_Write(GPIOA,code[g]);
    W1=1;W2=1;W4=1;W5=1;W7=1;W8=0;
    delayms(1);
    W1=1;W2=1;W4=1;W5=1;W7=1;W8=1;
    delay_us(10);
    GPIO_Write(GPIOA,0x40);
    W3=0;W6=0;
    delayms(1);
    W3=1;W6=1;
    delay_us(10);
}
```

数码管八位显示函数采用动态扫描显示方式，分时、轮流点亮各位数码管。数字钟采用共阴极数码管显示，在1ms内，这种方式只让其中一位数码管选通端有效，即让相应的数码管选通端为低电平，其他数码管选通端都为高电平，并送出相应的字型码，字型码由查表得到。数码管八位显示函数先编写时、分、秒代码，最后编写两个横线代码，横线代码用0x40表示，即只点亮数码管的g段，不点亮其他字段。代码中多次调用GPIO_Write函数，该函数的最大特点是可以一次对多个端口赋值，缩短代码量。

7. 定时器中断服务程序，每隔1s进入该程序

定时器中断服务程序的功能是判断秒计数值是否为59，是则秒计数值清零，同时分计数值加1，接着判断分计数值是否为59，是则分计数值清零，时计数值加1，最后判断时计数值是否为24，是，则时计数值清零；否则，秒计数值加1，然后清除TIM3的更新中断标志位。

定时器中断服务程序代码如下。

```
void TIM3_IRQHandler(void)
{
    if(TIM_GetITStatus(TIM3,TIM_IT_Update) != RESET)
      {
        if(SEC>=59)
          {
            SEC=0;
            MIN++;
            if(MIN>=59)
              {
                MIN=0;
                HOUR++;
                if(HOUR>=24)
                  HOUR=0;
              }
          }
        else
            SEC++;
            TIM_ClearITPendingBit(TIM3,TIM_IT_Update);    //清除 TIM3 的更新中断标志位
      }
}
```

8. 按键中断服务程序

因为按键有两个，所以相应的中断服务程序有两段。按键中断服务程序的功能是设置分计数值和时计数值，其程序代码如下。

```
void EXTI9_5_IRQHandler(void)
  {
      if(MIN==59)
        MIN =0;
      else
        MIN++;
      EXTI_ClearITPendingBit(EXTI_Line9);
  }
void EXTI15_10_IRQHandler(void)
  {
    if(HOUR==24)
      HOUR=0;
    else
      HOUR++;
    EXTI_ClearITPendingBit(EXTI_Line15);
  }
```

“分”设置按键接 STM32 的 PB9 脚，对应的中断服务程序为 EXTI9_5_IRQHandler，该程序判断分计数值是否为 59，是则分计数值清零，否则按下“分”设置按键后分计数值加 1，同时清除相应的外部中断标志位，这样可以响应下次中断；“时”设置按键接 STM32 的 PB15 脚，对应的中断服务程序为 EXTI15_10_IRQHandler，设置时计数值的按键中断服务程序的功

能是判断时计数值是否为 24，是则时计数值清零，否则按下“时”设置按键后时计数值加 1，同时清除相应的外部中断标志位。

9. 数字钟主程序

数字钟主程序的功能是先初始化，然后显示不断变化的时间值，时间包括时、分和秒，它们各为 3 位，三者间以横线分割。当时间为整点时，指示灯点亮一小段时间。数字钟主程序代码如下。

```
#include "stm32f10x.h"
#include "GPIOLIKE51.h"
//数码管选通信号
#define W1  PBout(0)   //数码管第 1 位
#define W2  PBout(1)
#define W3  PBout(6)
#define W4  PBout(2)
#define W5  PBout(3)   //数码管第 5 位
#define W6  PBout(7)
#define W7  PBout(4)
#define W8  PBout(5)
//整点指示灯
#define LED1  PBout(8)
#define CF 10                    //显示次数,代表延时时间
int HOUR=0,MIN=0,SEC=0;  //全局变量:时、分、秒
int time=0;
int FLAG=0;
int main(void)
{
    int m=0;
    int jj;
    ledinit();
    smginit();
    keyinit();
    Int_init ();
    TIM3_Int_Init (999, 7199);   //初始化 TIM3 中断
    while (1)
     {
        time=HOUR*10000+MIN*100+SEC;
        for (jj=0; jj<CF; jj++)
            //把时间转换成数字
            display_num (time);   //显示时间
        if ( (SEC==0) & (MIN==0) & (FLAG==0) )
            {
            LED1=0;
            FLAG=1;
            delays (100);
            LED1=1;
            FLAG=0;
           }
       }
}
```

数字钟主程序引入了多个头文件，定义了 8 个数码管选通端和整点指示灯连接 STM32 的引脚，还定义了一些变量。main 主程序实现了 LED、数码管、按键、中断和定时器 3 初始化，while 循环中将时、分和秒组合成 6 位数，然后将这 6 位数显示在数码管上。当秒计数值和分计数值同时为 0（即时间为整点）时，让标志位 FLAG 为 1，点亮 VL1 100ms，然后让 VL1 熄灭，同时清除标志位 FLAG，以便指示下一个整点时间。

7.2　基于 STM32 的直流电机驱动测试

直流电机能将直流电能转换成机械能或将机械能转换成直流电能，它实现了直流电能和机械能的互相转换。当它作为电动机运行时是直流电动机，并将电能转换为机械能；作为发电机运行时是直流发电机，将机械能转换为电能。

改变电机的电压可以改变电机的转速，改变电机的正负极可以改变电机的转向。改变电机的驱动电压是通过 STM32 改变 PWM 波的占空比实现，比如给 L9110 芯片供电 12V，PWM 的占空比是 60%，那么就相当于给电机供电 12V×60% = 7.2V。芯片供电电压乘以 PWM 波的占空比就是电机的供电电压，所谓占空比指的是高电平维持时间和周期的比值。

7.2.1　识读直流电机的 Proteus 仿真图

直流电机的 Proteus 仿真图如图 7-3 所示，STM32 输出 PWM 波，经 L9110 驱动直流电机转动。图中 STM32 单片机的 PA7 脚和 L9110 的 B 路输入端相连，单片机通过 PA7 脚输出 PWM 波，L9110 的 A 路输入端接地，L9110 的 A、B 路输出接直流电机两端，直流电机两端相连的二极管起保护电机驱动芯片的作用，防止电机断电瞬间产生的过压脉冲击穿驱动芯片，同时还起消除电机电刷火花的作用。需要注意的是，STM32 的供电电压为 3.3V，L9110 的供电电压为 12V。

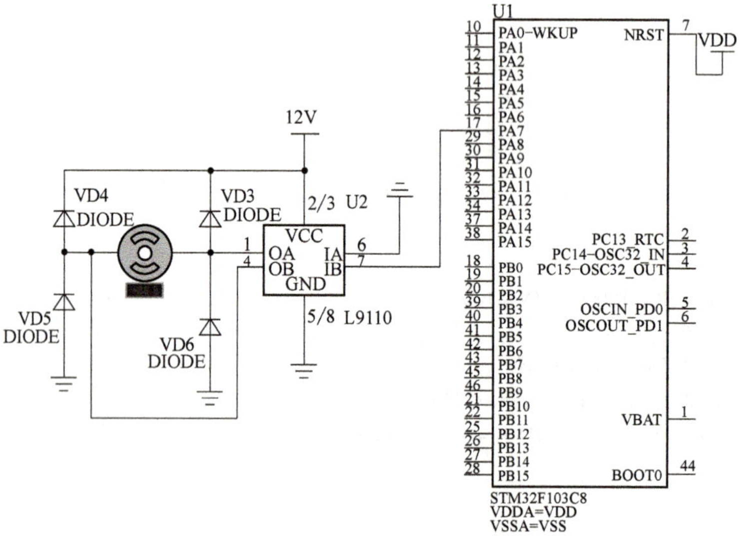

图 7-3　直流电机 Proteus 仿真图

图中 L9110 是为控制和驱动电机设计的两通道推挽式功率放大的专用集成电路器件，将分立电路集成在单片 IC 之中，降低了外围器件成本，且提高了整机可靠性。该 L9110 芯片有两个 TTL/CMOS 兼容电平的输入，具有良好的抗干扰性；两个输出端 OA、OB 能直接驱动电机的正反向运动，它具有较大的电流驱动能力，每通道能通过 800mA 的持续电流，峰值电流能力可达1.5A；同时，它具有较低的输出饱和压降；L9110内置的二极管能限制电位，并能释放感性负载的反向冲击电流，使它在驱动继电器、直流电机、步进电机或开关功率管的使用方面安全可靠。L9110被广泛应用于玩具汽车电机驱动、脉冲电磁阀门驱动，以及步进电机驱动和开关功率管等电路上。

7.2.2　直流电机驱动测试

直流电机调速可以通过采用改变电枢回路电阻调速，改变电枢电压调速或者采用晶闸管变流器供电调速等方法，下面介绍改变电枢电压调速的编程方法，由STM32单片机输出PWM波。

直流电机
驱动测试

1. PWM输出初始化函数

PWM本质上就是一种周期一定，而高低电平占空比可调的方波，其代码如下。

```
void TIM3_PWM_Init(u16 arr,u16 psc)
{
    GPIO_InitTypeDef    GPIO_InitStructure;
    TIM_TimeBaseInitTypeDef    TIM_TimeBaseStructure;
    TIM_OCInitTypeDef    TIM_OCInitStructure;
    RCC_APB1PeriphClockCmd(RCC_APB1Periph_TIM3,ENABLE);//启动定时器3时钟
    RCC_APB2PeriphClockCmd(RCC_APB2Periph_GPIOA    | RCC_APB2Periph_AFIO,ENABLE);
    GPIO_PinRemapConfig(GPIO_PartialRemap_TIM3,ENABLE);//Timer3部分重映射TIM3_CH2->PA7
    GPIO_InitStructure.GPIO_Pin=GPIO_Pin_7;//TIM_CH2
    GPIO_InitStructure.GPIO_Mode=GPIO_Mode_AF_PP;    //复用推挽输出
    GPIO_InitStructure.GPIO_Speed=GPIO_Speed_50MHz;
    GPIO_Init(GPIOA,&GPIO_InitStructure);//初始化GPIO
                                            //初始化TIM3
    TIM_TimeBaseStructure.TIM_Period=arr;//设置在下一个更新事件装入活动的自动重装载寄存器周
                                          //期的值
    TIM_TimeBaseStructure.TIM_Prescaler =psc;//设置用来作为TIMx时钟频率除数的预分频值
    TIM_TimeBaseStructure.TIM_ClockDivision=0;//设置时钟分割:TDTS=Tck_tim
    TIM_TimeBaseStructure.TIM_CounterMode=TIM_CounterMode_Up;    //TIM向上计数模式
    TIM_TimeBaseInit(TIM3,&TIM_TimeBaseStructure);//根据TIM_TimeBaseInitStruct中指定的参数初
                                                  //始化TIMx的时间基数单位,初始化TIM3
                                                  //Channel2 PWM模式
    TIM_OCInitStructure.TIM_OCMode=TIM_OCMode_PWM2;//选择定时器模式:TIM脉冲宽度调制
                                                    //模式2
    TIM_OCInitStructure.TIM_OutputState=TIM_OutputState_Enable;//比较输出启动
    TIM_OCInitStructure.TIM_OCPolarity=TIM_OCPolarity_High;//输出极性:TIM输出比较极性高
    TIM_OC2Init(TIM3,&TIM_OCInitStructure);    //根据T指定的参数初始化外设TIM3 OC2
    TIM_OC2PreloadConfig(TIM3,TIM_OCPreload_Enable);    //启动TIM3在CCR2上的预装载寄存器
    TIM_Cmd(TIM3,ENABLE);    //启动TIM3
}
```

该函数的参数包括以下两部分：

1）u16 arr是分辨率为16位（其有效值1~65536）的自动装载寄存器，用于调节定时器的周期，以控制定时器下次中断的时间。通用定时器的主要部分是一个16位计数器和相关的自动装载寄存器。

2）u16 psc为预分频数，此计数器时钟由预分频器分频得到，APB1由AHB分频得到，

AHB 由 SYSCLK 分频得到。当 SYSCLK 为 72MHz，并且 AHB 分频系数为 1 时，则 AHB 为 72MHz；当 AHB 为 72MHz，并且 APB1 分频系数为 2，则 APB1 为 36MHz（APB1 最大频率只能是 36MHz，APB2 最大频率为 72MHz），同时 TIMxCLK 为 72MHz。

2. 直流电机驱动主程序

直流电机驱动主程序先设置 NVIC 中断分组，接着调用 TIM3_PWM_Int（ ）初始化函数，然后设置 PWM 波的占空比，直流电机驱动主程序代码如下。

```
int main(void)
{
    NVIC_PriorityGroupConfig(NVIC_PriorityGroup_2);  //设置 NVIC 中断分组 2:2 位抢占优先级,2 位响
                                                      //应优先级
    TIM3_PWM_Init(8999,799);        // PWM 频率=72000000/9000=8kHz/800=10Hz
    TIM_SetCompare2(TIM3,3000);  // 设置 TIM3 捕获/比较器 2 寄存器值
    while(1)
    {
      delayms(15);
    }
}
```

TIM_SetCompare2（ ）函数带两个参数，第一个参数声明采用的定时器，第二个参数设定捕获/比较器寄存器值，该值和 TIM3_PWM_Init 函数中的 arr 值相除即为 PWM 波的占空比，显然，直流电机驱动主程序设定 PWM 波的占空比为 3000/(8999+1)，结果为 1/3，PWM 波形如图 7-4 所示。

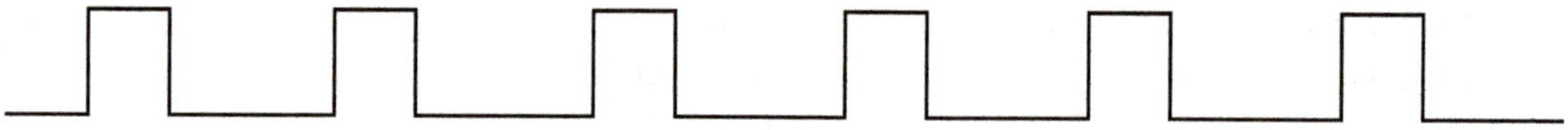

图 7-4 PWM 波形

7.3 基于 STM32 的计算器测试

计算器是可以进行数字运算的电子机器。现在不管是手机、计算机，都带有计算器功能，有的还支持强大的科学运算等。计算器内部拥有集成电路芯片，但其结构比计算机简单得多，使用方便，广泛应用于日常生活中。

7.3.1 识读计算器的 Proteus 仿真图

计算器的 Proteus 仿真图如图 7-5 所示，计算器操作面板由 4×4 矩阵键盘组成，按键分别代表数字 0~9 和+、-、*、/、=符号，计算结果由 3 位数码管组成，图中第一个数码管显示符号，当减法计算结果为负数时，则图中第一个数码管显示负号。图中 STM32 的 PA0~PA6 送出的信号作为数码管的段信号，但需要 74LS245 驱动，STM32 的 PB4~PB7 送出的信号作为数码管的片选信号，STM32 的 PB0、PB1、PB10、PB11 送出的信号作为矩阵键盘的行信号，矩阵键盘的列信号送回 STM32 的 PB12~PB15 引脚。STM32 单片机不断查询是哪个按键被按下，并做相应处理，将运算结果显示在数码管上。

7.3.2 矩阵键盘的测试

矩阵键盘是单片机外部设备使用的，排布类似于矩阵的键盘组。矩阵键盘的结构显然比

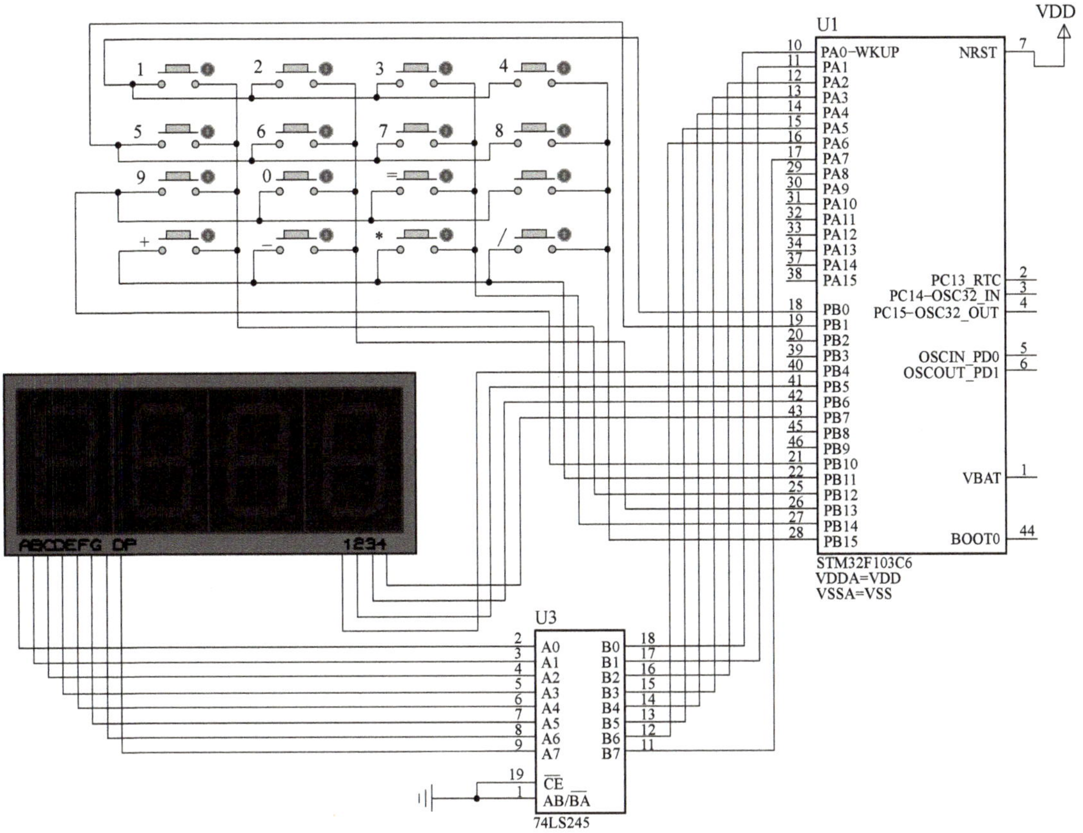

图 7-5　基于 STM32 的计算器的 Proteus 仿真图

独立按键的结构要复杂，识别也要复杂一些，矩阵键盘的列线可作为单片机的输入端，行线可作为单片机输出端。矩阵键盘扫描函数代码如下。

```
int keyscan( )
{
    int m=-1;  //键值
    //扫描第 1 行,第 1 行置 0
    R1=0;R2=1;R3=1;R4=1;
    if(C1==0)   //第 1 列键被按下
    {
        delays(1);  //延时去抖动
        if(C1==0)  //确认第 1 列键被按下
        {
            while(C1==0);  //循环等待按键松开,松开结束循环
            m=1;
            sign=1;
        }
    }
    if(C2==0)   //第 2 列键被按下
    {
        delays(1);  //延时去抖动
        if(C2==0)  //确认第 2 列键被按下
```

```
        {
            while(C2==0);  //循环等待按键松开,松开结束循环
            m=2;
            sign=1;
        }
    }
    if(C3==0)  //第 3 列键被按下
    {
        delays(1);  //延时去抖动
        if(C3==0)  //确认第 3 列键被按下
        {
            while(C3==0);  //循环等待按键松开,松开结束循环
            m=3;
            sign=1;
        }
    }
    if(C4==0)  //第 4 列键被按下
    {
        delays(1);  //延时去抖动
        if(C4==0)  //确认第 4 列键被按下
        {
            while(C4==0);  //循环等待按键松开,松开结束循环
            m=4;
            sign=1;
        }
    }
    //扫描第 2 行,第 2 行置 0
    R1=1;R2=0;R3=1;R4=1;
    if(C1==0)  //第 1 列键被按下
    {
        delays(1);  //延时去抖动
        if(C1==0)  //确认第 1 列键被按下
        {
            while(C1==0);  //循环等待按键松开,松开结束循环
            m=5;
            sign=1;
        }
    }
    if(C2==0)  //第 2 列键被按下
    {
        delays(1);  //延时去抖动
        if(C2==0)  //确认第 2 列键被按下
        {
            while(C2==0);  //循环等待按键松开,松开结束循环
            m=6;
            sign=1;
        }
```

```
}
if(C3==0)    //第 3 列键被按下
{
  delays(1);   //延时去抖动
  if(C3==0)  //确认第 3 列键被按下
  {
      while(C3==0);  //循环等待按键松开,松开结束循环
      m=7;
      sign=1;
  }
}
if(C4==0)  //第 4 列键被按下
{
      delays(1);    //延时去抖动
      if(C4==0)  //确认第 4 列键被按下
      {
          while(C4==0);  //循环等待按键松开,松开结束循环
          m=8;
          sign=1;
      }
  }
  //扫描第 3 行,第 3 行置 0
  R1=1;R2=1;R3=0;R4=1;
  if(C1==0)  //第 1 列键被按下
  {
      delays(1);     //延时去抖动
      if(C1==0)     //确认第 1 列键被按下
      {
          while(C1==0);  //循环等待按键松开,松开结束循环
          m=9;
          sign=1;
      }
}
if(C2==0)  //第 2 列键被按下
{
    delays(1);    //延时去抖动
    if(C2==0)    //确认第 2 列键被按下
    {
        while(C2==0);  //循环等待按键松开,松开结束循环
        m=0;
        sign=1;
    }
}
if(C3==0)  //第 3 列键被按下
{
    delays(1);  //延时去抖动
    if(C3==0) //确认第 3 列键被按下
```

```
        {
            while(C3==0);  //循环等待按键松开,松开结束循环
            m=11;
            sign=0;
        }
}
if(C4==0)  //第4列键被按下
{
    delays(1);  //延时去抖动
    if(C4==0)  //确认第4列键被按下
    {
        while(C4==0);  //循环等待按键松开,松开结束循环
        m=12;
        sign=0;
    }
}
 //扫描第4行,第4行置0
 R1=1;R2=1;R3=1;R4=0;
 if(C1==0)  //第1列键被按下
 {
    delays(1);  //延时去抖动
    if(C1==0)  //确认第1列键被按下
    {
        while(C1==0);  //循环等待按键松开,松开结束循环
        m=13;
        sign=0;
    }
}
if(C2==0)  //第2列键被按下
{
    delays(1);     //延时去抖动
    if(C2==0)     //确认第2列键被按下
    {
        while(C2==0);  //循环等待按键松开,松开结束循环
        m=14;
        sign=0;
    }
}
if(C3==0)  //第3列键被按下
{
    delays(1);  //延时去抖动
    if(C3==0)  //确认第3列键被按下
    {
        while(C3==0);  //循环等待按键松开,松开结束循环
        m=15;
        sign=0;
    }
```

```
        }
        if(C4==0)   //第4列键被按下
        {
            delays(1);   //延时去抖动
            if(C4==0)   //确认第4列键被按下
            {
                while(C4==0);   //循环等待按键松开,松开结束循环
                m=16;
                sign=0;
            }
        }
        return m;
}
```

矩阵键盘扫描函数先给键值变量 m 赋初值，然后逐行扫描，并依次判断哪列键被按下，确认该列键被按下并松开，则给出相应 0~16 键值，同时判断如果是数字键被按下，则 sign 标记置 1，如果是运算符键被按下，则 sign 标记清 0，最后返回 m 键值。

7.3.3　计算器的测试

计算器的测试

在古代，人们发明了算筹、算盘、计算尺等计算工具，随着现代文明的发展，计算工具也经历了由简单到复杂、由低级向高级的不断发展变化。进入 20 世纪后，人们发明了计算器。计算器的出现解决了很多比较复杂的计算问题。计算器的使用非常简单，它可以进行单次运算，也可以进行连续运算，输入的数据和运算结果都将显示在数码管上。计算器的主程序代码如下。

```
#include "stm32f10x.h"
int KEY=0;   //全局变量 ,键值
int temp1=0;
int temp2=0;
int total1=0;
int sign=0;
int fuhao;
int fushu;
int main(void)
{
    int m=-1;
    smginit();
    keymatrix_init();
    while(1)
      {
          m=keyscan();   //调用按键扫描函数,得到键值>0
          if((m>=0)&(m<=9))   //有键被按下
          {
              KEY=m;   //赋值给全局变量 KEY
              temp1=10 * temp1+KEY;
              display_num(temp1);
              delays(1);
          }
```

```
else if(m==13)//加法键
{
    fuhao=1;
    temp2=temp1;
    temp1=0;
    delays(1);
}
else if(m==14)//减法键
{
    fuhao=2;
    temp2=temp1;
    temp1=0;
    delays(1);
}
else if(m==15)//乘法键
{
    fuhao=3;
    temp2=temp1;
    temp1=0;
    delays(1);
}
else if(m==16)//除法键
{
    fuhao=4;
    temp2=temp1;
    temp1=0;
    delays(1);
}
else if(m==11)//输出结果键
{
    switch(fuhao)
    {
            case 1:total1=temp2+temp1;break;
            case 2:total1=temp2-temp1;break;
            case 3:total1=temp2 * temp1;break;
            case 4:total1=temp2/temp1;break;
    }
if(total1<=0)
{
        total1=total1 * (-1);
        fushu=1;
}
else
        fushu=0;
temp1=total1;
temp2=0;
display_num(total1);   //显示数字
```

```
            delays(1);
        }
        if(sign==1)
        {
            display_num(temp1);
            delays(1);
        }
        else
        {
            display_num(total1);
            delays(1);
        }
    }
}
```

计算器程序定义了若干全局变量，主程序先调用了数码管初始化函数 smginit( )、矩阵键盘初始化函数 keymatrix_init( )，然后进入 while（1）死循环。while（1）循环中调用按键扫描函数，若按下了数字键，则显示数字，数字可以是 1~3 位；若按下了加、减、乘、除键，则变量 fuhao 的值分别为 1~4，同时将变量 temp1 的值赋给变量 temp2，且变量 temp1 清 0；若按下的是输出结果键，则根据 fuhao 的值进行加、减、乘、除运算，计算最终结果将显示在数码管上；若运算结果为负值，则数码管最高位显示“-”号，运算结果为正值，则数码管最高位不显示。

7.4 基于 STM32 的模/数转换测试

模/数转换（A/D 转换）简称 ADC，通常是指将模拟信号转变为数字信号，如将输入电压信号转换为数字信号并输出。由于数字信号本身不具有实际意义，仅仅表示一个相对大小。故执行模/数转换都需要一个参考模拟量作为转换的标准，比较常见的参考标准为最大的可转换信号大小。而输出的数字量则表示输入信号相对于参考信号的大小。输出的数字量和输入电压信号则显示在 OLED 屏上。

7.4.1 OLED 驱动原理

OLED 属于一种电流型的有机发光器件，它通过载流子的注入和复合导致发光，发光强度与注入的电流成正比。OLED 在电场的作用下，阳极产生的空穴和阴极产生的电子就会发生移动，分别注入空穴传输层和电子传输层，并迁移至发光层。当二者在发光层相遇时，产生能量激子，从而激发光分子最终产生可见光。

OLED 具有自发光，不需背光源、对比度高、厚度薄、视角广、反应速度快、可用于挠曲性面板、使用温度范围广、构造及制程较简单等优异特性，OLED 屏的可视角度大，并且能够节省电能。

SSD1306 是 OLED 屏的驱动器。它由 128 个 SEG（列输出）和 64 个 COM（行输出）组成。该芯片专为共阴极 OLED 面板设计。SSD1306 内置对比度控制器、显示 RAM 和振荡器，因此减少了外部元件的数量和功耗。该芯片有 256 级亮度控制。数据或命令通过硬件选择 6800/8000 系列通用并行接口、I^2C 接口或 SPI 接口发送。该芯片适用于小型便携式设备，如 POS 机、MP3 播放器和计算器等。SSD1306 的 BS0 至 BS2 引脚接不同的电平，微控制器将选择不同的总线接口方式，如表 7-2 所示。

SSD1306 的显存总共为 128×64bit 大小，SSD1306 将这些显存分为 8 页。每页包含 128 字节，总共 8 页，这样刚好是 128×64 点阵大小。

表 7-2　MCU 总线接口选择

SSD1306 引脚	I^2C 接口	6800 并行接口	8080 并行接口	4 线串行接口	3 线串行接口
BS0	0	0	0	0	1
BS1	1	0	1	0	0
BS2	0	1	1	0	0

编程时在 STM32 的内部建立一个缓存（共 128×8 字节），在每次修改的时候，只是修改 STM32 上的缓存（实际上就是 SRAM），在修改完之后，一次性把 STM32 上的缓存数据写入到 OLED 的 GRAM。

7.4.2　识读串行 OLED 使用的 Proteus 仿真图

串行 OLED 的 Proteus 仿真图如图 7-6 所示，图中 LCD1 为 OLED 屏，U1 为 STM32 单片机。图中 BS0 和 BS2 引脚接地，BS1 引脚接电源，可见 MCU 采用 I^2C 接口。图中 D1 和 D2 为串行数据，D0 为串行时钟，OLED 在正常使用时 D0、D1、D2 引脚需接上拉电阻，$\overline{RES}$ 为复位信号。串行数据、串行时钟和复位信号是单片机 STM32 的输出信号，OLED 的其他引脚接法如图 7-6 所示。

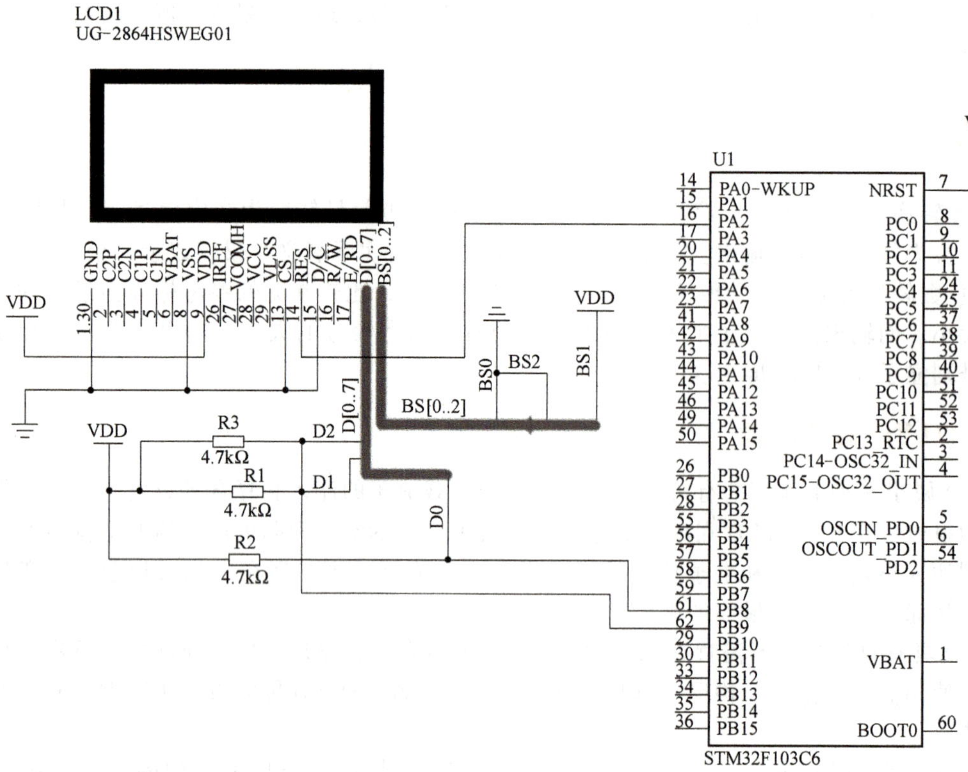

图 7-6　串行 OLED 的 Proteus 仿真图

7.4.3　OLED 显示汉字测试

OLED 显示汉字如图 7-7 所示。OLED 显示汉字的程序代码如下。

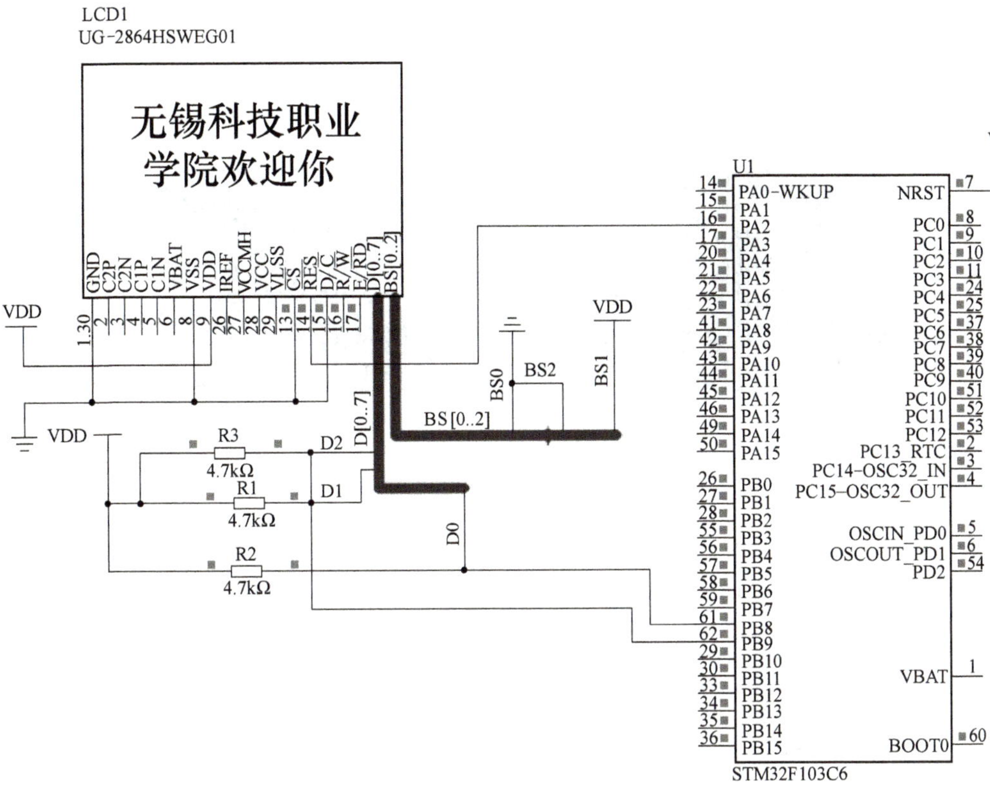

图 7-7　OLED 显示汉字

```
int main(void)
{
    int i,ii,j;
    unsigned char val;
    OLED_Init();
    OLED_ColorTurn(0);  //0 正常显示,1 反色显示
    OLED_DisplayTurn(0);//0 正常显示,1 倒转显示
        while(1)
        {
        OLED_Refresh();
            for(i=0;i<6;i++)
              OLED_ShowChinese(16+i * 18,0,i,16,1,college[i]);
            for(i=6;i<11;i++)
              OLED_ShowChinese(16+(i-6) * 18,16,i,16,1,college[i]);
        }
}
```

主程序代码先调用 OLED 初始化函数 OLED_Init( )，用来定义 OLED 显示用到的单片机引脚；然后调用 OLED 颜色开关函数 OLED_ColorTurn （0） 和 OLED 显示函数 OLED_DisplayTurn (0)，这两个函数的参数都选 0，含义是正常显示。While 循环中先调用 OLED 刷新函数 OLED_Refresh （ ） 进行屏幕刷新，然后两次调用 OLED 显示中文字符函数 OLED_ShowChinese ( )，实现第一行显示 6 个汉字，第二行显示 5 个汉字。汉字的代码由取模软件实现，下面以汉字 “无锡” 为例，介绍取模步骤。

1. 模式选择

打开取模软件 PCtoLCD2002，选择菜单 “模式”→“字符模式”，如图 7-8 所示。

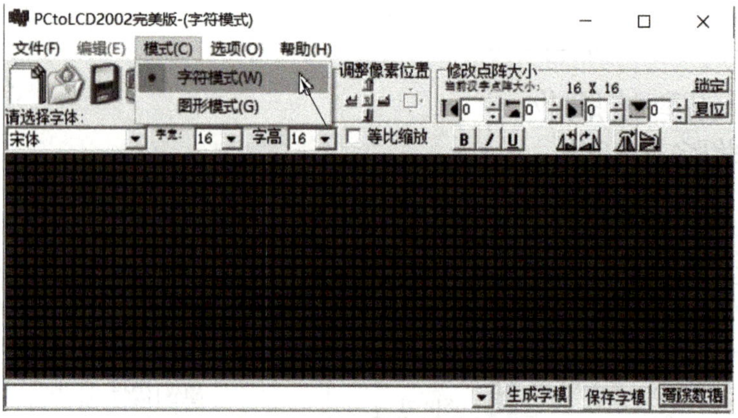

图 7-8　模式选择

2. 字模选项

选择“选项”菜单，弹出“字模选项”对话框，如图 7-9 所示。“点阵格式”选择“阴码”，“取模走向”选择“逆向”，“取模方式”选择“列行式”，“每行显示数据的点阵”选择“16”，“自定义格式”选择“C51 格式”。

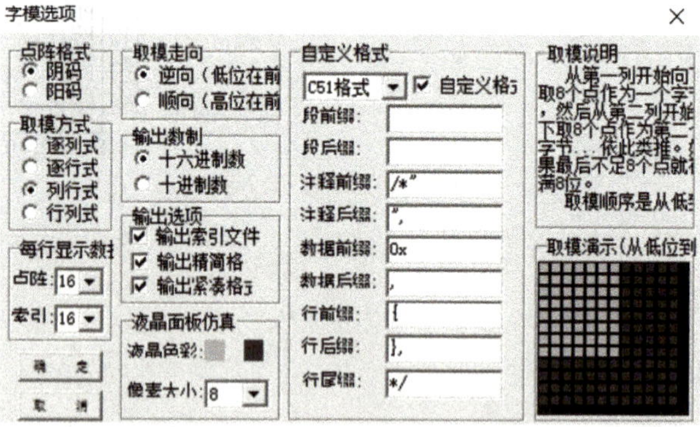

图 7-9　“字模选项”对话框

3. 生成字模

关闭“字模选项”对话框。在输入框中空白处输入汉字“无锡”，单击“生成字模”按钮，汉字“无锡”如图 7-10 所示。复制汉字代码至 chinese. h 头文件中，如图 7-11 所示。

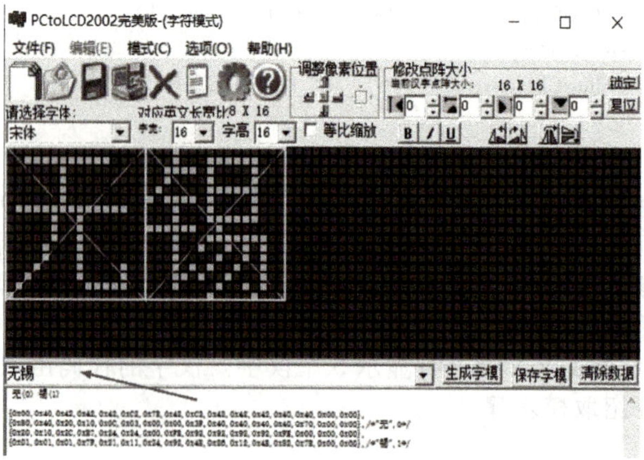

图 7-10　生成字模

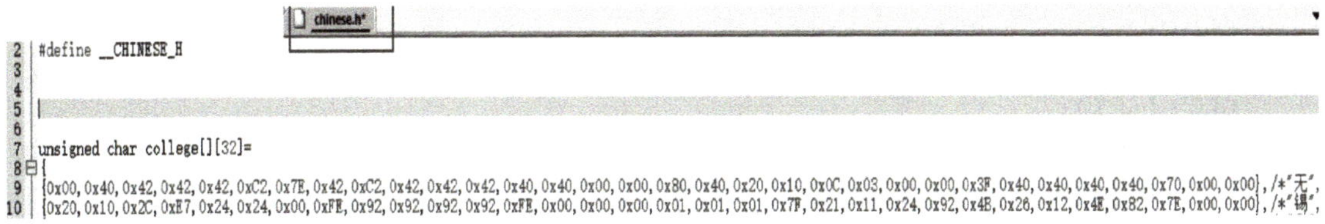

```
chinese.h*
#define __CHINESE_H


unsigned char college[][32]=
{
{0x00,0x40,0x42,0x42,0x42,0xC2,0x7E,0x42,0xC2,0x42,0x42,0x42,0x40,0x40,0x00,0x00,0x80,0x40,0x20,0x10,0x0C,0x03,0x00,0x00,0x3F,0x40,0x40,0x40,0x40,0x70,0x00,0x00},/*"无",
{0x20,0x10,0x2C,0xE7,0x24,0x24,0x00,0xFE,0x92,0x92,0x92,0x92,0xFE,0x00,0x00,0x00,0x01,0x01,0x01,0x7F,0x21,0x11,0x24,0x92,0x4B,0x26,0x12,0x4E,0x82,0x7E,0x00,0x00},/*"锡",
```

图 7-11　汉字“无锡”代码

7.4.4　OLED 显示汉字、英文字符和数字测试

以下代码显示汉字“无锡科技职业”、数字“210102”和英文字符“ab”。

```
#include "stm32f10x.h"
u8 strMCU[] = {"ab"};
int main(void)
{
    int i,j;
    unsigned char val;
    OLED_Init ();
    OLED_ColorTurn (0);    //0 正常显示，1 反色显示
    OLED_DisplayTurn (0); //0 正常显示，1 倒转显示
        while (1)
         {
          OLED_Refresh ();
          for (i=0; i<6; i++)
          OLED_ShowChinese (16+i*18, 0, i, 16, 1, college [i] );
          for (j=0; j<6; j++)
          OLED_ShowNum (0, 17, 210102, 6, 16, 1);
          OLED_ShowString (0, 33, strMCU, 16, 1);
        }
}
```

上述程序代码在 OLED 显示汉字的基础上又调用了显示 6 个数字的函数 OLED_ShowNum ( ) 和显示 2 个英文字符的函数 OLED_ShowString ( )。函数 OLED_ShowNum ( ) 有 6 个参数，分别代表 x 坐标、y 坐标、要显示的数字、数字个数、点阵大小和显示模式；函数 OLED_ShowString ( ) 有 5 个参数，分别代表 x 坐标、y 坐标，要显示的字符串数组、点阵大小和显示模式。

7.4.5　OLED 显示图片测试

以下代码显示一幅图片。

```
int main(void)
{
  int i,j;
  unsigned char val;
  OLED_Init ();
  OLED_ColorTurn (0);   //0 正常显示, 1 反色显示
  OLED_DisplayTurn (0); //0 正常显示, 1 倒转显示
  while (1)
   {
         OLED_Refresh ();
         OLED_ShowPicture (0, 0, 128, 64, BMP1, 1);
   }
}
```

程序代码 while 中调用了显示图形函数 OLED_ShowPicture ( )，该函数有 6 个参数，分别是 x 起点坐标、y 起点坐标、图片的长和宽、图片数组和显示模式。图片数组的取码步骤如下。

1. 修改图片像素

用系统自带的画图软件打开图片，按图 7-12 所示修改图片尺寸，将图片保存为 .jpg 格式。

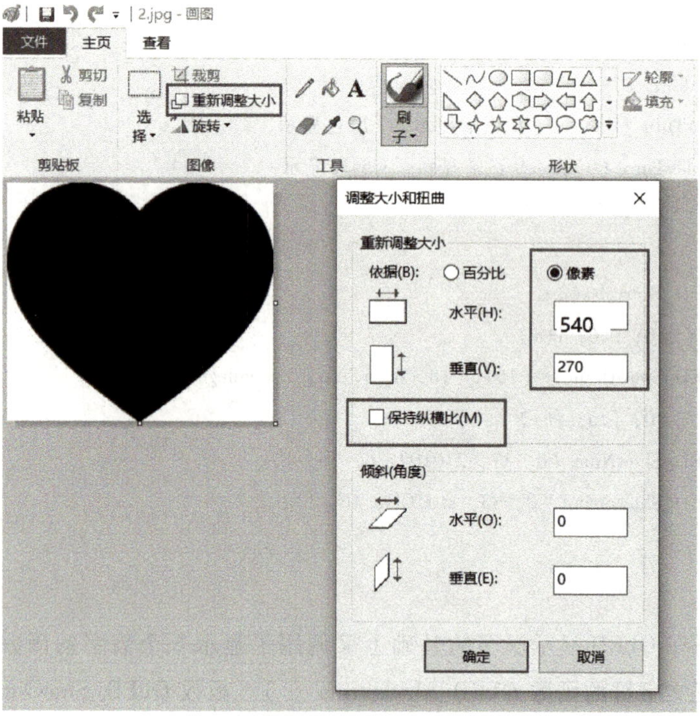

图 7-12 修改图片尺寸

2. 修改图片高度和宽度

用 Image2Lcd 软件打开 *.jpg 图片，按图 7-13 所示进行修改，将图片保存为 *.bmp 格式。

3. 生成字模

用 PCtoLCD2002 打开 *.bmp 图片，图像大小选择为 128×64，单击“生成字模”按钮，

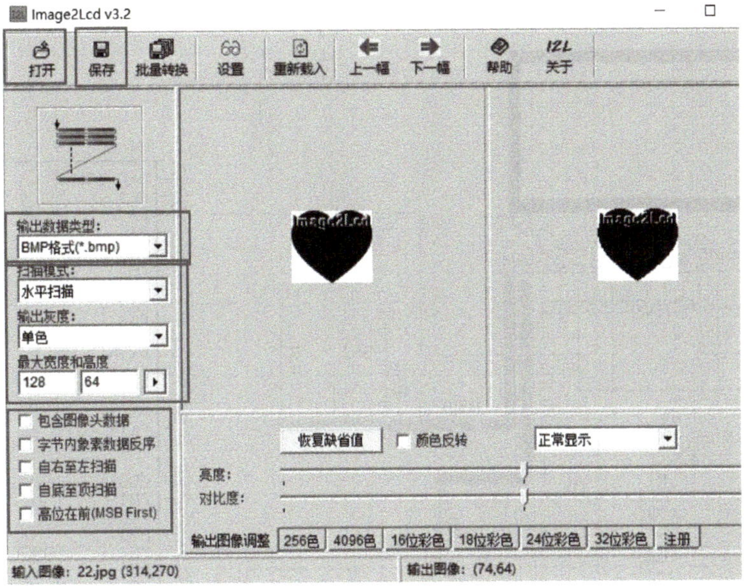

图 7-13　修改图片高度和宽度

如图 7-14 所示，并将字模存入 bmp. h 头文件中。

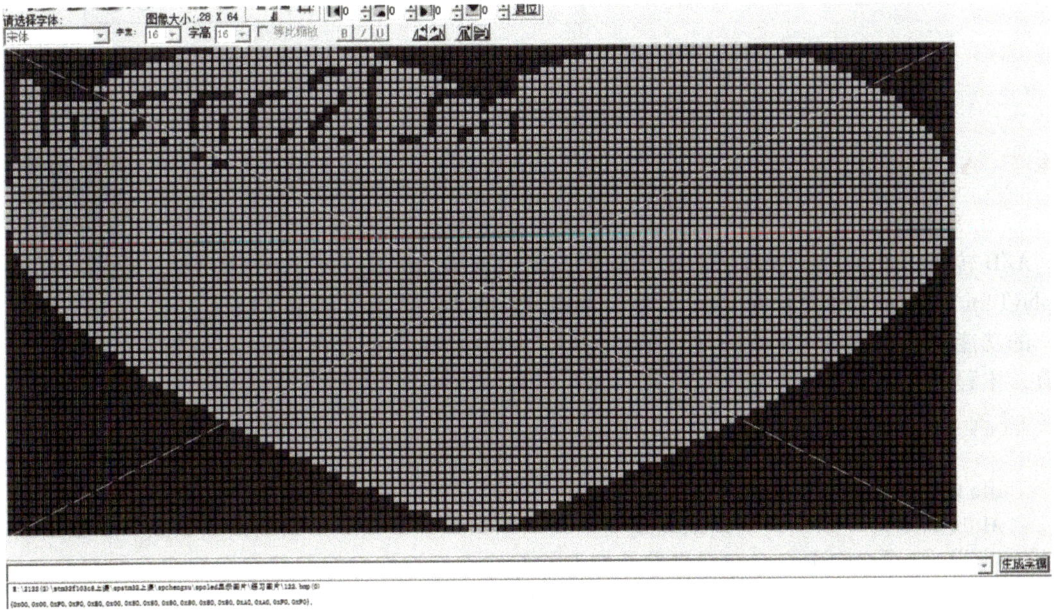

图 7-14　生成字模

7.4.6　识读 A/D 转换的 Proteus 仿真图

A/D 转换的 Proteus 仿真图如图 7-15 所示。图中 R4 为可调电阻，R4 的一端接电源电压，另一端接地，通过移动 R4 的滑动头可以调节送给单片机 PA4 引脚的电压大小，OLED 屏上将显示送给 PA4 引脚的电压大小和对应的 A/D 转换值。

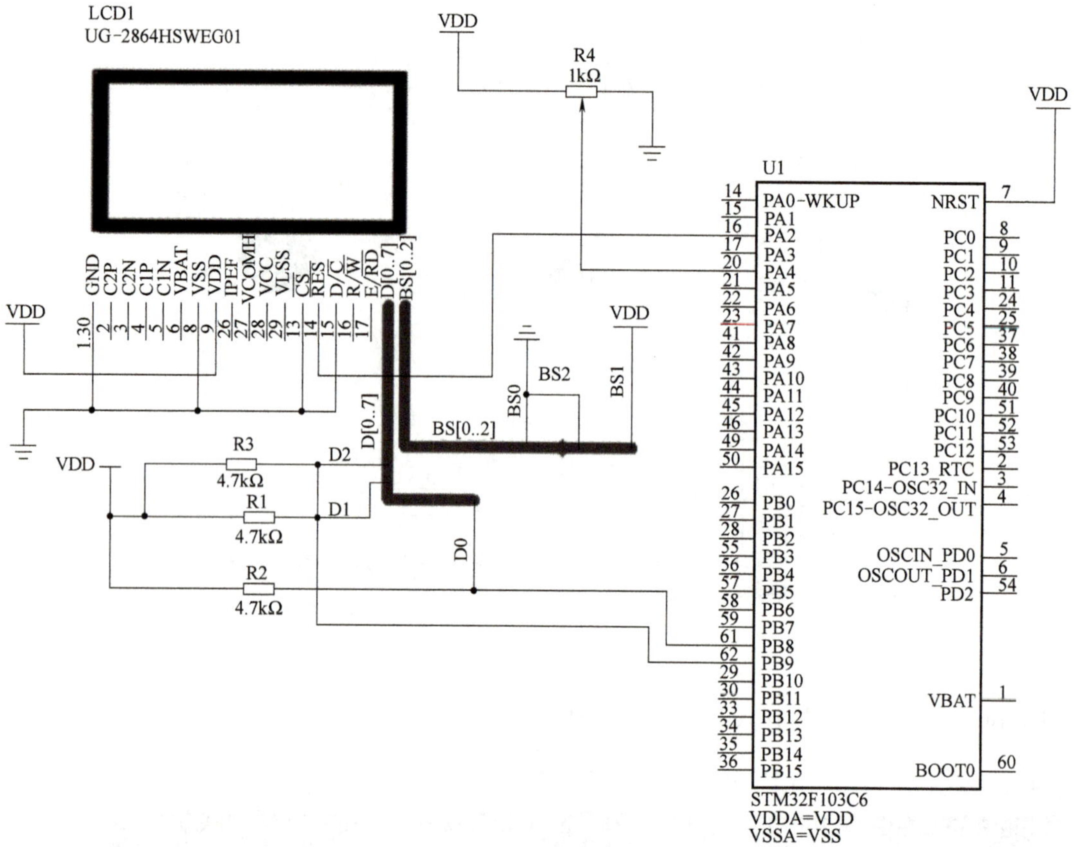

图 7-15　A/D 转换的 Proteus 仿真图

7.4.7　A/D 转换的测试

1. A/D 转换的测试主程序

A/D 转换的测试主程序调用了 4 个函数，其中函数 OLED_Init（ ）、OLED_DisplayTurn（ ）和 OLED_DisplayTurn（ ）的功能前面已描述，函数 ADCx_Init（ ）的功能是初始化 AD，while（1）循环为空，AD 中断服务程序显示 A/D 转换值，主程序代码如下。

A/D 转换的测试

```
int main(void)
{
    OLED_Init();
    ADCx_Init();                  //AD 初始化
    OLED_ColorTurn(0);            //0 正常显示,1 反色显示
    OLED_DisplayTurn(0);          //0 正常显示,1 倒转显示
    while(1)
    {
        ;
    }
}
```

2. ADCx_Init（ ）函数

ADCx_Init（ ）为 ADC 初始化函数，该函数调用了 3 个函数 ADC_GPIO_Config（ ）、ADC_NVIC_Config（ ）和 ADC_COnfig（ ），代码如下。

```
void ADCx_Init( )
{
  ADC_GPIO_Config( );
  ADC_NVIC_Config( );
  ADC_COnfig( );
}
```

3. ADC_GPIO_Config（ ）函数

ADC_GPIO_Config（ ）函数为 A/D 转换的 GPIO 配置函数，该函数定义了结构体变量 GPIO_InitStruct，其成员 GPIO_Pin 在头文件 adc. h 中定义为 4 引脚 GPIO_Pin_4，模式 GPIO_Mode 在头文件 adc. h 中定义为模拟输入 GPIO_Mode_AIN，代码如下。

```
void ADC_GPIO_Config (void)
{
  GPIO_InitTypeDef  GPIO_InitStruct;
  RCC_APB2PeriphClockCmd (ADC_GPIO_RCC, ENABLE);
  GPIO_InitStruct. GPIO_Pin = ADC_GPIO_PIN;
  GPIO_InitStruct. GPIO_Mode = ADC_GPIO_MODE;
  GPIO_Init (ADC_GPIO_PORT, &GPIO_InitStruct);
}
```

4. ADC_NVIC_Config（ ）函数

ADC_NVIC_Config（ ）函数为嵌入式矢量中断配置函数，该函数定义了结构体 NVIC_InitStruct，并对该结构体的 4 个成员进行了相应的配置，分别配置为中断源 ADC1_2_IRQn、抢占优先级、子优先级和启动中断通道，代码如下。

```
void ADC_NVIC_Config (void)
{
    NVIC_InitTypeDef  NVIC_InitStruct;
    NVIC_PriorityGroupConfig (NVIC_PriorityGroup_1);
    NVIC_InitStruct. NVIC_IRQChannel = ADC1_2_IRQn;
    NVIC_InitStruct. NVIC_IRQChannelPreemptionPriority = 1;
    NVIC_InitStruct. NVIC_IRQChannelSubPriority = 1;
    NVIC_InitStruct. NVIC_IRQChannelCmd = ENABLE;
    NVIC_Init (&NVIC_InitStruct);
}
```

5. ADC_COnfig（ ）函数

ADC_COnfig（ ）函数为 ADC 配置函数，该函数定义了结构体 ADC_InitStruct，并对该结构体的若干成员进行了相应的定义（参见 adc 头文件 adc. h），分别定义成 ADC 连续转换模式、转换结果右对齐、外部触发转换、只使用一个 ADC（选独立模式）、只使用一个转换通道和禁止扫描模式。函数代码如下。

```
void ADC_COnfig(void)
{
  ADC_InitTypeDef  ADC_InitStruct;
  RCC_APB2PeriphClockCmd(ADC_RCC,ENABLE);
  /* 配置初始化结构体,详情见头文件 */
  ADC_InitStruct. ADC_ContinuousConvMode = ADCx_ContinuousConvMode;
  ADC_InitStruct. ADC_DataAlign = ADCx_DataAlign;
```

```
    ADC_InitStruct. ADC_ExternalTrigConv = ADCx_ExternalTrigConv;
    ADC_InitStruct. ADC_Mode = ADCx_Mode;
    ADC_InitStruct. ADC_NbrOfChannel = ADCx_NbrOfChannel;
    ADC_InitStruct. ADC_ScanConvMode = ADCx_ScanConvMode;
    ADC_Init(ADCx,&ADC_InitStruct);
    /* 配置 ADC 时钟为 8 分频,即 9M */
    RCC_ADCCLKConfig(RCC_PCLK2_Div8);
    /* 配置 ADC 通道转换顺序和时间 */
    ADC_RegularChannelConfig(ADCx,ADC_Channel,1,ADC_SampleTime);
    /* 配置为转换结束后产生中断,在中断中读取信息 */
    ADC_ITConfig(ADCx,ADC_IT_EOC,ENABLE);
    /* 开启 ADC,进行转换 */
    ADC_Cmd(ADCx,ENABLE );
    /* 重置 ADC 校准 */
    ADC_ResetCalibration(ADCx);
    /* 等待初始化完成 */
    while(ADC_GetResetCalibrationStatus( ADCx))
      /* 开始校准 */
      ADC_StartCalibration(ADCx);
    /* 等待校准完成 */
    while(ADC_GetCalibrationStatus(ADCx));
      /* 软件触发 ADC 转换 */
      ADC_SoftwareStartConvCmd(ADCx,ENABLE);
}
```

6. ADC1_2_IRQHandler（ ）函数

ADC1_2_IRQHandler（ ）函数为 ADC1 通道 2 的中断服务函数，中断服务函数为 ADC 中断发生后执行的程序，该函数的功能是将 A/D 转换的值转换成相应的电压值，STM32 的 ADC 为 12 位，其供电电压为 3.3V，所以其转换精度为 3.3/4096，即 0.8mV。中断服务函数实现 A/D 转换值和对应电压值的显示。其代码如下。

```
void ADC1_2_IRQHandler(void)
{
    /* 判断产生中断请求 */
    while(ADC_GetITStatus(ADCx,ADC_IT_EOC) = = SET)
        ADV = ADC_GetConversionValue(ADCx);
    adcx = (float)ADV * (3.3/4096);
    adcxqz = adcx;
    adcxxs = adcx * 100-adcxqz * 100;
    OLED_Refresh();
    OLED_ShowNum(0,17,ADV,6,16,1);
    OLED_ShowNum(0,33,adcxqz,1,16,1);
    OLED_ShowString(17,33,strMCU,16,1);
    OLED_ShowNum(33,33,adcxxs,2,16,1);
    delayss(50);
    /* 清除中断标志位 */
    ADC_ClearITPendingBit(ADCx,ADC_IT_EOC);
}
```

7.5　基于 STM32 的 USART 串口通信测试

串口通信是设备间常用的串行通信方式，它简单便捷，大部分电子设备都支持该方式，电子工程师在调试设备时也经常使用该通信方式输出调试信息。

在计算机科学里，大部分复杂的问题都可以通过分层来简化。如芯片被分为内核层和片上外设；STM32 标准库则是在寄存器与用户代码之间的软件层。对于通信协议，也能以分层的方式来理解，最基本的是把它分为物理层和协议层。物理层规定通信系统中具有机械、电子功能部分的特性，确保原始数据在物理媒体的传输。协议层主要规定通信逻辑，统一收发双方的数据打包、解包标准。简单来说物理层规定我们用嘴巴还是用肢体来交流，协议层则规定我们用中文还是英文来交流。

MAX232 芯片是专为 RS-232 标准串口设计的单电源电平转换芯片，使用+5V 单电源供电。MAX232 芯片的作用是将单片机输出的 TTL 电平转换成 PC 能接收的 RS-232 电平或将 PC 输出的 RS-232 电平转换成单片机能接收的 TTL 电平。在 RS-232 中，任何一条信号线的电压均为负逻辑关系。即逻辑“1”为-3～-15V；逻辑“0”为+3～+15V。RS-232 接口连接器一般使用 DB-9 插座，PC 的 RS-232 口为 9 引脚插座。一些设备与 PC 连接的 RS-232 接口，因为不使用对方的传送控制信号，只需要三条接口线，即“发送数据 TXD”“接收数据 RXD”和“信号地 GND”。RS-232 传输线采用屏蔽双绞线。

7.5.1　识读 USART 串口通信的 Proteus 仿真图

虚拟仪器串口（VIRTUAL TERMINAL）的选择方法如图 7-16 所示，先单击左侧的“虚拟仪器”按钮，然后选择所需的“VIRTUAL TERMINAL”。USART 串口通信的 Proteus 仿真图如图 7-17 所示，图中 U1 为单片机 STM32F103R6，P1 为 DB9 插座，Proteus 中相应的元器件为 COMPIM，图中 STM32 的 PA9 引脚为发送端口 TX，PA10 引脚为接收端口 RX，虚拟仪器串口的接收端 RXD 和 STM32 的发送端口 TX 相连，虚拟仪器串口的发送端 TXD 和 STM32 的接收端口 RX 相连。DB9 插座的 TXD 和虚拟仪器串口的接收端 RXD 相连，DB9 插座的 RXD 和虚拟仪器串口的发送端 TXD 相连。双击单片机 U1，弹出“编辑元件”对话框，如图 7-18 所示，对其进行编辑，其晶振频率配置为 8MHz 时仿真结果正确。

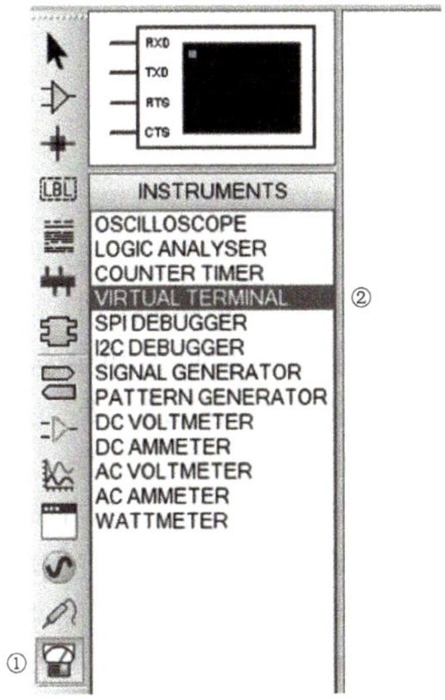

图 7-16　虚拟仪器串口的选择方法

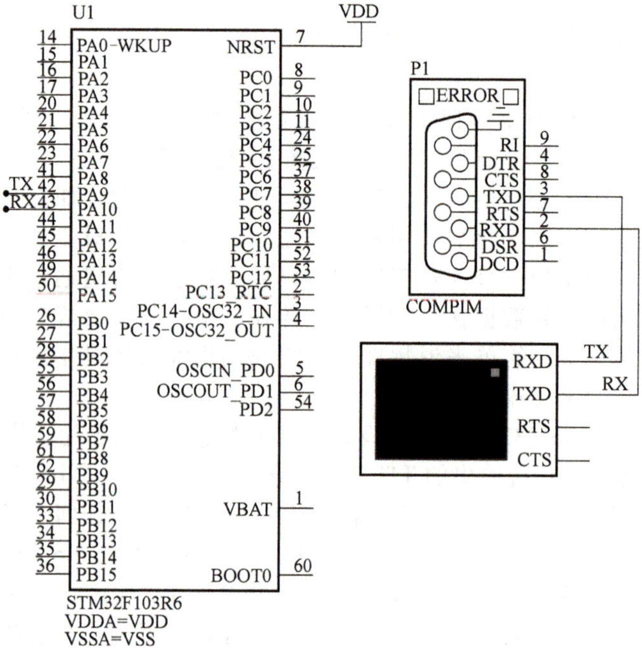

图 7-17　USART 串口通信的 Proteus 仿真图

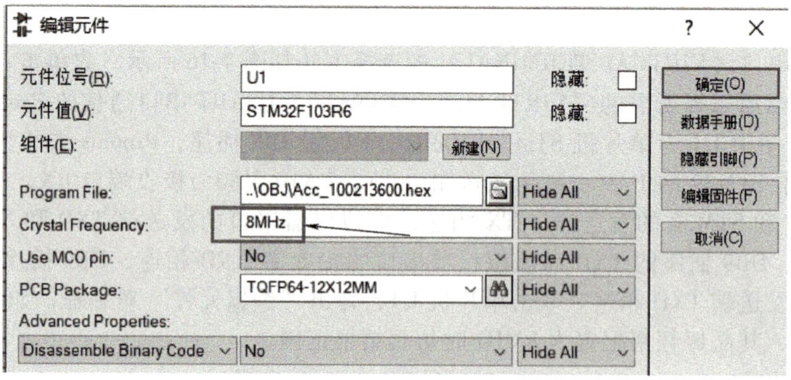

图 7-18　晶振频率配置

7.5.2　USART 串口通信测试

串行通信测试

串口通信时数据按位顺序传输，因此占用引脚资源少，但是传送速度相对较慢。串口通信按照数据传送方向分为单工、半双工和全双工三类。单工通信时数据传输只支持数据在一个方向上传输；半双工通信时允许数据在两个方向上传输，但是，在某一时刻只允许数据在一个方向上传输，它实际上是一种切换方向的单工通信；全双工通信时允许数据同时在两个方向上传输，全双工通信是两种单工通信方式的结合，它要求发送设备和接收设备都有独立的接收和发送能力。串行通信的通信方式分同步通信和异步通信两种，同步通信时要带时钟同步信号传输，如 SPI、I^2C；异步通信时不带时钟同步信号，如 UART（通用异步收发器）单总线；USART 的接口既可用于同步串行通信，也可用于异步串行通信。USART 串口通信主程序代码如下。

```
int main(void)
{
    u16 t;
    u16 len;
    u16 times=0;
    RCC_SYSCLKConfig(RCC_SYSCLKSource_HSI);   //内部时钟
    NVIC_PriorityGroupConfig(NVIC_PriorityGroup_2);//设置 NVIC 中断分组 2:2 位抢占优先级,2 位响
                                                  //应优先级
    uart_init(9600);  //串口初始化为 9600Hz
    while(1)
    {
      if(USART_RX_STA&0x8000)
      {
            len=USART_RX_STA&0x3fff;  //得到此次接收到的数据长度
            printf("\r\n 您发送的消息为:\r\n\r\n");
            for(t=0;t<len;t++)
            {
              USART_SendData(USART1,USART_RX_BUF[t]);  //向串口 1 发送数据
              while(USART_GetFlagStatus(USART1,USART_FLAG_TC)! =SET);  //等待发送结束
            }
            printf("\r\n\r\n");  //插入换行
            USART_RX_STA=0;
      }
      else
      {
        times++;
        if(times%5000==0)
        {
          printf("\r\n 精英 STM32 开发板 串口实验\r\n");
          printf("正点原子@ ALIENTEK\r\n\r\n");
        }
        if(times%200==0)printf("请输入数据,以回车键结束\n");
          delayms(10);
        }
    }
}
```

主程序调用函数 RCC_SYSCLKConfig（），其参数需选择 RCC_SYSCLKSource_HSI，即内部时钟；串口波特率初始化为 9600Hz；变量 USART_RX_STA 为串口接收状态标志位，若接收到数据，则计算接收到的数据长度，提示发送信息为“您发送的信息为:”，并等待发送结束；若没有接收到数据，则每循环接收 200 次后显示“请输入数据，以回车键结束”，每循环接收 5000 次后显示“精英 STM32 开发板 串口实验” 和 “正点原子@ ALIENTEK”。主程序调用串口初始化函数 uart_init（）代码如下。

```
void uart_init (u32 bound)
{
  //GPIO 端口设置
  GPIO_InitTypeDef   GPIO_InitStructure;
```

```
    USART_InitTypeDef  USART_InitStructure;
    NVIC_InitTypeDef  NVIC_InitStructure;
    RCC_APB2PeriphClockCmd (RCC_APB2Periph_USART1 | RCC_APB2Periph_GPIOA, ENABLE);
    //启动 USART1, GPIOA 时钟
    //USART1_TX  GPIOA.9
    GPIO_InitStructure.GPIO_Pin=GPIO_Pin_9;                        //PA.9
    GPIO_InitStructure.GPIO_Speed=GPIO_Speed_50MHz;
    GPIO_InitStructure.GPIO_Mode=GPIO_Mode_AF_PP;                  //复用推挽输出
    GPIO_Init (GPIOA, &GPIO_InitStructure);                        //初始化 GPIOA.9
    //USART1_RX  GPIOA.10 初始化
    GPIO_InitStructure.GPIO_Pin=GPIO_Pin_10;                       //PA10
    GPIO_InitStructure.GPIO_Mode=GPIO_Mode_IN_FLOATING;            //浮空输入
    GPIO_Init (GPIOA, &GPIO_InitStructure);                        //初始化 GPIOA.10
    //Usart1 NVIC 配置
    NVIC_InitStructure.NVIC_IRQChannel=USART1_IRQn;
    NVIC_InitStructure.NVIC_IRQChannelPreemptionPriority=3 ;       //抢占优先级 3
    NVIC_InitStructure.NVIC_IRQChannelSubPriority=3;               //子优先级 3
    NVIC_InitStructure.NVIC_IRQChannelCmd=ENABLE;                  //IRQ 通道启动
    NVIC_Init (&NVIC_InitStructure); //根据指定的参数初始化 VIC 寄存器
    //USART 初始化设置
    USART_InitStructure.USART_BaudRate=bound;                      //串口波特率
    USART_InitStructure.USART_WordLength=USART_WordLength_8b;  //字长为 8 位数据格式
    USART_InitStructure.USART_StopBits=USART_StopBits_1;           //一位停止位
    USART_InitStructure.USART_Parity=USART_Parity_No;              // 无奇偶校验位
    USART_InitStructure.USART_HardwareFlowControl=USART_HardwareFlowControl_None; //无硬件数据流控制
    USART_InitStructure.USART_Mode=USART_Mode_Rx | USART_Mode_Tx;    //收发模式
    USART_Init (USART1, &USART_InitStructure);                 //初始化串口 1
    USART_ITConfig (USART1, USART_IT_RXNE, ENABLE);            //开启串口接收中断
    USART_Cmd (USART1, ENABLE);                                //启动串口 1
}
```

串口初始化函数定义 PA9 为发送信号 TX 端口，该信号为复用推挽输出信号；定义 PA10 为接收信号 RX 端口，该信号为输入浮空信号。该函数定义了串口波特率大小、数据长度为 8 位、1 位停止位、无奇偶校验位、无硬件数据流控制、收发模式、开启串口接收中断，启动串口 1。

7.6　基于 STM32 的温湿度测试

市场对温湿度环境监测有较多的需求，涉及农业、工业、气象研究等很多领域。比如：在纺纱企业，厂房内部的温湿度变化对纱线产品质量会造成显著影响。以前很多纱厂，用水银式温湿度计，人工定时抄表、记录和监测环境的温湿度变化。随着纺织工业对自动化要求的提高，智能化的“环境监测系统”呼之欲出。随着用户要求的提高和科技的不断进步，环境监测系统向远程化、智能化和多点化方向发展。

7.6.1　识读基于 STM32 的温湿度系统原理图

基于 STM32 的温湿度系统原理图如图 7-19 所示。图中 U1 为单片机 STM32F103C8T6，单

片机接收 DHT11 温湿度传感器数据，经过处理后将温度和湿度显示在 OLED 屏上。

DHT11 数字温湿度传感器是一款含有已校准数字信号输出的温湿度复合传感器，它集成了专用的数字模块采集技术和温湿度传感技术，具有极高的可靠性和卓越的长期稳定性。传感器包括一个电阻式感湿元件和一个 NTC 测温元件，并与高性能 32 位单片机相连接。因此该系统具有超快响应、抗干扰能力强、性价比极高等优点。DHT11 传感器一般在极为精确的湿度校验室中进行过校准。校准系数以程序的形式存储在 OTP 内存中，传感器内部在处理检测信号的过程中要调用这些校准系数。DHT11 采用单线制串行接口，使系统集成变得简易快捷。DHT11 具有超小的体积、极低的功耗，使其成为苛刻应用场合的最佳选择。DHT11 采用 4 引脚单排封装，1 脚接电源，2 脚提供串行数据，使用时接上拉电阻，3 脚为空，4 脚接地，连接方便。

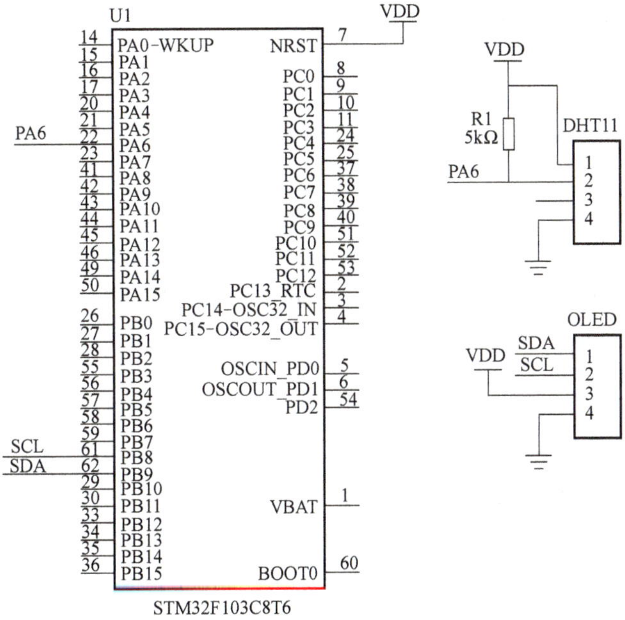

图 7-19 基于 STM32 的温湿度系统原理图

7.6.2 DHT11 温湿度测试

温湿度系统测试

1. DHT11 温湿度传感器

DHT11 与单片机之间仅仅需要一个 I/O 口进行通信。传感器内部湿度和温度数据共 40bit，可一次性传给单片机，采用校验和方式进行数据校验，有效保证数据传输的准确性。DHT11 功耗很低，5V 电源电压下，工作平均最大电流 0.5mA。

（1） DHT11 技术性能特征

- 工作电压范围：3.3~5.5V。
- 工作电流：平均 0.5mA。
- 输出：单总线数字信号。
- 测量范围：湿度 20%~90%RH，温度 0~50℃。
- 精度：湿度±5%RH，温度±2℃。
- 分辨率：湿度±1%RH，温度±1℃。

DHT11 数字湿度传感器采用单总线数据格式。单个数据引脚端口完成输入输出双向传输。

其中数据包由 5Byte（40bit）组成。数据分小数部分和整数部分，一次完整的数据传输为 40bit，高位先出。

DHT11 的数据格式为：8bit 湿度整数数据+8bit 湿度小数数据+8bit 温度整数数据+8bit 温度小数数据+8bit 校验和。其中校验和为前 4Byte 相加。传感器数据输出的是未编码的二进制数据。数据（湿度、温度、整数、小数）之间应该分开处理。例如，某次从 DHT11 读到的数据如图 7-20 所示。

Byte4	Byte3	Byte2	Byte1	Byte0
00101101	00000000	00011100	00000000	01001001
整数	小数	整数	小数	校验和
湿度		温度		校验和

图 7-20　DHT11 数据组成图

以上数据可得到湿度和温度的值，计算方法：

湿度＝Byte4. Byte3＝45. 0（%RH）

温度＝Byte2. Byte1＝28. 0（℃）

校验和＝Byte4+Byte3+Byte2+Byte1＝73（校验正确）

（2）数据发送流程

首先主机发送开始信号，即：拉低数据线，保持 t1（至少 18ms）时间，然后拉高数据线 t2（20~40μs）时间，然后读取 DHT11 的响应，正常的话，DHT11 会拉低数据线，保持 t3（40~50μs）时间作为响应信号，然后 DHT11 拉高数据线，保持 t4（40~50μs）时间后，开始输出数据，如图 7-21 所示。

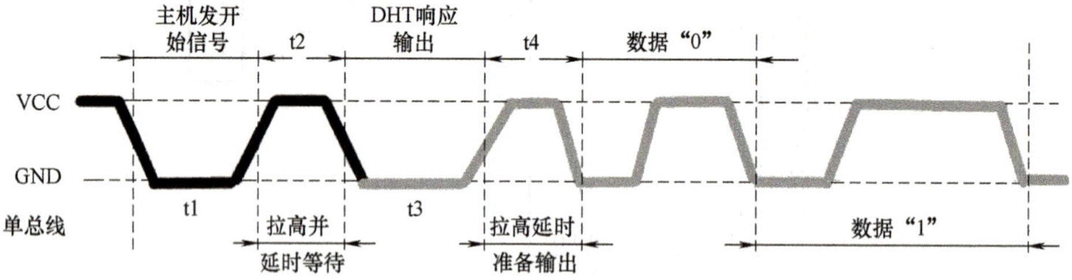

图 7-21　DHT11 数据发送流程

DHT11 输出数字“0”的时序如图 7-22 所示，DHT11 先输出低电平并维持 12~14μs，再输出高电平并维持 26~28μs，然后传送下一位。

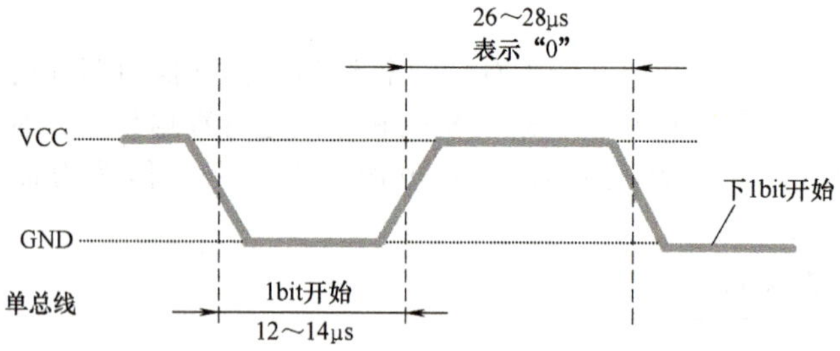

图 7-22　DHT11 输出数字“0”的时序

DHT11 输出数字“1”的时序如图 7-23 所示，DHT11 先输出低电平并维持 12~14μs，再输出高电平并维持 116~118μs，然后传送下一位。

2. 温湿度测试系统主程序

温湿度测试系统由温湿度传感器 DHT11、STM32F103 单片机主控芯片、串行 OLED 液晶

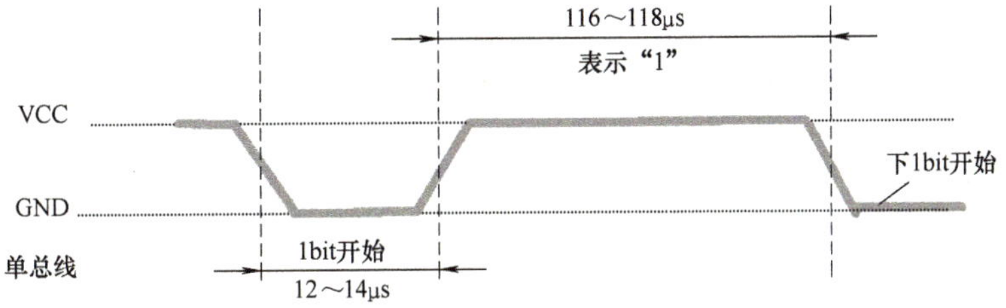

图 7-23 DHT11 输出数字“1”的时序

屏等组成。其软件流程图如图 7-24 所示。

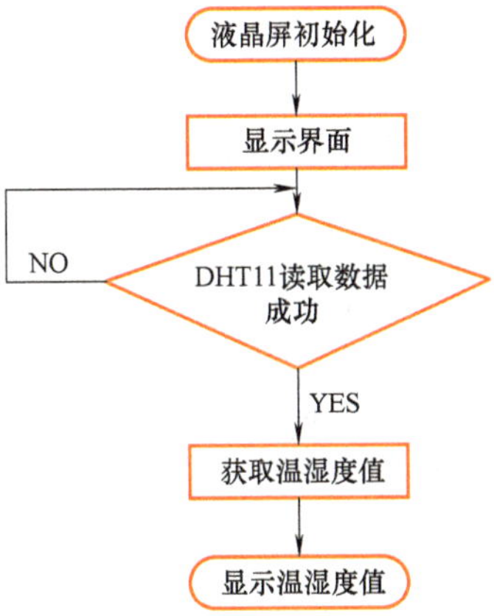

图 7-24 湿湿度测试系统软件流程图

首先初始化，接着显示“温湿度监控系统、温度、湿度”等字样，然后判断 DHT11 读取数据是否成功，若读取不成功，则循环去读数据，若数据读取成功，则获取温湿度值并显示。温湿度测试系统主程序代码如下。

```
#include "stm32f10x.h"
#include "GPIOLIKE51.h"
#include "oled.h"
#include "chinese.h"
#include "bmp.h"
#include "adc.h"
#include "dht11.h"
#define D2      PAout(2) //LED2
#define T_H   23         //温度阈值
int main(void)
{
  int i,light_ad;
  unsigned char val;
  u8 buf[4];      //DHT11 数据
  u8 t=0,h=0;   //t 温度,h 湿度
  OLED_Init();
  ADCx_Init();  //AD 初始化
  OLED_ColorTurn(0);   //0 正常显示,1 反色显示
  OLED_DisplayTurn(0);//0 正常显示,1 倒转显示
  OLED_Refresh();
```

```
    delays(500);     //延时
    OLED_Clear(); //清除界面
    //显示新界面
    for(i=0;i<7;i++)
    OLED_ShowChinese(0+i*16,0,i,16,1,sys[i]);        //温湿度监控系统
    for(i=0;i<3;i++)
      OLED_ShowChinese(24+i*18,16,i,16,1,temp[i]); //温度
    for(i=0;i<3;i++)
      OLED_ShowChinese(24+i*18,32,i,16,1,humi[i]); //湿度
    OLED_Refresh();
    while(1)
    {
      if(dht11_read_data(buf)==1)  //成功读取 DHT11 数据
      {
            t=buf[2];                //获取温度
            h=buf[0];                //获取湿度
        }
      OLED_ShowNum(72,16,t,2,16,1);  //显示温度值
      OLED_ShowNum(72,32,h,2,16,1);  //显示湿度值
      OLED_Refresh();
    }
}
```

读取 DHT11 数据函数代码如下，如果单片机检测到 DHT11 已响应，按照先前介绍的 DHT11 发送数据流程，则先等待低电平结束，然后等待高电平结束，再接收 5Byte 数据，数据分别代表湿度整数和湿度小数、温度整数和温度小数及校验和，若校验合理，则接收数据成功。

```
u16 dht11_read_data(u8 buffer[5])
{
    u16 i=0;
    dht11_reset();
    if(dht11_scan() == RESET) //单片机读到低电平,说明 DHT11 已响应
    {
        //检测到 DHT11 响应
        while(dht11_scan() == RESET);      //延时等待低电平信号结束
        while(dht11_scan() == SET);        //延时等待高电平信号结束
        for(i=0;i < 5;i++)                 //循环 5 次读取 5Byte 数据
        {
            buffer[i]=dht11_read_byte();
        }
        while(dht11_scan() == RESET);      //数据传输完等待低电平信号结束
        dht11_gpio_output();               //设置单片机引脚输出模式
        DHT11_OUT_H;                       //总线设置为高电平
        //数据校验
        u8 checksum=buffer[0] + buffer[1] + buffer[2] + buffer[3];
        if(checksum != buffer[4])  //校验和不同则数据错误,丢弃数据
        {
            //checksum error
```

```
            return 0;
        }
    }
    return 1;
}
```

3. 温湿度测试系统显示

温湿度测试系统显示界面如图 7-25 所示，串行 OLED 屏显示温度值及湿度值。

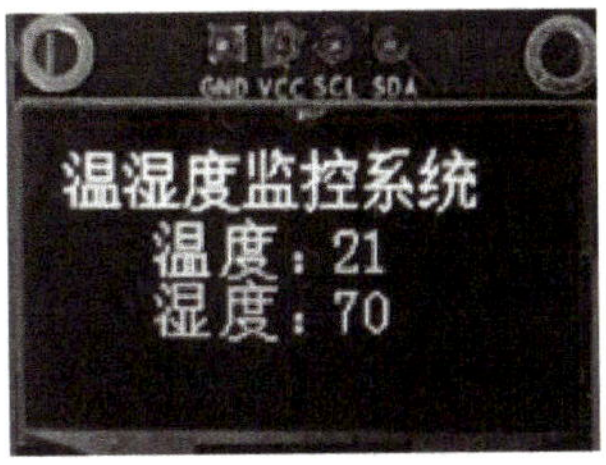

图 7-25　温湿度测试系统显示界面

7.7　习题

1. 执行以下代码，并仿真，分析代码实现了什么功能。

```
#include "stm32f10x.h"
#include "GPIOLIKE51.h"
#include "oled.h"
#include "chinese.h"

#include "bmp.h"
void delays(int m)
{
    int i,j;
    for(i=0;i<m;i++)
    for(j=0;j<10000;j++);
}
int main(void)
{
  int i;
  unsigned char val;
  OLED_Init();
  OLED_ColorTurn(0);        //0 正常显示,1 反色显示
  OLED_DisplayTurn(0);      //0 正常显示,1 倒转显示
  while(1)
  {
    OLED_Refresh();
    OLED_ShowPicture(0,0,32,32,BMP1,1);    //画笔 32×32 像素,pctolcd2002 点阵和索引都定义
                                            //为 32
    for(i=0;i<6;i++)
      OLED_ShowChinese(16+i*18,48,i,16,1,college[i]);
```

```
    }
}
//x,y:起点坐标
//sizex,sizey:图片长宽
//BMP[ ]:要写入的图片数组
//mode:0,反色显示;1,正常显示
void OLED_ShowPicture(u8 x,u8 y,u8 sizex,u8 sizey,u8 BMP[ ],u8 mode)
{
  u16 j=0;
  u8 i,n,temp,m;
  u8 x0=x,y0=y;
  sizey=sizey/8+((sizey%8)? 1:0);
  for(n=0;n<sizey;n++)
  {
    for(i=0;i<sizex;i++)
    {
      temp=BMP[j];
      j++;
      for(m=0;m<8;m++)
      {
        if(temp&0x01)OLED_DrawPoint(x,y,mode);
        else
        OLED_DrawPoint(x,y,! mode);
        temp>>=1;
        y++;
      }
    x++;
    if((x-x0)= =sizex)
    {
        x=x0;
        y0=y0+8;
    }
      y=y0;
    }
  }
}
```

bmp.h 的代码如下。

```
#ifndef __BMP_H
#define __BMP_H
unsigned char BMP1[ ] =
{
0x00,0x00,0x00,0x00,0x00,0x00,0x00,0x00,0x00,0x80,0xE0,0xE0,0xF0,0xF8,0xF8,0xF8,0xF8,0xF8,
0xF8,0xF0,0xE0,0xE0,0xC0,0x00,0x00,0x00,0x00,0x00,0x00,0x00,0x00,0x00,0x00,0x00,0x00,0x00,0x00,
0x00,0x00,0x00,0x3F,0x7F,0xFF,0xFF,0xFF,0xF3,0xE1,0xC0,0xC0,0xE1,0xF3,0xFF,0xFF,0xFF,0xFF,
0x3F,0x00,0x00,0x00,0x00,0x00,0x00,0x00,0x00,0x00,0x00,0x00,0x00,0x00,0x00,0x00,0x00,0x00,0x00,
0xC1,0xF3,0xFF,0xFF,0xFF,0xFF,0xFF,0xFF,0xF7,0xF3,0xE3,0xC1,0xC0,0x80,0x80,0x00,0x00,0x00,
0x00,0x00,0x00,0x00,0x00,0x00,0x00,0x00,0x00,0x00,0x00,0xE0,0xF8,0xFE,0xFF,0xFF,0x3F,0x3F,
0xFF,0xFF,0xFF,0xFF,0xC3,0x03,0x07,0x07,0x0F,0x0F,0x0F,0x07,0x00,0x00,0x00,0x00,0x00,0x00
};
```

OLED_ShowChinese( )函数的代码如下。

```
void OLED_ShowChinese(u8 x,u8 y,u8 num,u8 size1,u8 mode,u8 src[])
{
  u8 m,temp;
  u8 x0=x,y0=y;
  u16 i,size3=(size1/8+((size1%8)?1:0))*size1;  //得到字体一个字符对应点阵集所占的字节数
  for(i=0;i<32;i++)
  {
      temp=src[i];  //调用字体
      for(m=0;m<8;m++)
      {
          if(temp&0x01)OLED_DrawPoint(x,y,mode);
          else OLED_DrawPoint(x,y,!mode);
          temp>>=1;
          y++;
      }
      x++;
      if((x-x0)==16)
      {x=x0;y0=y0+8;}
      y=y0;
  }
}
```

头文件 chinese.h 的代码如下。

```
#ifndef _CHINESE_H
#define _CHINESE_H
unsigned char college[][32]=
{
{0x00,0x40,0x42,0x42,0x42,0xC2,0x7E,0x42,0xC2,0x42,0x42,0x42,0x40,0x40,0x00,0x00,0x80,0x40,
0x20,0x10,0x0C,0x03,0x00,0x00,0x3F,0x40,0x40,0x40,0x40,0x70,0x00,0x00},/*"无",0*/
{0x20,0x10,0x2C,0xE7,0x24,0x24,0x00,0xFE,0x92,0x92,0x92,0x92,0xFE,0x00,0x00,0x00,0x01,
0x01,0x01,0x7F,0x21,0x11,0x24,0x92,0x4B,0x26,0x12,0x4E,0x82,0x7E,0x00,0x00},/*"锡",1*/
{0x24,0x24,0xA4,0xFE,0xA3,0x22,0x00,0x22,0xCC,0x00,0x00,0xFF,0x00,0x00,0x00,0x00,0x08,
0x06,0x01,0xFF,0x00,0x01,0x04,0x04,0x04,0x04,0x04,0xFF,0x02,0x02,0x02,0x00},/*"科",2*/
{0x10,0x10,0x10,0xFF,0x10,0x90,0x08,0x88,0x88,0x88,0xFF,0x88,0x88,0x88,0x08,0x00,0x04,0x44,
0x82,0x7F,0x01,0x80,0x80,0x40,0x43,0x2C,0x10,0x28,0x46,0x81,0x80,0x00},/*"技",3*/
{0x02,0x02,0xFE,0x92,0x92,0xFE,0x02,0x02,0xFC,0x04,0x04,0x04,0x04,0xFC,0x00,0x00,0x08,
0x18,0x0F,0x08,0x04,0xFF,0x04,0x80,0x63,0x19,0x01,0x01,0x09,0x33,0xC0,0x00},/*"职",4*/
{0x00,0x10,0x60,0x80,0x00,0xFF,0x00,0x00,0x00,0xFF,0x00,0x00,0xC0,0x30,0x00,0x00,0x40,0x40,
0x40,0x43,0x40,0x7F,0x40,0x40,0x40,0x7F,0x42,0x41,0x40,0x40,0x40,0x00},/*"业",5*/
{0x40,0x30,0x11,0x96,0x90,0x90,0x91,0x96,0x90,0x90,0x98,0x14,0x13,0x50,0x30,0x00,0x04,0x04,
0x04,0x04,0x04,0x44,0x84,0x7E,0x06,0x05,0x04,0x04,0x04,0x04,0x04,0x00},/*"学",6*/
{0x00,0xFE,0x22,0x5A,0x86,0x10,0x0C,0x24,0x24,0x25,0x26,0x24,0x24,0x14,0x0C,0x00,0x00,
0xFF,0x04,0x08,0x07,0x80,0x41,0x31,0x0F,0x01,0x01,0x3F,0x41,0x41,0x71,0x00},/*"院",7*/
};
#endif
```

2. 编写在第 3、6（从左向右）个数码管上显示减号“-”的代码。

3. DHT11 湿度传感器（RH）的测量范围是多少？分辨率是多少？温度传感器的测量精度是多少？

参考文献

[1] 全国电子专业人才考试教材编委会. 电子组装与调试 [M]. 北京：科学出版社，2009.
[2] 陈强. 电子设备装接工 [M]. 北京：中国劳动社会保障出版社，2009.
[3] 刘南平. 电子产品组装、调试、设计与制作实训 [M]. 北京：北京大学出版社，2011.
[4] 李忠国，刘军，刘起义. 电工电子仪表的使用 [M]. 北京：人民邮电出版社，2009.
[5] 于维顺. 电路实验与仿真 [M]. 南京：东南大学出版社，2013.
[6] 徐佩安. 电子测量技术 [M]. 北京：机械工业出版社，2011.
[7] 宋文绪，杨帆. 检测与传感器应用技术 [M]. 北京：高等教育出版社，2009.
[8] 郭志勇. 嵌入式技术与应用开发项目教程 [M]. 北京：人民邮电出版社，2019.